全国计算机等级考试二级教程
——WPS Office 高级应用
与设计上机指导

教育部教育考试院

编者 金山办公软件

高等教育出版社·北京

内容提要

本书为《全国计算机等级考试二级教程——WPS Office 高级应用与设计》（简称"主教程"）配套的上机指导教程，其内容与主教程相匹配，共包括三大部分：利用 WPS 高效创建电子文档、通过 WPS 高效处理电子表格、使用 WPS 轻松制作演示文稿。配套资源中有书中所用的案例文件、素材文件及任务完成效果。

本书侧重于对 WPS Office 中文字、表格和演示文稿三个组件高级功能的综合应用，有助于培养和提高读者解决实际问题的能力。本书以任务驱动的方式，每章采用一个完整的案例完成一项实际任务，每个案例都与实际生活和工作息息相关，可以真正解决实际问题。每个案例均包含若干个重要的知识点，这些知识点的详细介绍均分散于主教程的各章节中。如与主教程配套使用，则学习效果会事半功倍。

本书不仅是全国计算机等级考试的指定辅导教材，同时也可以作为高等院校及各类计算机培训机构对 WPS Office 高级应用与设计的教学用书，也是计算机爱好者实用的自学参考书。

图书在版编目（ＣＩＰ）数据

全国计算机等级考试二级教程. WPS Office 高级应用与设计上机指导 / 教育部教育考试院编. --北京：高等教育出版社, 2023.6（2024.1 重印）
ISBN 978-7-04-060574-7

Ⅰ.①全… Ⅱ.①教… Ⅲ.①电子计算机-水平考试-教材②办公自动化-应用软件-水平考试-教材 Ⅳ.①TP3

中国国家版本馆 CIP 数据核字（2023）第 098022 号

| 策划编辑 | 何新权 | 责任编辑 | 何新权 | 封面设计 | 李树龙 | 版式设计 | 杜微言 |
| 责任绘图 | 黄云燕 | 责任校对 | 刘娟娟 | 责任印制 | 刁　毅 | | |

QUANGUO JISUANJI DENGJI KAOSHI ERJI JIAOCHENG——
WPS Office GAOJI YINGYONG YU SHEJI SHANGJI ZHIDAO

出版发行	高等教育出版社	网　　址	http：//www.hep.edu.cn
社　　址	北京市西城区德外大街 4 号		http：//www.hep.com.cn
邮政编码	100120	网上订购	http：//www.hepmall.com.cn
印　　刷	北京玥实印刷有限公司		http：//www.hepmall.com
开　　本	787mm×1092mm　1/16		http：//www.hepmall.cn
印　　张	18		
字　　数	450 千字	版　　次	2023 年 6 月第 1 版
购书热线	010-58581118	印　　次	2024 年 1 月第 2 次印刷
咨询电话	400-810-0598	定　　价	54.00 元

本书如有缺页、倒页、脱页等质量问题，请到所购图书销售部门联系调换

积极发展全国计算机等级考试
为培养计算机应用专门人才、促进信息
产业发展作出贡献

（序）

中国科协副主席　中国系统仿真学会理事长
第五届全国计算机等级考试委员会主任委员
赵沁平

当今，人类正在步入一个以智力资源的占有和配置，知识生产、分配和使用为最重要因素的知识经济时代，也就是小平同志提出的"科学技术是第一生产力"的时代。世界各国的竞争已成为以经济为基础、以科技（特别是高科技）为先导的综合国力的竞争。在高科技中，信息科学技术是知识高度密集、学科高度综合、具有科学与技术融合特征的学科。它直接渗透到经济、文化和社会的各个领域，迅速改变着人们的工作、生活和社会的结构，是当代发展知识经济的支柱之一。

在信息科学技术中，计算机硬件及通信设施是载体，计算机软件是核心。软件是人类知识的固化，是知识经济的基本表征，软件已成为信息时代的新型"物理设施"。人类抽象的经验、知识正逐步由软件予以精确的体现。在信息时代，软件是信息化的核心，国民经济和国防建设、社会发展、人民生活都离不开软件，软件无处不在。软件产业是增长快速的朝阳产业，是具有高附加值、高投入高产出、无污染、低能耗的绿色产业。软件产业的发展将推动知识经济的进程，促进从注重量的增长向注重质的提高方向发展。软件产业是关系到国家经济安全和文化安全，体现国家综合实力，决定21世纪国际竞争地位的战略性产业。

为了适应知识经济发展的需要，大力促进信息产业的发展，需要在全民中普及计算机的基本知识，培养一批又一批能熟练运用计算机和软件的各行各业的应用型人才。

1994年，国家教委（现教育部）推出了全国计算机等级考试，这是一种专门评价应试人员对计算机软硬件技术实际掌握能力的考试。它不限制报考人员的学历和年龄，从而为培养各行业计算机应用人才开辟了一条广阔的道路。

1994年是推出全国计算机等级考试的第一年，当年参加考试的有1万余人，2019年报考人数已达647万人。截至2019年年底，全国计算机等级考试共开考57次，考生人数累计达8935万人，有3256万人获得了各级计算机等级证书。

事实说明，鼓励社会各阶层人士通过各种途径掌握计算机应用技术，并通过等级考试对他们的能力予以科学、公正、权威的认证，是一种比较好的、有效的计算机应用人才培养途径，符合我国的具体国情。全国计算机等级考试同时也为用人部门录用和考核人员提供了一种测评手段。从有关公司对全国计算机等级考试所做的社会抽样调查结果看，不论是管理人员还是应试人员，对该项考试的内容和形式都给予了充分肯定。

计算机技术日新月异。为顺应技术发展和社会需求的变化，从 2010 年开始，有关专家对新版考试大纲进行调研和修订，在考试体系、考试内容、考试形式等方面都做了较大调整，希望全国计算机等级考试更能反映当前计算机技术的应用实际，使培养计算机应用人才的工作更健康地向前发展。

全国计算机等级考试取得了良好的效果，这有赖于各有关单位专家在全国计算机等级考试的大纲编写、试题设计、阅卷评分及效果分析等多项工作中付出的大量心血和辛勤劳动，他们为这项工作的开展作出了重要的贡献。我们在此向他们表示衷心的感谢！

我们相信，在 21 世纪知识经济和加快发展信息产业的形势下，在教育部考试中心的精心组织领导下，在全国各有关专家的大力配合下，全国计算机等级考试一定会以"激励引导成才，科学评价用才，服务社会选材"为目标，服务考生和社会，为我国培养计算机应用专门人才的事业作出更大的贡献。

前　　言

本套教材是根据教育部教育考试院制订的《全国计算机等级考试二级 WPS Office 高级应用与设计考试大纲》中对 WPS Office 高级应用与设计的要求而编写的。

二级 WPS Office 高级应用与设计包括主教材和配套上机指导两本,本书为主教材的配套上机指导,其内容与主教材相匹配,共包括三大部分:利用 WPS 高效创建电子文档、通过 WPS 高效处理电子表格、使用 WPS 轻松制作演示文稿。相关素材由 http://px.hep.edu.cn 下载。

本书侧重于对 WPS Office 中文字、表格和演示文稿三个组件高级功能的综合应用,有助于培养和提高读者解决实际问题的能力。本书以"任务驱动"的方式,每章采用一个完整的案例完成一项实际任务,每个案例都与实际生活和工作息息相关,可以真正解决实际问题。每个案例均包含若干个重要的知识点,这些知识点的详细介绍均分散于主教程的各章节中。

通过本套教程的学习,读者能够熟练掌握 WPS Office 办公软件的各项高级操作,并能在实际生活和工作中进行综合应用,提高计算机应用能力和解决实际问题的能力。

本书不仅是全国计算机等级考试的指定辅导教材,同时也可以作为中高等院校及各类计算机培训机构对 WPS Office 高级应用与设计的教学用书,也是广大计算机爱好者实用的自学参考书。如与主教材配套使用,则学习效果会事半功倍。

本书内容由实战经验丰富的金山 KVP 的相关老师编写。金山 KVP 胡芳老师编写 WPS Office 文字、表格两部分内容(第 1 章至第 8 章);金山 KVP 朱维老师编写 WPS Office 演示文稿部分内容(第 9 章至第 11 章);全书由胡子平、胡芳两位 KVP 老师统稿。

在本书的编写过程中,尽管我们竭尽所能地为您呈现最好、最全的实用功能,但仍难免有疏漏和不妥之处,敬请广大读者不吝指正。若您在学习过程中有任何疑问或建议,可以通过 E-mail 与我们联系,邮箱是 partner@ wps.cn。

编　者

目　　录

第一篇 利用 WPS 高效创建电子文档

当下的你无论是学习还是工作,都离不开处理电子文档。WPS 文字凭借强大的文字排版引擎,可以帮你实现电子文档的创建和编辑、复杂文档的排版和美化、特定版式文档的批量制作等。而且基于对中文办公场景的深刻理解,WPS 文字还提供了如文字工具、段落布局、斜线表头、横向页面插入等诸多本土化的特色功能,让我们在制作文档时变得更轻松、高效。

因为 WPS 是一个开放的在线办公服务平台,在其中创建的文档还可以通过云办公服务实现跨终端同步更新和文档的安全管理。当然,如果联网了,还可以从其提供的大量实用的文档模板中找到并下载需要的模板来快速创建文档。

本篇以 WPS Office 个人版为蓝本,采用实用案例解读的方式,通过完成日常生活和工作中常见的文档制作来学习如何利用 WPS 文字创建、编辑、美化、排版各类常用电子文档。

第1章　制作图文混排的宣传册

市场竞争越来越激烈,除了完成企业的本职任务外,好的企业也需要宣传。一般情况下,企业会以企业文化、企业产品为传播内容制作成宣传册,作为对外最直接、最形象、最有效的宣传形式。

既然是企业对外的宣传资料,那么设计企业宣传册效果就很重要了。首先,它要能很好地结合企业特点,清晰表达宣传册中的内容,快速传达宣传册中的信息。选择多大的页面进行排版,竖向布局还是横向布局;怎么构思宣传册的整体结构,来增加读者的了解和认识;怎么结合客观事实、详略得当地组织内容;怎么设计、优化内容,打动读者内心;安排哪些图片展示或美化文档;排版的主要用色是哪些……总之,宣传册设计讲求一种整体感,所有构成元素都需要做整体的考虑和规划,合理调动一切设计要素,将它们有机地融合在一起,服务于要宣传的企业内涵。

本案例将利用 WPS 文字提供的图文编排功能制作一份企业宣传册,其中涵盖了制作多页设计类文档的理念,涉及文档页面的设置方法,插入和编辑各种文档对象的技巧,相似内容的快速制作技巧,以及对文档进行保护的常用操作。

1.1 任务目标

小王是某企业的总经理助理,按领导要求需要制作一份企业宣传册。要求页面有别于 A4 大小,但整体效果要大气。内容尽量丰富多彩,公司所有的图片、文字资料都可以调用。小王决定在 WPS 文字中完成。在具体制作之前,根据领导要求,又详细罗列了一下文档要达到的具体目标:

纸张大小接近 A4,纸张方向为竖向;用色上尽量与公司标志取色相同,方便色彩的统一;布局上采用圆角矩形变化着来安排,尽量减少直角,方便效果的统一;宣传册需要制作封面和封底,在封面上要有公司名称和标志,在封底上要留下公司关键文字和联系方式;在宣传页中适当的位置添加文字、图片和文本框等诸多元素;每一页上以标题+正文格式排版,为各级标题和正文设置相同的字体和段落格式;为了让页面效果更饱满和平衡页面上的多种元素,就为所有页面设置相同的浅色背景图片。

本案例最终完成的企业宣传册如图 1-1 所示。实例最终效果见"结果文件\第 1 章\"下的宣传画册.docx、宣传画册.pdf 文件。

本案例涉及如下知识点:

- 设置纸张大小和方向
- 添加页面背景
- 插入空白页

- 设置字体格式,设置段落格式
- 设置编号
- 插入和编辑图片
- 插入和编辑形状
- 创建和编辑文本框
- 创建和编辑艺术字
- 插入二维码
- 转换为 PDF 文件
- 查看 PDF 文件

图 1-1　制作完成的企业宣传册

1.2　相关知识

下面的知识与本案例或同类型案例密切相关,有助于更好地制作和管理文档。

1.2.1　创建文档的基本步骤

编辑文档并不是创建一个空白文档、输入内容就完成了。只有掌握正确的创建步骤,才能让你少走弯路。

一般情况下,创建文档后第一步是及时进行保存,然后设置页面格式,接着输入文档内容,最后进行编辑加工和美化。有些人也习惯先输入文档内容,再设置页面等格式,但是这样做有一些操作会重复。例如,对内容要求比较严格的公文,对段落中的字数,甚至每一行的字数都有要求。如果先输入内容再设置页面大小就会导致段落行数和每行字数的变动。对于本例这种设计类的文档影响就更大了,整个页面的版式布局都会发生改变。

1. 保存文档

使用 WPS Office 编辑文档、表格和演示文稿等文件时,保存文档是非常重要的操作,尤其是新建文档,只有执行保存操作后才能存储到计算机硬盘或云端固定位置中,从而方便以后进行阅读和再次编辑。

编辑文档的过程中,也要记得及时保存文档,尽量减少因断电或电脑死机等特殊情况导致的文档内容丢失。保存文档的快捷键为【Ctrl+S】。

2. 设置页面格式

在 WPS 文字中用户可以轻松完成对文档的"纸张大小""纸张方向""页边距""纸张背景""文字排列"等多项设置工作。其中,纸张的大小和方向决定了文档在排版时页面所采用的布局方式以及美观度,是最需要提前设置的。

● **设置纸张大小**:WPS 文字中为用户提供了纸张大小设定,用户可以使用默认选项,也可以对纸张大小做自定义设置。只要单击【页面布局】选项卡中的【纸张大小】按钮,在弹出的下拉列表中选择合适的纸张大小,文档版面即会立刻自动进行更新。如果下拉列表中没有所需选项,可以选择【其他页面大小】命令,打开【页面设置】对话框,如图 1-2 所示,在其中可以设置纸张大小、页边距、版式、文档网格、分栏等详细的页面格式参数。

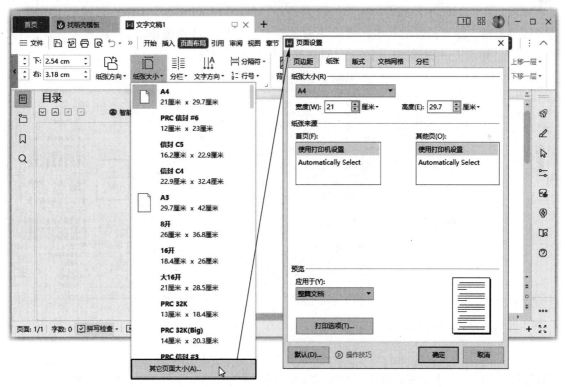

图 1-2　自定义设置页面格式

● **设置纸张方向**:WPS 文字中提供了纵向和横向两种版面布局以供用户选择使用。在【页面布局】选项卡中单击【纸张方向】按钮,在弹出的下拉列表中即可选择使用。更改纸张方向时,相关内容也会随之更改,比如封面、页眉页脚、样式等。

- **设置页边距**：为文档设置页边距可以指定页面中实际显示内容的版心范围。单击【页面布局】选项卡中的【页边距】按钮，在弹出的下拉列表中可以选择常用的页边距选项。如果在页边距下拉列表选项中没有符合要求的选项，可以在【页边距】按钮右侧的【上】【下】【左】【右】4个数值框中输入数字设置文档页边距。如果要进行更多页边距设置，如调整装订线的宽度、设置"对称页边距"等，可以打开【页面设置】对话框的【页边距】选项卡进行设置。

- **设置页面颜色和背景**：为了美化文档，有时需要为页面添加背景效果。如为文档设置边框、填充背景颜色、图案等。单击【页面布局】选项卡中的【背景】下拉按钮，在弹出的下拉列表中选择【主题颜色】【标准色】【渐变填充】【稻壳渐变色】中的颜色即可将该颜色快速应用到文档背景中；选择【取色器】命令，然后移动鼠标光标到需要提取颜色的页面位置并单击，还可以将当前颜色应用为文档的背景色；选择【图片背景】命令，可以打开【填充效果】对话框，如图 1-3 所示，在其中可以选择图片、设置渐变、纹理、图案作为文档背景。

- **添加页面水印**：当文档需要保密或者涉及版权保护时，可以通过添加水印效果起到威慑和告诫的作用。所添加的水印可以是文字效果、图片效果、图文结合效果，添加后会在文档的背景中显示。在【背景】下拉列表中选择【水印】命令，可以看到 WPS 文字为用户预置的水印样式，选择即可使用。如果预置的水印样式无法满足需要，可以单击【点击添加】按钮或者选择【插入水印】命令，如图 1-4 所示，打开【水印】对话框进行自定义设置。

图 1-3　【填充效果】对话框

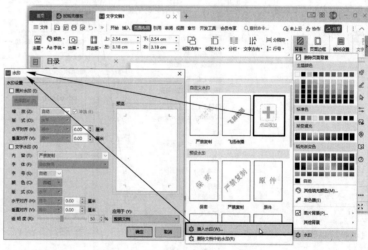

图 1-4　添加页面水印

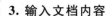

3. 输入文档内容

创建文档的关键在于内容的输入（对于格式要求不严格的文档，也可以将页面格式设置过程放在内容输入之后）。输入文档的过程其实就是内容创作的过程，在这个过程中要保证专注度，不同的文档其内容各不相同，按照需要输入即可。在此过程中需要掌握自己常用的一些输入技巧，尤其是一些特殊内容，如符号、公式等的输入方法。如果提前掌握了这些操作，就能保证输入过程更顺畅，中途不会因为无法输入而中断写作思路。

4. 编辑、美化文档

内容输入完成后，应该对其进行检查，避免出现错误。可以根据提交文档的剩余时间对文档进行格式设置和美化。在完成内容输入后再进行美化，也是为了保证内容输入过程的专注度。编辑、美化文档时，也应该遵循先统一设置比较多的格式，然后单独设置个性化的格式，这样会快一些。如果想尽快完成文档的编辑，可以只对字体格式、段落格式进行统一设置，利用好系统提供的一些预置格式进行操作，可以提高效率，如使用样式排版、用"文字排版"工具排版、进行批量的查找替换操作、插入预置的封面页等。

▶▶ 1.2.2　规范文档的基本设置

专业美观的文档不仅更容易吸引阅读者，也会让文档的表现力更丰富，说服力更强，文档也更有张力，从而更有利于文档上内容和信息的传递。下面简单介绍常用的文档基本格式设置方法，包括字体格式、段落格式和分页设置。

1. 设置文本的字体格式

设置字体格式是指对文本中的文字进行字体、字号、字形、颜色、效果等在内的格式设置，设置字体格式的前提是先要选中该文本。

- 设置字体、字号：一篇文档要想达到结构清晰、层次鲜明、段落明了且让人在阅读时对文档结构和条理一目了然的效果，可以通过对字体和字号进行设置。正常来说，一份文档中最好不要超过 3 种字体，级别越高的内容，使用的字号越大。选中需要设置的文本后，在【开始】选项卡中的【字体】下拉列表框中选择需要的字体，在【字号】下拉列表框中选择所需设置的字号大小。

- 设置字形：通过对文本中字形的设置，可以使文档内容在显示上更为突出。比如设置文本的粗体、斜体、下画线、删除线、着重号等。在【开始】选项卡中，字形设置的相关按钮位于【字体】和【字号】选项框的下方，如【加粗】按钮 **B**、【倾斜】按钮 *I*、【下画线】按钮 U∨，单击按钮即可设置对应的字形效果。

> **温馨提示：** 如果需要将已经设置了其他字形效果的文本变为正常文本，只需选中该文本后再次单击对应的"字形"按钮即可。或者单击【开始】选项卡中的【清除格式】按钮 来还原文本格式。

- 设置字体颜色：单击【字体颜色】下拉按钮即可弹出【颜色】下拉列表。WPS 文字提供了 4 种颜色主题，分别是主题颜色、标准色、渐变填充、渐变色推荐，用户可以根据需要选择。如果提供的颜色无法满足需求，可以在下拉列表中选择【其他字体颜色】命令，打开【颜色】对话框，在其中可以直接利用鼠标在色谱图中选择颜色，也支持直接输入 RGB 值来调用颜色。为了更方便设置字体颜色，在 WPS 文字中还提供了【取色器】功能。

- 设置文本效果：WPS 文字提供的【文字效果】【突出显示】和【字符底纹】3 种快捷功能可

以快速设置文本的显示效果。单击【开始】选项卡中的【文字效果】按钮 ，在弹出的下拉列表中可设置文本的填充方式、边框类型以及应用阴影、倒影、发光、三维等外观效果，如图 1-5 所示；单击【突出显示】下拉按钮，可以选择给文本加上颜色底纹以凸显文本内容；单击【字符底纹】按钮，可以给选定的文本内容添加灰色底纹。

- **设置字符间距**：如果要对文字间距进行调整，可以单击【开始】选项卡中第 2 组右下角的【对话框启动器】按钮，打开【字体】对话框，切换到【字符间距】选项卡进行设置，如图 1-6 所示。在【缩放】下拉列表中提供了 8 种缩放比例以供选择；在【间距】下拉列表中分别有标准、加宽、紧缩 3 种字符间距以供选择。也可以直接在右边的【值】框中输入合适的字符间距数值；在【位置】下拉列表中分别有标准、提升、降低 3 种字符位置可选，也可以在【值】中直接输入数值来控制所选文本的相对基准线位置。

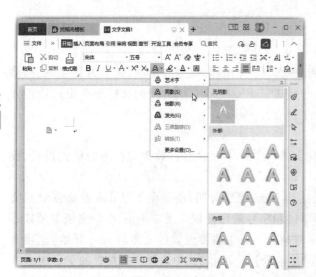
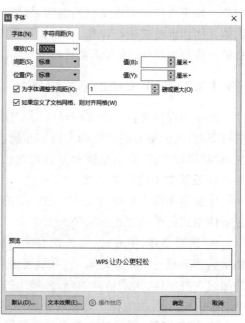

图 1-5 设置文字效果　　　　图 1-6 设置字符间距

2. 设置段落格式

在编排文档时，最常见的段落格式设置错误就是滥用空格键添加空格、通过按【Enter】键添加空行。例如，在对齐段落时通过按空格键来进行对齐，正文段落开始前按两次空格键来实现首行缩进两个字符效果，按【Enter】键添加空行来设置段落间距等，这些操作都是错误的。

WPS 文字结合不同文档类型的段落排版要求以及我国用户的办公习惯，内置了一系列本土化的段落格式设置功能。常见的段落格式设置主要包括：缩进和间距、换行和分页。在设置之前首先选定内容，如果只需对某一个段落排版，将光标放到该段落的任意位置都可以。如果要对多个段落排版，需要同时选中这几个段落，选中后即可进行段落格式设置。

简单的段落格式单击【开始】选项卡中的相应按钮即可完成，复杂的段落格式可以单击【开始】选项卡中第 3 组右下角的【对话框启动器】按钮，打开【段落】对话框进行设置，如图 1-7 所示。

- **设置段落对齐方式**：WPS 文字提供了 5 种段落对齐方式，分别是【左对齐】【右对齐】【居中对齐】【两端对齐】和【分散对齐】。其中,【左对齐】是较为常见的段落对齐方式,是指将文字靠左边对齐;【右对齐】是文字靠右边对齐;【居中对齐】是文字居中间位置对齐;【两端对齐】是指将文字左右两端同时进行对齐,并根据需要调整字间距,段落最后一行按左对齐处理;【分散对齐】是指将文字左右两端同时进行对齐,并根据需要增加字符间距。

- **设置段落缩进**:默认情况下,段落的左右缩进量都是零,当增加或减少缩进量时,改变的是文本和页边距之间的距离。单击【开始】选项卡中的【减少缩进量】按钮 和【增加缩进量】按钮 ,可以快速减少或者增加段落的缩进量。在【段落】对话框的【缩进】栏中可以设置文本前后的缩进量,在【特殊格式】下拉列表框中可以选择【首行缩进】或【悬挂缩进】方式。首行缩进主要应用于中文文档中段落的缩进,悬挂缩进普遍用于如词汇表、项目列表等内容。

- **设置行距和段落间距**:行距主要用于调整段落中每行文字之间的距离。通过调整行距可以让段落中的每行文字阅读时更方便,且文档的美观度也更高。单击【开始】选项卡中的【行距】按钮 ,在弹出的下拉列表中即可选择不同标准的行距。在【段落】对话框中的【行距】下拉列表框中可以根据实际需要选择行距,也可以在【设置值】微调框中进行设置。段落间距是指文档中段落与段落之间的距离,需要在【段落】对话框【间距】栏中的【段前】【段后】数值框中设置段前和段后间距。

- **换行和分页设置**:在对某些专业文档或者是长文档排版时,为了使版面规整、美观,文档内容连贯和不间断,往往需要对文档中的段落进行换行和分页设置。可以在【段落】对话框的【换行和分页】选项卡中进行设置,包括对孤行控制、与下段同页、段前分页等。

- **设置项目符号和编号**:为了使文档的内容层次分明、结构明了、条理清晰以及便于用户阅读和记忆,可以在文档中使用项目符号和编号。项目符号多为图形组成,也可以使用图片。编号则多以数字或字母组成,但也可以根据文档内容结构要求使用汉字大写,并且设置编号顺序。单击【开始】选项卡中的【项目符号】下拉按钮,在弹出的下拉列表中选择需要的项目符号样式,即可将该样式的项目符号应用于文档中。单击【开始】选项卡中的【编号】下拉按钮,在弹出的下拉列表中选择需要的编号样式,即可将该样式的编号应用于文档中。如果预设的项目符号或编号样式无法满足当前文档编辑需要,可以选择【自定义项目符号】命令,打开【项目符号和编号】对话框进行设置,如图 1-8 所示。

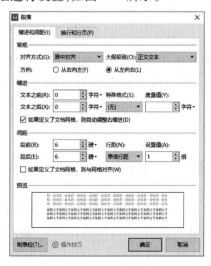

图 1-7 段落格式设置

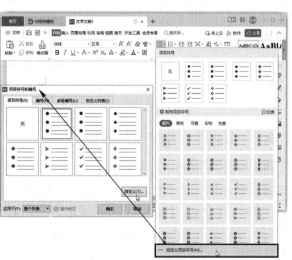

图 1-8 自定义项目符号

当遇到特殊版式要求的文档排版时(如图文混排的宣传文章),不仅需要对文档的版面进行设置而且要求可以预览效果以便快速判断版面是否符合要求。WPS 文字在结合国内用户实际办公习惯和办公要求的基础上提供了"段落布局"功能。该功能可以直接在需要设置的段落上拖动,不仅快速高效,而且能实时预览,达到"所见即所得"的效果。

单击【开始】选项卡中的【段落标记】下拉按钮↵▾,在弹出的下拉列表中选择【显示/隐藏段落布局按钮】选项(默认已选中),随即在文档中的当前段落的左侧会出现【段落布局】按钮▤▾,如图 1-9 所示。选中需要设置的文本,单击【段落布局】按钮,则该文本被灰色阴影覆盖,且在左右上下各有一个圆形按钮,在每行文本的起始处有一个黑色的空心竖线图标,证明该文本已处于【段落布局】设置过程中。通过拖拉上下左右的圆形按钮即可实现文本的减少和增加缩进量及段前距、段后距的快捷设置,并且实时呈现效果;通过拖拉每行文本的起始处的黑色空心竖线图标即可实现对缩进方式以及数值的快速调整,并实时呈现效果,如图 1-10 所示。

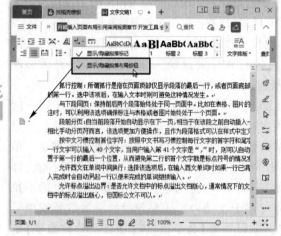

图 1-9　显示出【段落布局】按钮

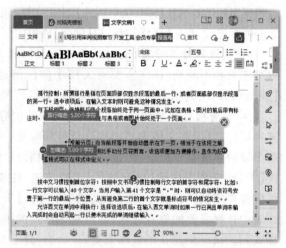

图 1-10　利用"段落布局"快速设置段落格式

3. 设置分页效果

在对文档内容进行分页时,可以通过单击【插入】选项卡中的【分页】按钮▤或按【Ctrl+Enter】快捷键来插入分页符。这样,分页符之前的文本增加或删减都不会影响另一页的内容。

≫ 1.2.3　在文档中处理图形图片

文档排版时,在文档中插入图形或者图片不仅能起到装饰文档版面的效果,而且可以增加文档内容的说服力、吸引力,让文档内容更加条理分明。

在 WPS 文字中单击【插入】选项卡中的【图片】【形状】【图标】【文本框】【艺术字】【在线流程图】按钮,可以插入各类图片、图标以及绘制各类图形和流程类图片等,从而达到文档内容的图文混排效果。

插入文档中的图片和形状可以进行相关效果设置以达到符合要求的展示效果,操作也很简单,一般选择要编辑的对象后会显示出对应的选项卡,在选项卡中进行设置即可。不同对象会有一些个性化的设置,这里重点介绍一下环绕方式的设置。

为了让文字和对象达到相互印证的交互效果以及文档整体版式的美观,需要对文档中插入对象周围的文字设置环绕方式。选择对象后,在显示出的选项卡中单击【环绕】按钮,在弹出的下拉列表中就可以选择环绕方式了,如图 1-11 所示。主要分为两种:嵌入(在文字层中)和浮动(在图形层中)。对象嵌入文档文字层后会按照文字的排版格式排版,所以会有一定限制。而以浮动形式插入的对象可以在文档内任意拖动,相对而言,浮动型更加灵活。默认情况下,插入的图片和智能图形为嵌入式,插入的艺术字、文本框、图形、图标为浮动式。

为了便于使用者操作,特将不同环绕方式的布局效果详细介绍如表 1-1 所示。

图 1-11　设置环绕方式

表 1-1　环绕方式的布局效果

环绕方式	在文档中的效果
嵌入型	插入到文字层中,只能从一个段落标记拖动到另一个段落标记,拖动位置相对受限。一般用于简单文档或者正式报告中
四周型环绕	文字围绕在图形周围,并在图形和文字之间形成一个方形的间隙。可将图片拖至文档的任意位置。常用于新闻稿、宣传单以及其他带有大面积空白的文档中
紧密型环绕	文字会围绕图片和图形的轮廓紧密环绕,并在文字和图片或图形之间形成一个与图形相同的间隙。可将图片或图形拖至文档的任意位置。常用于版面面积紧凑且可以使用不规则图形和图的文档中
衬于文字下方	插入文字层底部的图片层中,可将图片或者图形拖至文档中的任意位置。视觉效果是文字书写在图片上面,常用于水印或者是文档的背景图片
浮于文字上方	插入文字层上面的图片层中,可将图片或者图形拖至文档中的任意位置。视觉效果是图片遮挡部分文字,常用于一些由于特殊版面及安全要求的文档中
上下型环绕	图片与页边距等宽,文字位于图片的上方或者下方。可将图片或者图形拖至文档中的任意位置。可以突出图片,所以常用于一些图片意义大于文字意义的文档中
穿越型环绕	文字围绕图形的环绕顶点,可以将图片或者图形拖至文档中的任意位置。视觉效果与紧密型环绕相同

▶▶▶ 1.2.4　提高文档编辑效率的常用技巧——复制和粘贴

当文档中有重复内容时,通过复制、粘贴是最有效提高工作效率的,而且该操作也使用得非常频繁。

1. 文本的复制和粘贴

文档在编辑过程需要输入相同内容或者需要使用其他文档中的内容时,可以使用"复制与粘贴"功能,不仅提高输入效率,也能避免重复输入过程中出现错误。文本的复制与粘贴方法主要有以下几种:

- **通过鼠标复制和粘贴文本**：选择某段文本后，将鼠标指向选定区域中的任意位置，按住【Ctrl】键的同时拖动鼠标光标，将其移动到需要复制的位置后释放鼠标左键，即可完成复制操作。

- **通过执行菜单命令复制和粘贴文本**：选定需要复制的文本，单击【开始】选项卡中的【复制】按钮，然后将文本插入点定位在需要粘贴文本的位置，单击【开始】选项卡中的【粘贴】按钮，即可将已经复制成功的文本粘贴到所需的文档位置。

- **通过快捷菜单命令复制和粘贴文本**：选择某段文本后，将鼠标指向选定区域中的任意位置，单击鼠标右键，在弹出的快捷菜单中选择【复制】命令，在需要粘贴的文本位置单击鼠标右键，在弹出的快捷菜单中选择【粘贴】命令即可。

- **通过快捷键复制和粘贴文本**：选择某段文本后，按【Ctrl+C】组合键完成复制操作，然后将文本插入点定位在需要粘贴文本的位置，按【Ctrl+V】组合键完成粘贴操作。

- **通过剪贴板批量化自定义复制和粘贴文本**：前面几种方法每次粘贴的内容为最近一次复制的文本内容，对于经常使用的文本内容，可以将该文本复制到剪贴板内，使用时无须复制，直接通过调用剪贴板进行粘贴。单击【开始】选项卡第一个组右下角的【对话框启动器】按钮，显示出剪贴板。在剪贴板打开状态下，对文本进行复制即会自动添加至剪贴板。粘贴时只需要定位到要粘贴的位置，然后在剪贴板中选择对应文本即可，如图 1-12 所示。

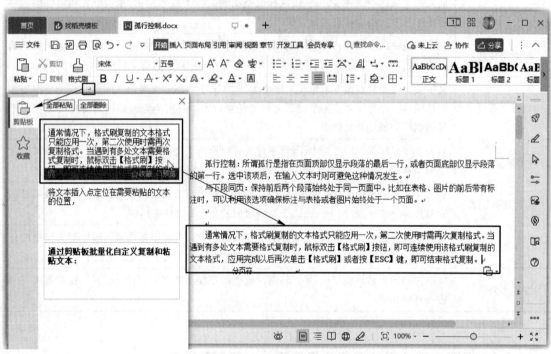

图 1-12　通过剪贴板复制和粘贴文本

技能拓展：如果需要将某段文本移动到别的位置，可以使用剪切功能完成。选中要剪切的文本，单击鼠标右键，在弹出的快捷菜单中选择【剪切】命令，或者按【Ctrl+X】组合键进行剪切。剪切完成以后将文本插入点定位至文档中需要粘贴的位置，按【Ctrl+V】组合键即可将剪切的文本粘贴至相应位置。

2. 选择性粘贴

默认情况下,粘贴文本时会保留原来的所有格式。实际上,WPS 文字提供了多种粘贴方式,包括保留源格式、匹配当前格式、只粘贴文本、选择性粘贴等方式,不同的粘贴方式对应不同文本编辑需求。在粘贴复制的内容时,只要单击【开始】选项卡中的【粘贴】下拉按钮,在弹出的下拉列表中选择对应的粘贴方式,或选择【选择性粘贴】命令,打开【选择性粘贴】对话框按照编辑要求选择对应的粘贴方式即可。

- **保留源格式**:粘贴时将所复制的文本中的格式也一并粘贴应用到新文本中。
- **匹配当前格式**:将所复制的文本自动调整成当前文本格式进行粘贴。
- **只粘贴文本**:自动清除所复制文本中的图片、表格等,仅粘贴文本内容。
- **选择性粘贴**:根据实际粘贴需求对所复制文本进行条件性粘贴。

3. 格式复制

如果需要将文档中某段文本的字体、字号、字色、段落设置等格式重新应用到另一段文本或者另一份文档中时,通过格式复制可以实现文本格式的快速应用,提升办公效率。首先选中已经设置好格式的文本,然后单击【开始】选项卡中的【格式刷】按钮,当鼠标光标变成小刷子形状时,直接选中要应用格式的目标文本即可。这种方式只能应用一次格式复制,当遇到有多处文本需要格式复制时,可以双击【格式刷】按钮,连续使用该格式刷复制的文本格式,应用完成以后再次单击【格式刷】按钮或者按【Esc】键,即可结束格式复制。

4. 对象的复制

如果需要复制文档中插入的某个非嵌入型图片或图形对象,可以在选择对象后,按住【Ctrl】键的同时拖动鼠标光标,将其移动到需要复制的位置后释放鼠标左键,即可完成复制操作。如果按住【Ctrl+Shift】组合键再拖动鼠标光标,则可以在水平或垂直方向上复制对象。

≫≫ 1.2.5　为页面添加可打印的背景颜色

为了美化文档,有时需要为页面添加背景颜色。在 WPS 文字中,默认打印输出时并不会打印设置的背景颜色,如本例中设置的灰色纹理效果在打印时并没有输出,直接打印为白色背景,如图 1-13 所示。

要打印背景颜色,需要在【文件】菜单中选择【选项】命令,打开【选项】对话框,在【打印】选项卡中选中【打印背景色和图像】复选框,如图 1-14 所示,然后单击【确定】按钮。再次预览打印效果时就能看到设置的页面背景效果了。

图 1-13　打印时页面背景未输出　　　　　　　　图 1-14　设置打印背景

1.2.6　文档共享时要注意保护信息

文档除了可以打印出来供他人查看外,也可以根据不同的需求通过不同形式的电子途径完成文档流转过程中的共享。

● **输出为 PDF 文档**:将编辑完成的文档转换成 PDF 格式,不仅保证了文档的只读性,防止他人恶意篡改,同时也确保了其他用户即使未安装 WPS Office 产品也能正常浏览文档内容,且不受版式等问题的困扰。在 WPS 文字中,用户可以直接将文档输出为 PDF 格式,只需要在【文件】菜单中选择【输出为 PDF】命令即可,具体操作可见案例中对应的步骤。

● **输出为图片**:查阅文档时如果不方便以文档形式查看内容,可以利用【输出为图片】功能将当前文档转换为图片进行发送,以便查阅者方便快捷地查阅内容。只需要在【文件】菜单中选择【输出为图片】命令,在【输出为图片】对话框中可以设置相关选项,如水印、品质、保存目录、是否合成为长图等,设置完成后点击【输出】按钮即可完成。

1.3　任务实施

本案例实施的基本流程如下所示。

设置页面布局　设计页面底色　插入对象制作封面效果　制作内容页　制作封底效果　完善内容　输出为PDF文件并查看

1.3.1　设置页面布局

本案例要设计的是一个带有艺术感的图文混排文档,这类文档涉及版面的配置、图文关系的处理和页面各种元素色彩的搭配等各类技术,首先需要确定页面大小等布局元素。

步骤 1:新建空白文档。❶ 启动 WPS Office 软件,单击【新建】按钮,❷ 在新界面中单击【新建文字】选项卡,❸ 在右侧单击【空白文档】按钮,如图 1-15 所示,即可新建空白文档。

图 1-15　新建空白文档

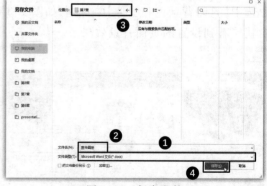

图 1-16　保存文件

步骤 2:保存文件。单击快速访问工具栏中的【保存】按钮,打开【另存文件】对话框,❶ 在【文件类型】下拉列表框中选择一种文件格式,这里选择【Microsoft Word 文件】选项,❷ 输入文件名称,❸ 选择文件要保存的位置,❹ 单击【保存】按钮,如图 1-16 所示。

步骤 3：执行【其他页面大小】命令。❶ 单击【页面布局】选项卡下的【纸张大小】按钮，❷ 在弹出的下拉菜单中选择【其他页面大小】命令，如图 1-17 所示。

步骤 4：设置纸张大小。打开【页面设置】对话框，❶ 在【宽度】和【高度】数值框中输入需要的页面尺寸，❷ 单击【确定】按钮，如图 1-18 所示。

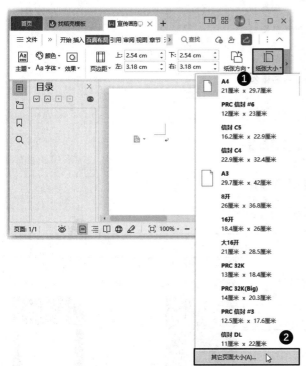

图 1-17　执行【其他页面大小】命令

图 1-18　设置纸张大小

▷▷▷ 1.3.2　设计页面底色

宣传画册是注重版面效果的，本例为了让页面效果丰富和统一，设计了一个纹理图案类的页面底色。

步骤 1：选择【图片背景】命令。❶ 单击【页面布局】选项卡下的【背景】按钮，❷ 在弹出的下拉菜单中选择【图片背景】命令，❸ 在弹出的下级子菜单中选择【图片背景】命令，如图 1-19 所示。

步骤 2：选择需要的图片背景。打开【填充效果】对话框，❶ 单击【选择图片】按钮，在打开的【选择图片】对话框中选择事先准备好的"素材文件\第 1 章\页面底纹.png"文件，❷ 单击【打开】按钮，如图 1-20 所示。

步骤 3：设置图片背景效果。❶ 返回【填充效果】对话框，选中【锁定图片纵横比】复选框，❷ 单击【确定】按钮，如图 1-21 所示，此时页面被设置了底色。

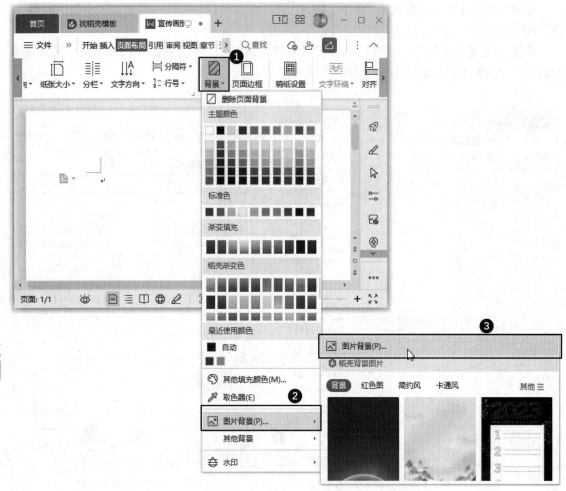

图 1-19　选择【图片背景】命令

图 1-20　选择需要的图片背景

图 1-21　设置图片背景效果

1.3.3 插入对象制作封面

企业宣传册通常会有一个大气美观的封面,如此才能吸引人继续阅读宣传册中的内容。封面往往会放与企业相关的图片、企业的名称、口号及理念等信息。封面不能太中规中矩,本例封面采用了斜线构图,通过插入各种对象来完成。

1. 插入并编辑图片

在封面中插入合适的图片,不但能增强视觉冲击力,还能让读者更快地了解内容。而且图片一般还会成为封面的主体内容,所以会在最初阶段插入,一边编辑加工一边构思整个页面的版式设计思路。具体制作前需要先准备好要用到的图片,主要涉及图片的背景处理、布局调整等编辑操作。删除图片背景的目的,是让图片的核心内容与文档其他内容能更好地融入。调整图片布局的目的,是方便后期文字添加,让图片位置和文字位置不互相冲突。

步骤 1:插入图片。单击【插入】选项卡中的【图片】按钮,如图 1-22 所示,打开【插入图片】对话框,找到保存图片的位置,选择需要插入到文档中的"素材文件\第 1 章\办公建筑群.jpg"图片文件,单击【打开】按钮即可将图片插入文档中。

> **温馨提示:**单击【图片】下拉按钮,在弹出的下拉菜单中单击【来自扫描仪】按钮,可以插入通过扫描仪扫描的图片;单击【来自手机】按钮,可以连接并插入手机中的图片。如果要在文档中插入多张图片,可以在【插入图片】对话框中按住【Ctrl】键同时选中这些图片将一起插入。

步骤 2:设置环绕方式并旋转图片。❶ 选择插入的图片,❷ 单击【图片工具】选项卡中的【环绕】按钮,❸ 在弹出的下拉菜单中选择【浮于文字上方】命令,❹ 用鼠标选择并拖动图片最上方中间的控制点旋转图片,直到得到如图 1-23 所示的效果。

图 1-22 插入图片

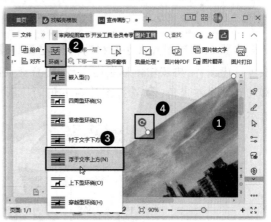

图 1-23 设置环绕方式并旋转图片

步骤 3:裁剪图片。保持图片的选择状态,❶ 单击【图片工具】选项卡中的【裁剪】下拉按钮,❷ 在弹出的下拉列表中的【按形状裁剪】选项卡中选择【圆角矩形】选项,如图 1-24 所示。

步骤 4:插入图片并设置环绕方式。插入"素材文件\第 1 章\果核标志.png"图片文件,设置图片的环绕方式为【浮于文字上方】。

步骤 5：删除背景色。保持图片的选择状态，❶ 单击【图片工具】选项卡中的【设置透明色】按钮，❷ 当鼠标光标变为滴管状时，移动鼠标到需要删除背景色的图片上单击，如图 1-25 所示。即可将背景色替换为透明色，完成图片背景的删除操作。

图 1-24　裁剪图片

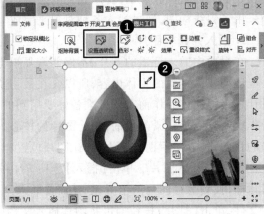

图 1-25　删除图片背景色

技能拓展：本例中的图片背景为纯色，所以可以直接用设置透明色的方法将纯色设置为透明色来删除图片背景。如果图片背景比较复杂，则需要单击【图片工具】选项卡下的【抠除背景】按钮，然后在打开的窗口中将需要抠除的区域单击选取一个取样点，然后在【当前点抠除程度】区域拖动滑块，针对该取样点调整抠除程度，可改变其抠除的范围（会用粉红色进行标记）。一般来说，抠除的区域为取样点的相同或相近颜色的区域。若单个取样点无法很好抠图，可以尝试继续单击添加更多取样点，每个取样点都需要单独调整其抠除程度。最后单击【完成抠图】按钮退出抠除图片背景功能，同时也就意味着应用抠图效果了。

步骤 6：调整图片大小并移动图片位置。❶ 当图片的布局方式更改为【浮于文字上方】时，便可选中图片，再按住鼠标左键不放，随意拖动图片到页面中的任意位置。这里根据需要将图片移动到页面左上角，❷ 选择图片右下角的控制点，并拖动鼠标等比例调整图片的大小，如图 1-26 所示。

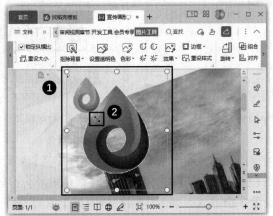

图 1-26　调整图片大小并移动图片位置

2. 插入并编辑文本框

WPS 文字中的文本框相当于一个容器,在其中可以放置文本、图片、表格、形状等各种对象,而且其环绕方式为浮于文字上方,位置可以随意移动,所以,在编排一些特殊版面的文档时,文本框是必不可少的,它不仅可以让排版变得简单,还可以使文档版面更加紧凑、美观。

步骤 1:插入横排文本框。单击【插入】选项卡中的【文本框】按钮,如图 1-27 所示。

> **温馨提示**:如果要插入竖排的文本框,可以单击【插入】选项卡中的【文本框】下拉按钮,在弹出的下拉列表中选择【竖向】选项。

步骤 2:绘制文本框。此时鼠标光标变成十形状,在页面中公司标志图形的右侧按住鼠标左键不放,拖动绘制一个横排文本框。

步骤 3:输入文字并设置格式。❶ 在文本框中输入公司名称"果核科技",在【开始】选项卡中设置字体格式为"方正细倩_GBK,28 号,加粗",❷ 在文本框中换行输入"KERNELGUOJI",设置字体格式为"Arial,11 号,加粗",❸ 单击【开始】选项卡中的【分散对齐】按钮▤,如图 1-28 所示,让文字内容根据文本框宽度两端对齐。

图 1-27　插入横排文本框

图 1-28　输入文字并设置格式

步骤 4:设置文本框填充颜色。❶ 选择整个文本框,❷ 在【文本工具】选项卡中单击【形状填充】下拉按钮,在弹出的下拉菜单中选择【无填充颜色】命令,设置填充为无,如图 1-29 所示。

步骤 5:设置文本框边框效果。保持文本框的选中状态,❶ 单击【文本工具】选项卡中的【形状轮廓】下拉按钮,❷ 在弹出的下拉菜单中选择【无边框颜色】命令,如图 1-30 所示。

3. 插入并编辑形状

装饰页面效果时,常常还需要用到各种形状。例如,这里要在封面页的图片下方绘制一个相同大小的斜向放置圆角矩形,用于输入封面标题内容,同时起到平衡页面效果的作用。

步骤 1:选择形状样式。❶ 单击【插入】选项卡中的【形状】按钮,❷ 在弹出的下拉列表中选择【圆角矩形】选项,如图 1-31 所示。

步骤 2:绘制形状。当鼠标光标变成+形状时,拖动鼠标即可在文档的相应位置绘制一个圆角矩形,如图 1-32 所示。

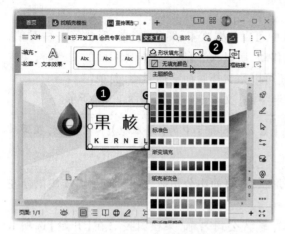

图 1-29　设置文本框填充颜色

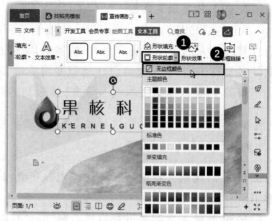

图 1-30　设置文本框边框效果

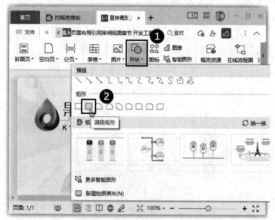

图 1-31　选择形状样式

图 1-32　绘制形状

步骤 3：调整形状大小并旋转。选择圆角矩形的控制点并通过拖动调整其大小，直到和页面上的图片大小相近，再控制顶部的控制点旋转形状，直到与图片保持相同的角度，将其移动到页面左下角位置，与上方图片形成平衡的页面关系，完成后的效果如图 1-33 所示。

步骤 4：设置形状填充色和边框效果。❶ 选择并双击圆角矩形，❷ 在显示出的【属性】任务窗格【填充与线条】选项卡中的【填充】栏中选中【渐变填充】单选按钮，❸ 在下方设置渐变样式、角度和色标颜色、位置、透明度等，如图 1-34 所示，在【线条】栏中选中【无线条】单选按钮，设置形状的边框为无轮廓。

4. 完善封面效果

大框架设计好后，就需要对页面的细节进行刻画了。本例的封面只需要再输入封面文字就完成，主要通过添加文本框和图片来完成。

步骤 1：添加封面文字。❶ 在圆角矩形的上方插入多个文本框，并输入对应的文字，单独设置每个文本框的字体格式，❷ 同时选择多个文本框，在显示出的工具栏中单击【左对齐】按钮，让这些文本框左对齐，如图 1-35 所示。

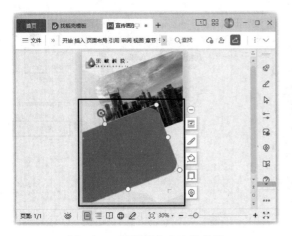

图 1-33 调整形状大小并旋转

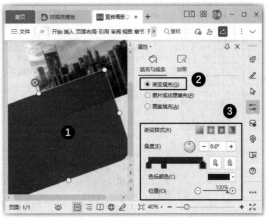

图 1-34 设置形状填充色和边框效果

步骤 2:添加公司网址。❶ 在圆角矩形的下方插入"素材文件\第 1 章\图标.png"图片,并调整大小到合适,❷ 在插入的图片右侧插入一个文本框,输入公司网址,并设置合适的字体格式,如图 1-36 所示。

图 1-35 添加封面文字

图 1-36 添加公司网址

▶▶▶ 1.3.4 制作内容页

企业宣传册的内容页包含的内容通常比较多,里面详细介绍了企业的产业、发展、荣誉及项目等信息。制作内容页时,要设置好正文的文字格式,同时还可适当添加图片、图标等进行美化。

1. 插入空白页

完成封面页制作后,就可以开始制作内容页了,首先需要插入空白页。

步骤 1:插入空白页。单击【插入】选项卡中的【空白页】按钮,如图 1-37 所示。

步骤 2:显示出【选择窗格】。此时可以看到新插入的空白页,但由于首页中设计的所有内容都是非嵌入式的,自动显示到第 2 页中了。❶ 单击【开始】选项卡中的【选择】按钮,❷ 在弹出的下拉菜单中选择【选择窗格】命令,如图 1-38 所示。

图 1-37　插入空白页

图 1-38　显示出【选择窗格】

步骤 3：移动对象。❶ 在【选择窗格】任务窗格中选择所有的页面对象，**❷** 在任意选择的页面对象上选择，并拖动鼠标将它们移动到第 1 页中，如图 1-39 所示。

步骤 4：插入其他空白页。 为了避免页面中的对象摆放错位置，可以先多创建几个空白页，方便后续直接输入页面内容。

2. 设置文字格式和段落格式

将正文内容划分为几个大的版块，同时需要构思每一页的版式布局。在这个过程中可以一边布局一边输入具体的内容，合理进行修改和调整。

步骤 1：布局页面。 根据要输入的内容，提前用形状规划出每个页面的大致效果，这里用圆角矩形来构建每一页的布局效果，完成后的效果如图 1-40 所示。

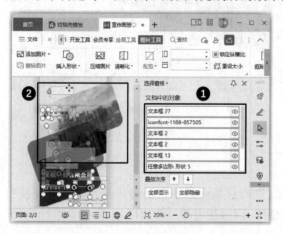

图 1-39　移动对象

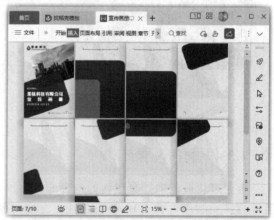

图 1-40　布局页面

步骤 2：输入内容并设置字体格式。❶ 在第 2 页中插入文本框并输入标题和副标题内容，设置文本框的填充颜色和边框颜色为透明色，**❷** 在圆角矩形上插入文本框并输入文字，**❸** 设置字体格式为"汉仪正圆 55 简，四号，白色"，如图 1-41 所示。

步骤 3：打开【段落】对话框。❶ 选择文本框中的所有文字内容，**❷** 单击【文本工具】选项卡中的【段落】按钮,打开【段落】对话框,如图 1-42 所示。

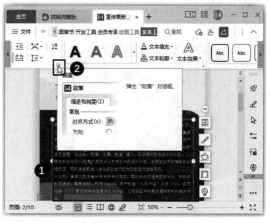

图 1-41　输入内容并设置字体格式　　　　　图 1-42　打开【段落】对话框

　　步骤 4:设置段落格式。❶ 在【缩进和间距】选项卡的【对齐方式】下拉列表框中选择【两端对齐】选项,❷ 在【缩进】栏中的【特殊格式】下拉列表框中选择【首行缩进】选项,自动设置缩进度量值为【2 字符】,❸ 在【间距】栏中的【行距】下拉列表框中选择【固定值】选项,❹ 在【设置值】数值框中输入"25",❺ 单击【确定】按钮,如图 1-43 所示。

　　3. 利用文本框链接快速排版页面内容

　　在图文混排时,有时因为版式需要,要将一个文本框中的内容分别放在页面的多个位置,此时可以利用文本框链接来快速完成文本框内容的排版。后期调整文本框大小时,因为这些文本框之间是链接关系,其中的内容会随着文本框大小的改变自动调整文字的显示多少并链接到下一个文本框中。

　　步骤 1:创建文本框链接。第 2 页中文本框内的文字太多,在规划好的圆角矩形上并不能显示完整。所以,❶ 在第 2 页浅色圆角矩形的右侧绘制一个文本框,❷ 选择需要拆

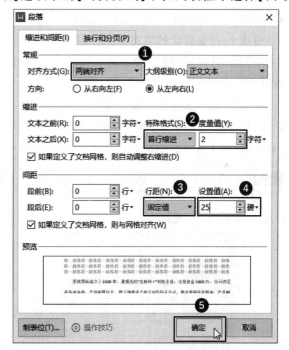

图 1-43　设置段落格式

分内容的文本框,❸ 单击【文本工具】选项卡中的【文本框链接】按钮,❹ 在弹出的下拉列表中选择【创建文本框链接】选项,如图 1-44 所示。

　　步骤 2:链接文本框。此时鼠标光标变为 形状,❶ 将鼠标光标移动到要链接的另一个文本框上,此时鼠标光标变为 形状,单击即可将该文本框链接到第一个文本框,❷ 调整第一个文本框的大小,可以看到溢出的内容会自动显示在第二个文本框中,调整第二个文本框的大小到合适,❸ 设置第二个文本框的填充颜色和边框颜色为透明色,如图 1-45 所示。

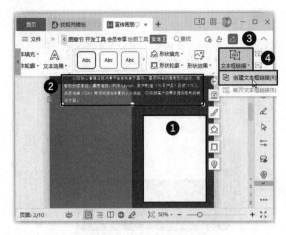

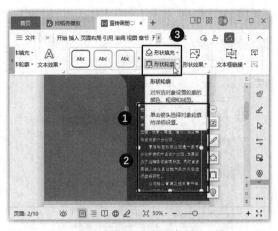

图 1-44   创建文本框链接   图 1-45   链接文本框

4. 通过复制和替换内容排版相似部分

内容页的制作和封面页没有太大的差别，就是为不同页面输入相应的内容。在创建过程中，如有相同的版式或格式设置，可以通过复制的方法来提高效率，最后替换为需要的内容即可。

步骤 1:设置形状的填充效果。❶ 选择第 2 页中的浅色圆角矩形，❷ 单击【绘图工具】选项卡中的【填充】按钮，❸ 在弹出的下拉菜单中选择【图片或纹理】命令，❹ 在弹出的下级子菜单中选择【本地图片】命令，如图 1-46 所示。

步骤 2:插入文本框。❶ 在打开的对话框中选择"素材文件\第 1 章\办公大楼 1.jpg"文件，用该图片填充圆角矩形，❷ 在圆角矩形的右上角插入文本框，并输入""""，❸ 设置字体格式为"Arial Black，138 号，加粗，白色"，如图 1-47 所示。

图 1-46   设置形状的填充效果   图 1-47   插入文本框

步骤 3:插入图片并设置图片叠放位置。❶ 在第 3 页的圆角矩形上方插入文本框并输入对应的文字内容，❷ 在圆角矩形上方插入"素材文件\第 1 章\办公大楼 2.jpg"文件，❸ 单击【图片工具】选项卡中的【下移一层】下拉按钮，❹ 在弹出的下拉菜单中选择【衬于文字下方】命令，如图 1-48 所示。

步骤 4:组合对象。 ❶ 在第 4 页的圆角矩形上方插入文本框并输入对应的文字内容,❷ 在圆角矩形下方插入图形和文本框,❸ 完成第一组内容的设计后,选择这些对象,单击工具栏中的【组合】按钮 ,如图 1-49 所示。

图 1-48　插入图片并设置图片叠放位置

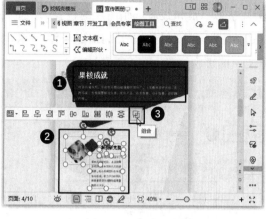

图 1-49　组合对象

步骤 5:复制组合对象并替换内容。 复制刚刚组合的对象,并替换其中的文本内容和图像(选择填充了图像的形状,然后单击【绘图工具】选项卡中的【填充】按钮,在弹出的下拉菜单中选择【图片或纹理】命令,在弹出的下级子菜单中选择【本地图片】命令,分别用提供的素材图片进行替换),完成后的效果如图 1-50 所示。

步骤 6:创建其他页面。 由于第 5 页与第 4 页相似,可通过复制再进行替换内容来完成。

步骤 7:插入图片并编辑。 ❶ 在第 6 页中插入文本框和形状制作人物介绍效果,❷ 插入"素材文件\第 1 章\头像 1.jpg"文件,设置环绕方式为【浮于文字上方】,并调整大小和位置到合适,❸ 单击【图片工具】选项卡中的【边框】下拉按钮,❹ 在弹出的下拉菜单中选择颜色为蓝色,❺ 再次单击【边框】下拉按钮,选择【线型-1 磅】命令,如图 1-51 所示。

图 1-50　复制组合对象并替换内容

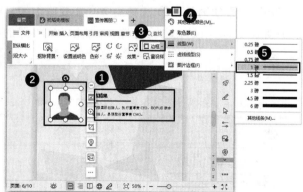

图 1-51　插入图片并编辑

步骤 8:复制并替换内容。 ❶ 选择刚刚制作好的人物介绍内容的图片、文本框和形状,❷ 按住【Ctrl+Shift】组合键再向下拖动鼠标光标,在垂直方向上复制对象,❸ 选择复制得到的图片,单击【图片工具】选项卡中的【替换图片】按钮,如图 1-52 所示。

　　步骤 9:替换图片。在打开的对话框中选择用"素材文件\第 1 章\头像 4.jpg"文件替换当前图片。

　　步骤 10:设置对齐方式。❶ 使用相同的方法复制并替换内容,完成其他两个人物介绍,❷ 调整第一张和最后一张图片的位置,并选择这些头像图片,❸ 单击工具栏中的【水平居中】按钮 品 和【纵向分布】按钮 昙 ,如图 1-53 所示,使图片迅速对齐并平均分布,根据图片调整右侧介绍文字的摆放位置。

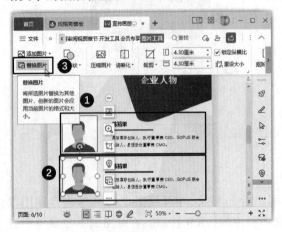

图 1-52　替换图片　　　　　　　　　　　图 1-53　设置对齐方式

5. 为各级标题添加自动编号

第 7 页中的文字内容比较多,为了方便查看,可以为每个小标题设置编号。

　　步骤 1:选择编号样式。❶ 在第 7 页中插入文本框并输入内容,❷ 选择第一个需要添加编号的段落,❸ 单击【开始】选项卡中的【编号】下拉按钮 ,❹ 在弹出的下拉列表的【编号】栏中选择需要的编号样式,如图 1-54 所示,即可为该段落添加选择的编号样式。

　　步骤 2:添加编号。❶ 选择第 2 个需要添加编号的段落,❷ 单击【开始】选项卡中的【编号】按钮,如图 1-55 所示,会为该段落添加上一次设置的编号样式。

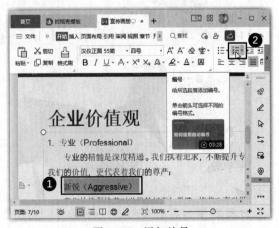

图 1-54　选择编号样式　　　　　　　　　图 1-55　添加编号

步骤3：继续添加编号。 使用相同的方法为该文本框中其他标题段落添加连续的编号。

步骤4：制作其他页面。 使用前面介绍的方法，根据需求制作画册的其他页面。

⟫⟫ 1.3.5 制作封底

内容页制作完成后，还需要设计画册的封底，一般封底和封面会采用首尾呼应的设计。封底上一般会留下联系方式。

步骤1：设计封底版式。 ❶ 在封底页面中插入【流程图：手动输入】形状，❷ 设置填充方式为渐变填充，具体的参数设置如图 1-56 所示。

步骤2：插入二维码。 ❶ 在形状上方插入文本框，输入各种联系方式，❷ 单击【插入】选项卡中的【更多】下拉按钮，❸ 在弹出的下拉列表中选择【二维码】选项，如图 1-57 所示。

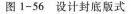

图 1-56　设计封底版式

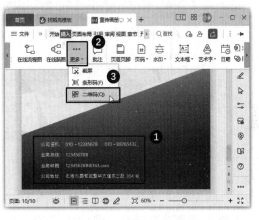

图 1-57　插入二维码

步骤3：设置二维码。 打开【插入二维码】对话框，❶ 在文本框中输入"果核"，❷ 在右侧可以看到自动生成的二维码效果，下方还可以对参数进行设置，这里保持默认设置，❸ 单击【确定】按钮，如图 1-58 所示。

步骤4：设置二维码的环绕方式。 默认插入的二维码是嵌入型的，❶ 选择插入的二维码，❷ 单击右侧工具栏中的【布局选项】按钮 📐，❸ 在弹出的下拉列表中选择【浮于文字上方】选项，如图 1-59 所示。

图 1-58　设置二维码

图 1-59　设置二维码的环绕方式

步骤 5：选择艺术字样式。❶ 单击【插入】选项卡中的【艺术字】按钮，❷ 在弹出的下拉菜单中选择需要的艺术字样式，如图 1-60 所示。

步骤 6：输入艺术字内容。文档中将插入选择的艺术字文本框，修改其中的文字内容为需要的即可。

步骤 7：设置对齐方式。❶ 在艺术字上方复制封面页中的公司名称和标志，调整公司标志的位置到名称右侧，❷ 同时选择名称和标志，❸ 单击工具栏中的【垂直居中】按钮，如图 1-61 所示，❹ 单击【组合】按钮，组合这两个对象。

图 1-60　选择艺术字样式

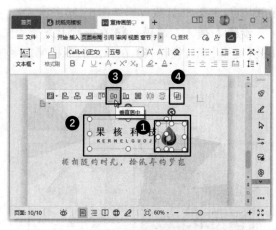

图 1-61　设置对齐方式

步骤 8：设置对齐标准。❶ 选择组合后的图形和艺术字，❷ 单击【图片工具】选项卡中的【对齐】按钮，❸ 在弹出的下拉菜单中选择【相对于对象组】命令，❹ 在弹出的下级子菜单中选择【相对于页】命令，如图 1-62 所示。

步骤 9：设置对齐方式。❶ 再次单击【对齐】按钮，❷ 在弹出的下拉菜单中选择【水平居中】命令，如图 1-63 所示，让选择的对象位于页面的中部位置。

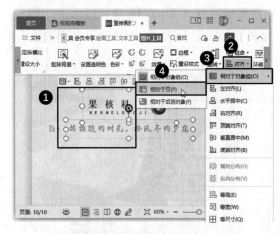

图 1-62　设置对齐标准

图 1-63　设置对齐方式

▶▶▶ 1.3.6 完善内容

完成宣传册的制作后,还应该回头检查一下,看看哪些地方还不够好,可以适当进行调整。

步骤 1:调整图片对比度。 第 7 页中的图片过于耀眼了,抢夺了读者的关注重点,需要让其变得柔和一些。❶ 选择图片,❷ 单击【图片工具】选项卡中的【降低对比度】按钮 ◑,适当降低对比度,如图 1-64 所示。

步骤 2:调整图片亮度。 保持图片的选择状态,单击【图片工具】选项卡中的【降低亮度】按钮 ☀,适当降低亮度,如图 1-65 所示。

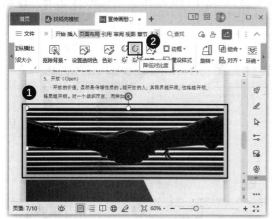

图 1-64　调整图片对比度

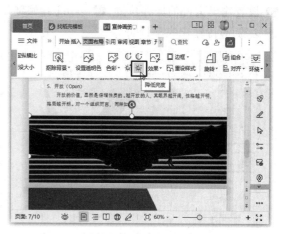

图 1-65　调整图片亮度

步骤 3:为图片添加蒙版。 第 8 页中的图片用色过于鲜艳,需要处理,❶ 在图片上方插入一个同样大小的圆角矩形,❷ 设置填充颜色为白色,❸ 在【属性】任务窗格中设置透明度为【85%】,如图 1-66 所示。

步骤 4:设置图片效果。 ❶ 选择第 8 页左下角的图片,❷ 单击【图片工具】选项卡中的【效果】按钮,❸ 在弹出的下拉菜单中选择【阴影】命令,❹ 在弹出的下级子菜单中选择需要的阴影样式,如图 1-67 所示,即可为该图片添加对应的阴影效果。

图 1-66　为图片添加蒙版

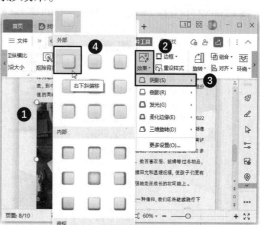

图 1-67　设置图片效果

1.3.7　输出为 PDF 文件

PDF 是一种便携式文档格式，主要用于传播。在 WPS 文字中制作好宣传册后，可以直接将其转换为 PDF 格式文件。

步骤 1：选择【输出为 PDF】命令。❶ 单击【文件】按钮，❷ 在弹出的下拉菜单中选择【输出为 PDF】命令，如图 1-68 所示。

步骤 2：设置输出选项。打开【输出为 PDF】对话框，❶ 在列表框中选中要转换为 PDF 格式的文件名称对应的复选框，❷ 在【输出选项】栏中可以设置输出类型，默认选中【PDF】单选按钮，❸ 设置输出文件的保存位置，❹ 单击【开始输出】按钮，如图 1-69 所示。稍后即可显示出输出进度条，等待输出完毕即可。

图 1-68　输出为 PDF 文件

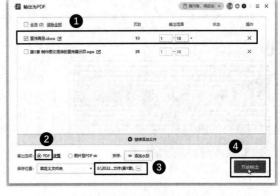

图 1-69　设置输出选项

1.3.8　查看 PDF 文件

WPS Office 中的 PDF 组件是金山办公软件股份有限公司出品的一款针对 PDF 格式文件阅读和处理的工具，它支持多种格式相互转换、编辑 PDF 文档内容、为文件添加注释等多项实用功能。下面，就来看看刚刚输出的 PDF 文件效果。

步骤 1：打开 PDF 文件。❶ 打开刚刚设置的 PDF 文件输出保存位置的文件夹，❷ 双击要查看的 PDF 文件图标，如图 1-70 所示，即可在 WPS Office 中打开该 PDF 文件。

图 1-70　打开 PDF 文件

步骤2:**快速切换PDF页面**。在左侧的【缩览图】任务窗格中单击某个页面缩览图,如图1-71所示,即可快速跳转到对应的页面。

步骤3:**查看PDF文件**。❶单击【开始】选项卡中的【手型】按钮,❷将鼠标光标移动到PDF文件显示界面上,光标将变为手型,按下鼠标左键并拖动,可以调整窗口中显示的PDF文件内容,如图1-72所示。

图1-71 快速切换PDF页面

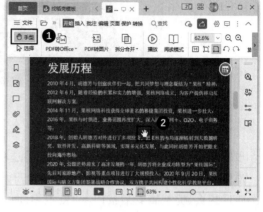

图1-72 查看PDF文件

步骤4:**单击【阅读模式】按钮**。单击【开始】选项卡中的【阅读模式】按钮,如图1-73所示。

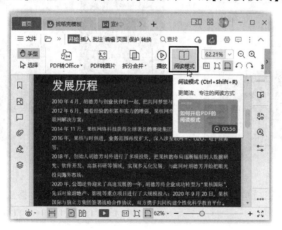

图1-73 调整阅读模式

步骤5:**阅读PDF文件**。进入阅读模式,此时鼠标光标将变为手型,可以通过鼠标快速调整窗口中显示的PDF文件内容。❶单击右下角的【背景】按钮,❷在弹出的下拉列表中可以调整查看文件的背景效果,如图1-74所示为调整至夜间阅读的效果,❸单击右上角的【退出阅读模式】按钮,或按【Esc】键可退出阅读模式。

温馨提示:在阅读模式下单击【批注模式】按钮,可以切换到批注模式,方便对内容进行批注;单击【注释工具箱】按钮,会显示出注释工具栏,其中提供了所有的注释工具,单击即可打开相应的设置任务窗格,能更便捷地添加各种批注。

图 1-74　夜间阅读效果

步骤 6：单击【播放】按钮。单击【开始】选项卡中的【播放】按钮 ⊙，如图 1-75 所示。

步骤 7：播放 PDF 文件。进入文件的全屏放映状态，背景为黑色。此时只需要单击鼠标即可依次向后翻页，完成查看后按【Esc】键退出即可。也可以通过单击界面右上角的各按钮，实现放大/缩小页面、向前/向后翻页、添加墨迹等，如图 1-76 所示。此功能类似于 PPT 的放映操作，这里不做详细讲解了。

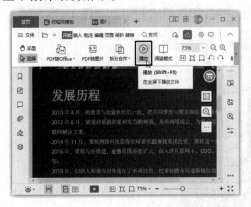

图 1-75　单击【播放】按钮

图 1-76　播放 PDF 文件

第2章　应用样式编排长文档

实际应用中的文档，有时会由很多页组成。在处理这类长文档时如果没有掌握一些技巧，工作效率会很低下。例如，你是不是通过拖动滑块或滚动鼠标滚轮来查看前后相距很远的页面？要找文档中的一个词语，你是肉眼扫描吗，扫描完你就能保证没有遗漏吗？要为文档中的标题或同类内容设置相同的格式，你只会用格式刷一处一处复制格式吗？要制作一个封面，除了输入几个简单的大号文字，你必须从头开始图文混排吗，有没有快捷办法呢？多页内容如何添加页面顶部的文字和页码呢？内容制作完成后，想添加一个用于索引的目录页，其中每一项难道是手动输入的？下一次要制作类似的长文档，是不是又要从头来……所以，你必须掌握相应的技巧，才能大幅提高工作效率，尤其针对长文档编辑时，收效更为明显。

本案例将利用 WPS 文字制作一份员工入职培训方案文档，制作过程中主要应学会能快速编辑文档，能快速获得满意的排版效果，且方便后续对文档进行修改的技巧，无论是查找、替换还是样式，尽量实现批量完成。

2.1　任务目标

小陆是某公司的人力资源部负责人，针对接下来的招聘工作和人力资源培训工作，需要拟定一份员工入职培训方案文档。不仅要求内容完善，还需要制作得正式、美观一些。同时，为了方便后期制作同类型的企业内部文档，他想制作成模板方便后期调用。具体制作时希望达到以下目标：

能够快速对拟定的文档内容进行检查和排版；需要制作两个表格，其中一个表格应为内容列比较多，要用横向的页面进行设计；文档中的常见内容最好都应用样式进行格式统一，方便后期调整；根据内容来调整部分页面的布局和其中包含的内容；快速设计一个好看的封面；添加页眉页脚，方便阅览文档内容；插入目录页；将文档打印为 3 份；将文档保存为模板文件，方便后期调用模板快速创建其他类似文档。

本案例最终完成的新员工入职培训方案文档如图 2-1 所示。实例最终效果见"结果文件\第 2 章\新员工入职培训方案.docx"文件。

本案例主要涉及如下知识点：

- 快速排版文档
- 查找替换内容
- 插入分页符
- 对部分页面设置纸张方向

- 插入并编辑表格
- 为文档中各级标题和正文设置适当的样式
- 修改样式
- 为并列关系的内容添加项目符号
- 插入页眉和页码
- 插入并编辑目录

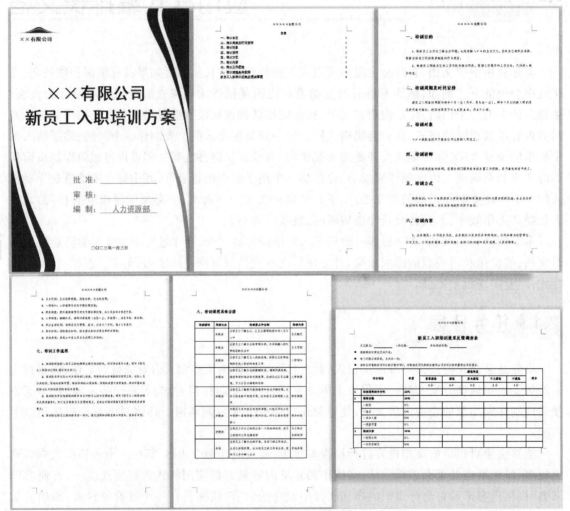

图 2-1　制作完成的新员工入职培训方案文档

2.2 ▶ 相关知识

下面的知识与本案例或同类型案例密切相关，有助于更好地编辑、排版、阅读和管理长文档。

2.2.1　学会批量操作，让你省时省力

通常情况下，我们要对某个对象进行操作时都会先选择该对象，然后执行具体的操作命令。

如果需要对某些对象执行相同的操作,那么就可以用批量操作来减少重复操作,大幅度地提高工作效率。常见的批量操作有以下几种情况。

1. 不可小觑的查找和替换功能

当文档编辑过程中发现某个多次输入的字、词、句使用不当或者是输入错误需要替换更改时,可利用 WPS 文字所提供的查找与替换功能进行快速定位与替换操作,达到高效查找和高效替换的效果,不仅避免了人工查找的遗漏情况,也提升了工作效率。

* **查找文本**:单击【开始】选项卡中的【查找替换】按钮,打开【查找和替换】对话框,在【查找内容】输入框内输入需要查找的文本,单击【查找上一处】或【查找下一处】按钮,即可按顺序查找上一个或下一个内容。
* **替换文本**:打开【查找和替换】对话框,在【查找内容】文本框内输入需要查找的文本,在【替换为】文本框中输入替换后的文本。单击【替换】按钮可以逐个查找与替换,如果无须替换,直接单击【查找下一处】按钮,如果需要全文替换,直接单击【全部替换】按钮即可,如图 2-2 所示。替换完成后,将会弹出一个提示对话框告知替换的数量,说明已经完成对文档的搜索和替换工作,单击【确定】按钮即可完成替换工作。
* **查找和替换文本格式**:通过查找和替换功能,还可以轻松将文档中字体格式、段落格式或样式相同的文本替换成指定的格式。只需要在【查找和替换】对话框中单击【格式】按钮进行设置即可,如图 2-3 所示为替换字体格式的设置。

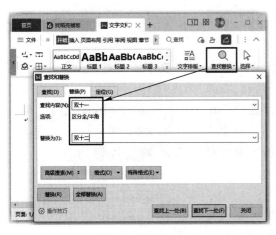

图 2-2 替换文本

图 2-3 查找和替换文本格式

* **查找和替换特殊内容**:当文档中有多余的空行需要删除,或存在很多手动换行符需要转换为常规段落时,则可通过查找和替换功能中的特殊格式进行批量替换操作。如图 2-4 所示为将手动换行符替换为段落标记的设置,需要单击【格式】按钮进行选择。
* **高级搜索**:在【查找和替换】对话框中单击【高级搜索】按钮,在展开的列表中可以对文本进行高级查找和替换的设置。例如,当需要将文档中大量的小写"wps"替换为大写的"WPS"时,就需要选中【区分大小写】复选框,如图 2-5 所示。

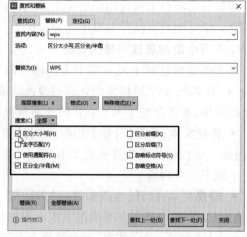

图 2-4 查找和替换特殊内容　　　　图 2-5 【高级搜索】设置选项

> **技能拓展：**如果需要快速定位到文档中的特殊内容，如批注、脚注、尾注、表格、图形、对象等，可以使用特殊的查找功能——定位，快速定位到符合要求的对象，再进行统一操作。单击【查找替换】下拉按钮，在弹出的下拉菜单中选择【定位】命令，即可打开【定位】对话框。

2. 高效的文字排版工具

WPS 文字中独有的【文字排版】可以对格式混乱的文档进行快速的清理与排版，不仅节省时间，且有效避免人工查找时的遗漏。

只需要先选中要排版的文字（如果需要对整篇文档排版，则将文本插入点定位在文档内任意位置），然后单击【开始】选项卡中的【文字排版】按钮，在弹出的下拉菜单中根据文档排版的要求选择对应设置命令即可，如图 2-6 所示。如果需要删除选中文本中的相关空段或者空格，在下拉菜单中选择【删除】命令，在弹出的下级子菜单中可以出现相关命令。

3. 利用制表位快速排版文档

在文档排版过程中偶尔需要在文档的指定位置输入文本，且要求沿竖向对齐，比如：资产对应表或者成绩对应表等，如图 2-7 所示，可以通过【制表位】来快速实现以上的排版要求。❶ 单击页面右上角【标尺】按钮，或选中【视图】选项卡中的【标尺】复选框，显示出标尺，❷ 单击标尺左侧的【制表位】按钮，❸ 在弹出的下拉列表中选择需要的制表位，❹ 将鼠标光标移到标尺上需要对齐的位置，单击插入对应的制表符，❺ 在文档中输入内容，输入完成后可按【Tab】键跳转到标尺定位的制表位位置。以此类推，继续完成第二行、第三行……的文本对齐。

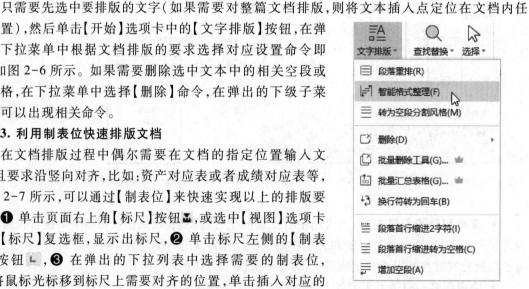

图 2-6 【文字排版】下拉菜单

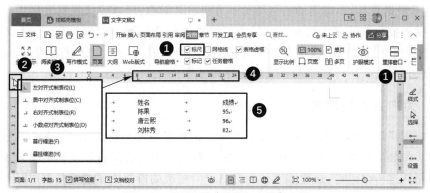

图 2-7 利用"制表位"快速排版文档

> **技能拓展**：双击标尺上的制表符标识，打开【制表位】对话框，可在【前导符】栏中为文本之间的位置添加不同类型线条。

2.2.2 在文档中创建表格的思路与技巧

在文档编写过程中往往需要利用表格来清晰明确地表达数据情况，尤其在编写汇报和统计类型文档时对于文档中表格的应用要求更高。在创建表格时，还要考虑表格的结构。掌握创建表格的思路与技巧，就可以轻松完成表格的制作。

在创建表格之前，首先要构思表格的大致布局和样式。对于复杂的表格，可以先确定需要的表格样式及行列数。然后再在文档中制作表格的框架，输入表格内容。

在创建表格时，根据表格的难易程度，可以将表格分为规则表格和不规则表格。

● **创建规则表格**：规则表格的结构方正，可以单击【插入】选项卡中的【表格】按钮，在弹出的下拉菜单中的虚拟表格中通过拖动鼠标光标设置表格的行列数。当鼠标光标拖动时区域内的方格也会随之变更所选行列数，如图 2-8 所示。也可以选择【插入表格】命令，在打开的对话框中通过设置表格的行数和列数来创建表格，如图 2-9 所示。

图 2-8 通过虚拟表格快速创建规则表格

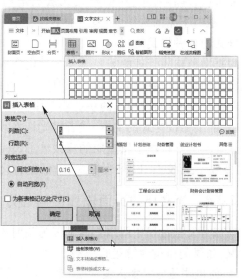

图 2-9 通过【插入表格】命令创建规则表格

- **创建不规则表格**：不规则的表格结构不方正也非对称，所以按照规则表格进行创建后，需要用一些特殊的技巧去处理。其实也可以使用表格的手动绘制功能来制作。在【表格】下拉菜单中选择【绘制表格】命令，就可以像使用铅笔在纸上绘制表格一样直接在文档页面中绘制表格了，如果绘制出现错误，还可以使用擦除功能将其擦除。

2.2.3 为内容添加样式

通过格式刷可以将指定的文本、段落或图形的格式复制到目标文本、段落或图形上，从而提高工作效率。但如果在长文档中使用格式刷来设置格式，不仅会降低长文档的编辑速度，而且对某一个段落格式进行修改后，还得继续使用格式刷对更改的段落格式进行复制、应用，非常麻烦。

这时，掌握样式的设置与使用，是提高工作效率的重要手段之一。样式是文档中文字的格式模板，在样式中已经预设了字符和段落的格式。通过将某种样式应用到某个特定的字符或段落上，不仅可以快速统一同类型内容的格式，对样式进行更改后，所有应用该样式的格式都将自动进行更改，从而方便文档版面的管理以及后期的调整，以后还可以借助样式实现文档目录的自动生成。

在【开始】选项卡的列表框中可以看到系统内置的一些样式，如正文样式、标题样式等，如图2-10 所示。当需要为文档中的段落应用样式时，可将文本插入点定位到段落中，或选择段落，然后在【样式】列表框中选择需要的样式即可。

图 2-10　系统内置的样式

通过【样式和格式】任务窗格也可以为某个文本或某个段落快速应用【样式】中所预设的格式。单击页面右侧的【样式】按钮，即可显示出【样式和格式】任务窗格，在其中可以看到样式的预览效果，选择所需样式，即可将该样式应用到所选文本或段落中。

如果【快捷样式库】中的样式无法满足当前文档的应用需求，可以单击【开始】选项卡【样式】列表框右下角的按钮，在弹出的下拉菜单中选择【新建样式】命令，然后在打开的对话框中设置新样式的各种格式。

根据文档格式管理的需要对某个特定样式进行修改。修改后，文档中所有应用该样式的文本或段落的格式也将相应变更。修改样式，可以在【开始】选项卡【样式】列表框中需要修改的样式上单击鼠标右键，在弹出的快捷菜单中选择【修改样式】命令。或者打开【样式和格式】任务窗格，选中需要修改样式的文本，或者将光标在需要修改样式的段落中定位，任务窗格中会显示当前所选文本或定位段落所应用的样式名称，单击名称右边的下拉按钮，在弹出的下拉列表中选择【修改】命令，即会打开【修改样式】对话框，具体操作可见本章案例的部分步骤。

2.2.4 为文档的页面设置不同的方向

在编写文档过程中偶尔会遇到因为临时添加内容而需要在原有文档内插入一页横向空白页的情况，如要制作包含较宽的表格或图表的页面。插入横向版面的空白页有 3 种方法。

- **使用快捷方式插入横向页**：单击【插入】选项卡中的【空白页】下拉按钮，在弹出的下拉列表中选择【横向】选项,如图 2-11 所示,即可快速在原文档内文本插入点之前插入一页横向空白页。横向页面插入完成后,当前页面将在前后自动分节,原文档中的其他纵向版面不会改变。

* **利用分节符插入横向页**:首先单击【插入】选项卡中的【分页】下拉按钮,在弹出的下拉列表中选择【下一页分节符】选项,如图 2-12 所示,将要单独设置横向的页面单独置于一节。然后将文本插入点定位在目标页面所在的"节"中,单击【页面布局】选项卡中的【纸张方向】按钮,在弹出的下拉列表中设置纸张方向为【横向】即可完成一页横向空白页的插入。

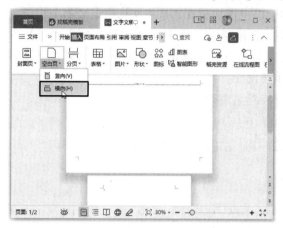

图 2-11 用快捷方式插入横向页

图 2-12 利用分节符插入横向页

* **设置页面方向的应用范围**:将文本插入点定位到要放到横向页面的内容最左侧,打开【页面设置】对话框,在【页边距】选项卡中将纸张方向设置为横向,并应用于【插入点之后】,单击【确定】按钮,如图 2-13 所示,即可将插入点之后的纸张页面设置为横向。使用同样的方法,将插入点定位到要放到横向页面的内容的末尾,再次设置"插入点之后"的纸张方向为纵向即可。

实际上这 3 种方法的本质都是一样的,即为文档内容分节,然后单独设置每一节的页面方向。

将一篇长文档的不同版面内容、不同章节等进行分页、分节和分栏操作,可以让文档的架构条理更清晰明确、版面更美观、文档整体布局更合理。

分页的本质是插入分页符,具体操作在第 1 章中已经介绍。分页符前后页面的页面设置参数和属性均保持一致。

默认情况下,用户在使用 WPS 文字进行文档编辑时,WPS 文字将整篇文档视为一节,所有对文档的设置都是应用于整篇文档的。当利用分节符将文档分成不同的"节"

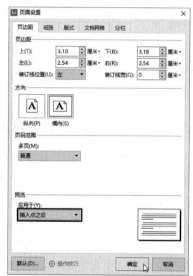

图 2-13 设置页面方向的应用范围

时,就可以根据需要进行每"节"的页面格式设置。在【页面布局】选项卡中单击【分隔符】下拉按钮,或在【章节】选项卡中单击【新增节】下拉按钮,在弹出的下拉列表中选择需要的分节符就可以分节了。WPS 文字中提供 4 种类型的分节符,作用介绍如下:

* **下一页分节符**:分节符后的内容将自动换页至新页面。

- **连续分节符**：分节符的前后节同处于一个页面，不会自动分页。
- **偶数页分节符**：分节符后面的内容自动转入下一个偶数页，分节和分页同时进行，且新节从文档的偶数页开始。
- **奇数页分节符**：分节符后面的内容自动转入下一个奇数页，分节和分页同时进行，且新节从文档的奇数页开始。

在阅读一些文字过多或者文本排列较紧密的文档时，可以利用【页面分栏】功能将页面上的文本内容分成多栏，不仅阅读起来更方便，文档的版面也更加美观。选中文档中需要做分栏设置的文本内容，单击【页面布局】选项卡中的【分栏】按钮，在弹出的下拉列表中选择所需的分栏方式即可，如图 2-14 所示。如果下拉列表中的预定义分栏方式不满足实际需求，可以单击下拉列表底部的【更多分栏】，打开【分栏】对话框，进行详细设置。

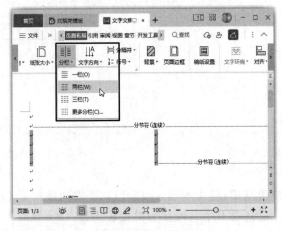

图 2-14　设置分栏效果

实际上，分栏处理的本质是在所选内容前后插入了连续的分节符，然后将分栏效果应用于所选文字。

2.2.5　设置页眉、页脚与页码

页眉、页脚分别位于文档页面的顶部和底部区域。通过在页眉、页脚中插入文本、图形、图片以及其他文档部件，可以让用户快速了解该文档的相关信息，比如页码、时间、日期、公司 Logo、文档标题、文件名、作者姓名、单位名称等。

1. 设置页眉、页脚

在 WPS 文字中预置了丰富的页眉和页脚样式，以方便用户快速应用和修改。单击【插入】选项卡中的【页眉和页脚】按钮，进入页眉页脚编辑状态，同时显示出【页眉页脚】选项卡，单击其中的【页眉】或【页脚】按钮，在下拉列表中选择需要的页眉或页脚效果，即可将所选样式应用到文档的每一页。单击【配套组合】按钮，还可以同时添加成套的页眉页脚效果。然后在页眉或页脚位置输入相关内容即可，如文字、页码、图形、图片等。

WPS 文字不仅提供了丰富的页眉或页脚预设样式，同样也提供了丰富的【页眉横线】。单击【页眉横线】按钮即可进行选择。除了预设样式，用户也可创建自定义外观的页眉或页脚。

如果需要区别文档首页和正文页,为首页和正文,或为奇数页和偶数页设置不同的页眉页脚效果,可以单击【页眉和页脚】选项卡中的【页眉页脚选项】按钮,打开【页眉/页脚设置】对话框,选中【首页不同】复选框,如图 2-15 所示,此时文档首页中原先定义的页眉和页脚将会被删除,用户可以根据需要在首页页面中另行设置页眉或页脚;选中【奇偶页不同】复选框,然后分别在奇数页和偶数页的页眉或页脚上输入内容,以创建不同的页眉和页脚。

图 2-15 通过"页眉和页脚选项"设置页眉页脚

当文档分为若干节时,可以通过为文档的各节创建不同的页眉或页脚的方式辅助阅读者在阅读时区别各节内容。比如可以在一篇长文档的"目录"与"内容"部分应用不同的页眉或页脚样式,并给"内容"中的各节设置不同页眉或页脚。只需要将文本插入点定位在某一节中的某一页上,然后在该页的页眉或页脚区域双击鼠标,进入页眉和页脚编辑状态,插入页眉或页脚内容并进行相应的文本设置。设置完成后单击【显示前一项】或【显示后一项】按钮进入其他页面的页眉或页脚。默认情况下,下一节的页眉或页脚和上一节的页眉或页脚保持一致,并且【同前节】按钮进入应用状态(呈深灰色矩形状)。单击【同前节】按钮解除应用状态(深灰色矩形图形消失),此时当前页的页眉或页脚不再受前一节影响。

> **温馨提示**:单击【页眉和页脚】选项卡中的【页眉页脚切换】按钮可以在当前页面的页眉区域和页脚区域之间切换。

2. 添加页码

页码是一种域,可以随着文档页数的增加或减少而自动更新。通过页码,用户可以快速找到目录中所提示的文档内容。页码一般添加在文档的页眉或者页脚的位置。

在 WPS 文字中提供有一组预设的页码格式,单击【插入】选项卡中的【页码】按钮,在弹出的下拉列表中选择需要的页码预设样式,如图 2-16 所示,此后会进入页眉和页脚编辑状态,功能区会自动显示出【页眉页脚】选项卡,并在插入的页码处弹出页码设置按钮,包括【重新编号】【页码设置】【删除页码】等。单击【重新编号】按钮,可以设置该页的起始页码;单击【页码设置】按钮,可以设置页码的呈现形式,页码在页眉页脚中的位置,以及页码在文档中的应用范围,如图 2-17所示;单击【删除页码】按钮,可以选择删除页码的范围。

图 2-16　应用页码"预设样式"

图 2-17　页码设置

技能拓展：在页眉或页脚的位置，双击可快速进入插入页码状态，功能区将自动显示出【页眉和页脚】选项卡，并在页眉或页脚的位置出现【插入页码】按钮，单击该按钮可打开【页码设置】对话框，在其中可以对【页码位置】【样式】【应用范围】等进行设置。设置完后单击【页眉与页脚】选项卡中的【关闭】按钮退出页眉页脚编辑状态。

　　如果预设页码样式无法满足需求，或需要对文档中原有的页码进行修改时，可以单击【插入】选项卡中的【页码】下拉按钮，在弹出的下拉列表中选择【页码】命令，打开如图 2-18 所示的【页码】对话框。在【样式】和【位置】下拉列表框中可以设置页码样式和位置，设置是否【包含章节号】以及页码的【应用范围】。在【页码编号】栏中可以设置是否继续前节的编号以及修改某一节的起始页码。

　　对文档中原有页码的格式进行修改时，还可以双击页码处，进入页眉和页脚编辑状态，直接单击【页码设置】按钮进行重新设定，如图 2-17 所示。

图 2-18　设置自定义页码

▶▶▶ 2.2.6　使用章节导航快速管理章节

　　WPS 文字中提供的"章节导航"特色功能，可以帮助用户快速定位文章，高效调整文档结构，以及智能引用文档目录等，是管理长文档整体结构以及章节的利器。

　　● **通过章节快速定位文档**：对长文档内容进行分节处理后，利用"章节导航"功能可以帮助用户直接定位文档。单击【章节】选项卡中的【章节导航】按钮，在显示出的【章节】任务窗格中单击页面缩略图即可快速跳转到对应页面。

　　● **快速调整文档结构**：单击【章节】任务窗格顶部的 田 或 曰 按钮，可以快速增加新节或者删除当前节。如果需要在现有的"节"中添加空白页，可以在对应的页面缩略图上单击鼠标右键，在弹出的快捷菜单中选择【新增空白页】命令。单击"节"名称后面的下拉按钮 ▾，在弹出的下拉菜单中可以对该节做合并、删除和重命名设置，如图 2-19 所示，选择【新增节】命令，可在该节后新建节，文档其他节自动后移。

● **智能识别目录**:"智能目录"是 WPS 文字中的人工智能应用特色功能。当文档中的标题未应用标题样式时,它可以自动识别正文的目录结构,并生成对应级别的目录,避免用户手动设置目录时的误操作,提升办公效率。单击【章节】任务窗格左侧的【目录】选项卡,切换到【目录】任务窗格,单击【智能识别目录】按钮,打开目录预览框,如图 2-20 所示,这里就显示了自动识别出的文档段落结构,单击【确定】按钮可将原有目录更新为新目录。如果该文档没有设置目录页,在使用【智能识别目录】功能后,在需要插入目录的页面直接"引用"目录即可生成对应的目录,节省了手动设置标题格式的时间。

图 2-19 "节"设置

图 2-20 智能识别目录

2.2.7 插入目录

目录的作用是标示出文档中各章节及标题所在的页码位置,一般位于文档的封面页和正文之间。通过对各章节及标题页码的标注,可以让用户快速查找相关内容,是长文档中不可或缺的一部分。通常情况下,目录可以自动生成,但必须为文档的各级标题应用样式。在 WPS 文字中插入目录有两种方法。

● **通过目录样式库创建目录**:WPS 文字的"目录样式库"中提供了常用的目录样式。单击【引用】选项卡中的【目录】按钮,在弹出的下拉列表中显示了【智能目录】和【自动目录】,如图 2-21 所示。如果事先为文档的标题应用了 WPS 文字中的标题样式,选择使用【自动目录】,即可在文档的文本插入点处插入目录;如果该文档的标题没有应用过标题样式,选择【智能目录】栏中的目录样式即可将该目录样式应用于文档中。随后再定位到目录中的标题,直接输入标题即可。利用【智能目录】生成的目录,当鼠标在该目录任意处单击时会自动出现【重新识别】按钮,单击该按钮可以实现对当前修改目录的快速识别和应用。

● **自定义目录**:当文档中的标题自定义样式或【目录样式库】中的目录样式无法满足文档排版要求时可以使用自定义目录设置。单击【引用】选项卡中的【目录】按钮,在弹出的下拉列表中选择【自定义目录】选项,打开【目录】对话框,在其中可以设置目录【显示级别】、页码对齐方式及【制表符前导符】,在【打印预览】区内看到创建的目录样式效果,单击【选项】按钮,打开如图2-22所示的【目录选项】对话框,在【有效样式】区域内列出了文档中使用的样式和目录级别,根据需要进行设置。

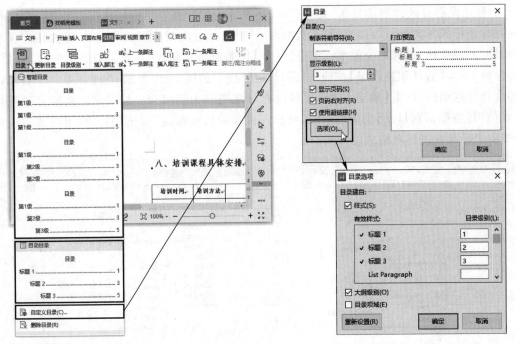

图2-21 通过"目录样式库"创建文档目录　　　　图2-22 通过"目录选项"设置目录样式与级别

　　自动生成目录后,如果文档中提取的标题或所在的页码发生变化,那么可对目录进行更新,目录中的标题或页码将自动发生变化,不需要手动修改。单击【引用】选项卡中的【更新目录】按钮,或者单击目录的任意位置,然后单击目录上方出现的【更新目录】按钮,都可以打开【更新目录】对话框,在其中提供了【只更新页码】【更新整个目录】两种更新方式,按需选择即可,具体操作步骤将在案例中展示。

2.3 任务实施

　　本案例实施的基本流程如下所示。

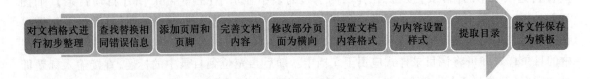

对文档格式进行初步整理 → 查找替换相同错误信息 → 添加页眉和页脚 → 完善文档内容 → 修改部分页面为横向 → 设置文档内容格式 → 为内容设置样式 → 提取目录 → 将文件保存为模板

2.3.1 使用智能格式工具进行初步整理

　　本案例是要在一个已经编写好内容的新员工入职培训方案文档上进行加工处理,因为编写过程中没有注意一些细节,所以首先需要对格式进行整理。这里借助智能格式工具进行初步整理。

　　步骤1:选择【智能格式整理】命令。打开"结果文件\第2章\新员工入职培训方案.docx"文件,❶ 单击【开始】选项卡中的【文字排版】按钮,❷ 在弹出的下拉菜单中选择【智能格式整理】

命令,如图 2-23 所示,即可为文档中的正文段落设置合适的缩进格式。

　　步骤 2:处理换行符。发现部分段落的缩进格式依然有误,是因为换行符导致的。❶ 再次单击【文字排版】按钮,❷ 在弹出的下拉菜单中选择【换行符转为回车】命令,如图 2-24 所示,即可将文档中的所有换行符产生的段落替换为段落标记。

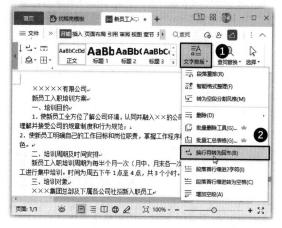

<table>
<tr><td>图 2-23　选择【智能格式整理】命令</td><td>图 2-24　处理换行符</td></tr>
</table>

　　温馨提示:编辑文档时,可以单击【开始】选项卡中的【显示/隐藏编辑标记】按钮 ↵▼,在弹出的下拉列表中选择【显示/隐藏段落标记】命令,显示出各种编辑标记。

➢➢➢ 2.3.2　查找替换相同的错误信息

　　检查文档内容时发现部分"公司"需要替换为"企业",可通过查找替换功能来进行修改。

　　步骤 1:打开【查找和替换】对话框。❶ 将文本插入点定位在文档开始处,❷ 单击【开始】选项卡中的【查找替换】下拉按钮,❸ 在弹出的下拉菜单中选择【替换】命令,如图 2-25 所示。

　　步骤 2:设置替换信息。打开【查找和替换】对话框中的【替换】选项卡,❶ 在【查找内容】文本框中输入"公司",❷ 在【替换为】文本框中输入"企业",❸ 单击【查找下一处】按钮,如图 2-26 所示。

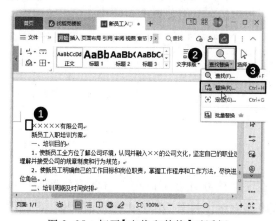

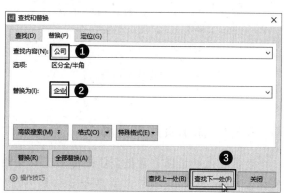

<table>
<tr><td>图 2-25　打开【查找和替换】对话框</td><td>图 2-26　设置替换信息</td></tr>
</table>

步骤 3：判断找到的第一处内容是否需要替换。 经过上步操作后，系统开始查找并将找到的第一处内容高亮显示，发现查找到的内容不需要修改，单击【查找下一处】按钮，如图 2-27 所示。

　　步骤 4：替换内容。 如果查找到的内容是需要修改的，则单击【替换】按钮，如图 2-28 所示。

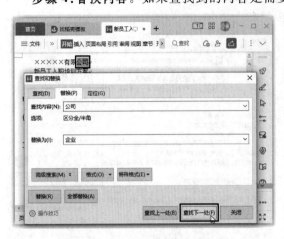
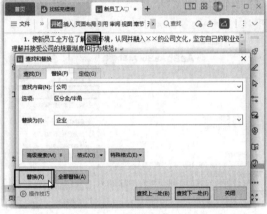

图 2-27　跳过不需要修改的内容　　　　　　图 2-28　替换内容

　　步骤 5：查找替换其余部分。 使用相同的方法对查找到的内容经判断后进行替换与否的操作，直到完成该文档的所有查找，单击【查找和替换】对话框中的【关闭】按钮关闭对话框，如图 2-29 所示。

　　步骤 6：删除多余内容。 在查找过程中发现一些错误，对文档内容进一步修改，如图 2-30 所示。

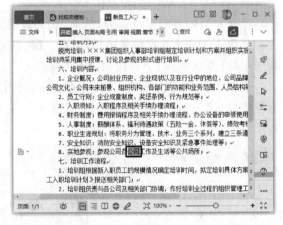

图 2-29　查找替换其余部分　　　　　　　图 2-30　删除多余内容

≫≫ 2.3.3　添加页眉和页脚

　　新员工入职培训方案是企业内部的正式文档，在文档建立好后可以在页眉页脚处添加公司的名称、Logo 等信息，以显示这是专属于某公司的培训方案。另外，由于文档页面偏多，可以添加页码便于浏览和管理。

步骤1:输入页眉内容并设置格式。❶ 在页眉位置双击鼠标,进入页眉编辑状态,输入页眉内容"××××有限公司",❷ 设置字体格式为"宋体,五号,加粗",❸ 设置段落格式为"居中对齐",如图2-31所示。

步骤2:选择页码样式。❶ 单击【页码】按钮,❷ 在弹出的下拉菜单中选择"页脚外侧"命令,如图2-32所示。

图2-31 输入页眉内容并设置格式

图2-32 选择页码样式

步骤3:设置页码选项。此时会在页脚外侧添加页码,同时显示出页码编辑按钮。❶ 单击【页码设置】按钮,❷ 在弹出的下拉列表中选中【本页及之后】单选按钮(避免从封面页开始统计页码,系统默认从首页开始插入页码),❸ 单击【确定】按钮,如图2-33所示。

步骤4:退出页眉页脚编辑状态。完成页眉页脚内容的编辑后,单击【页眉页脚】选项卡中的【关闭】按钮,退出页眉页脚编辑状态,如图2-34所示。

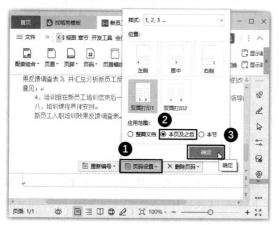

图2-33 设置页码选项

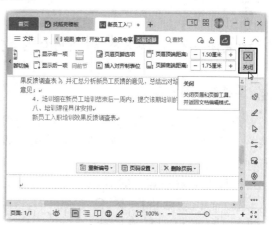

图2-34 退出页眉页脚编辑状态

技能拓展:如果不需要设置的页眉页脚内容了,可以在【页眉页脚】选项卡中单击【页眉】按钮或【页脚】按钮,在弹出的下拉菜单中选择【删除页眉】或【删除页脚】命令,也可以单击【配套组合】按钮同时删除当前节的页眉和页脚。

2.3.4　制作封面

一份专业的文档少不了一个美观且符合文档类型及内容的封面，WPS 文字中预设了丰富的封面页，用户只需动动鼠标即可为文档配置一个美观大方的封面。

步骤 1：选择封面样式。❶ 单击【插入】选项卡中的【封面页】按钮，❷ 在弹出的下拉列表中以图示的方式列出了不同设计及类型的文档封面页，选择需要的封面样式，即可在当前文档中插入该封面页作为首页，如图 2-35 所示。

步骤 2：编辑封面效果。单击封面页中的文本占位符进行输入或修改相应文本，输入的文本信息自动调整成当前封面页中的预设格式，根据需要调整封面页中的内容位置和格式，即可快速完成封面的制作，如图 2-36 所示。

图 2-35　选择封面样式

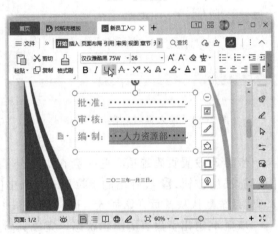

图 2-36　编辑封面效果

> **技能拓展**：如需将已插入的封面页删除，可在【封面页】下拉列表中选择【删除封面页】选项。

2.3.5　插入表格

查看文档内容时，发现还差两个表格没有制作完成，一个是竖向表格，另一个是横向布局的表格。下面先来制作常规的竖向表格。由于插入的表格行列数并不多，可以通过拖动鼠标选择行列数插入。

步骤 1：创建表格。❶ 将文本插入点定位在第 2 页中需要插入表格的位置处，❷ 单击【插入】选项卡中的【表格】按钮，❸ 在弹出的下拉菜单中的虚拟表格中通过拖动鼠标光标设置表格为 8 行 * 4 列，如图 2-37 所示。

步骤 2：输入表格内容。❶ 在创建好的 8 行 * 4 列表格的各单元格中输入对应的内容，❷ 单击表格底部的【+】按钮，如图 2-38 所示。

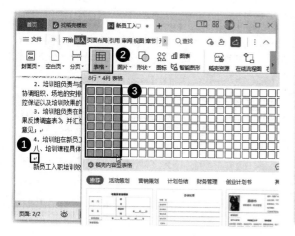

图 2-37 创建表格

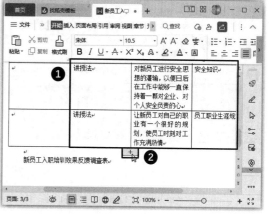

图 2-38 输入表格内容

步骤 3：设置对齐方式。 经过上步操作后，即可在表格末尾处增加一行空白单元格。❶ 输入表格内容，单击表格左上角的 ⊕ 按钮，选中整个表格，❷ 单击【表格工具】选项卡中的【对齐方式】按钮，❸ 在弹出的下拉列表中选择【水平居中】选项，如图 2-39 所示。

步骤 4：设置字体格式。 ❶ 选择第一行单元格，❷ 设置字体格式为"加粗"，如图 2-40 所示。

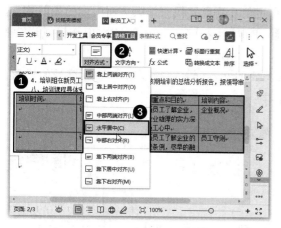

图 2-39 设置对齐方式

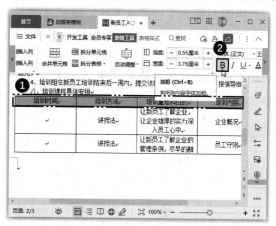

图 2-40 设置字体格式

步骤 5：设置对齐方式。 选择第 3 列中除第一行外的其他单元格，单击【对齐方式】按钮，在弹出的下拉列表中选择【中部两端对齐】选项。

步骤 6：自动调整表格。 ❶ 全选整个表格，❷ 单击【表格工具】选项卡中的【自动调整】按钮，❸ 在弹出的下拉列表中选择【根据内容调整表格】选项，如图 2-41 所示。

步骤 7：调整列宽。 将鼠标光标移动到需要调整列宽的表格竖线上，当光标变为双向箭头形状时，按住鼠标拖动即可调整单元格的列宽，根据内容多少调整各单元格的宽度，如图 2-42 所示。

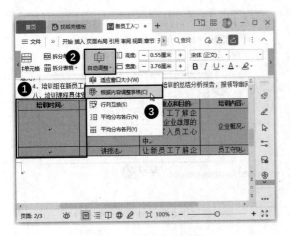

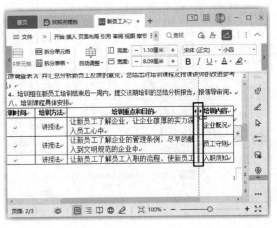

图 2-41　自动调整表格　　　　　　　　　图 2-42　调整单元格列宽

≫≫ 2.3.6　修改部分页面的布局

接下来要在文档中插入新员工入职培训反馈表,这个表格列比较多,竖向设计时施展不开,只能调整局部页面为横向再设计成横向的表格。

步骤 1:插入下一页分节符。❶ 将文本插入点定位在要设置横向排版页面内容的最前端,这里在刚刚制作好的表格下一行定位文本插入点,❷ 单击【插入】选项卡中的【分页】按钮,❸ 在弹出的下拉菜单中选择【下一页分节符】命令,如图 2-43 所示。

步骤 2:添加项目符号。❶ 在新页面中输入需要的文本,❷ 选择要添加项目符号的段落,❸ 单击【开始】选项卡中的【插入项目符号】按钮 ☰▾,如图 2-44 所示。

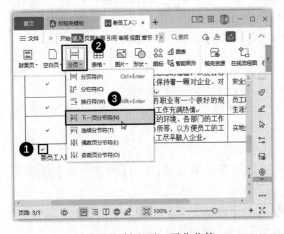

图 2-43　插入下一页分节符　　　　　　　　图 2-44　添加项目符号

步骤 3:插入表格。❶ 将文本插入点定位到文档末尾处,❷ 单击【插入】选项卡中的【表格】按钮,❸ 在弹出的下拉列表中选择【插入表格】命令,❹ 打开【插入表格】对话框,在【列数】数值框中输入"5",在【行数】数值框中输入"25",❺ 单击【确定】按钮,如图 2-45 所示。

步骤 4:合并单元格。❶ 选择表格前两列中的前 3 行单元格,❷ 单击【表格工具】选项卡中的【合并单元格】按钮,如图 2-46 所示,即可将选择的多个单元格合并为一个单元格。

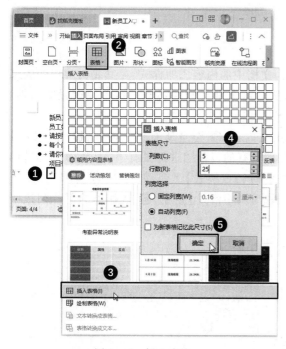

图 2-45　插入表格

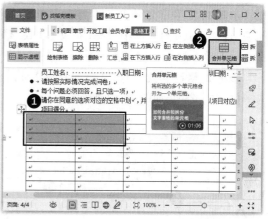

图 2-46　合并单元格

步骤 5:设置纸张方向。❶ 使用相同的方法继续对表格中需要合并的单元格执行合并操作,**❷** 输入表格第一行的内容,**❸** 单击【页面布局】选项卡中的【纸张方向】按钮,**❹** 在弹出的下拉列表中选择【横向】选项,如图 2-47 所示。

步骤 6:拆分单元格。❶ 选择第 4 列中除第一行外的其他单元格,**❷** 单击【表格工具】选项卡中的【拆分单元格】按钮,**❸** 打开【拆分单元格】对话框,取消选中【拆分前合并单元格】复选框(因为这里拆分后的行数要求保持不变),**❹** 在【列数】数值框中输入"5",**❺** 单击【确定】按钮,如图 2-48 所示。

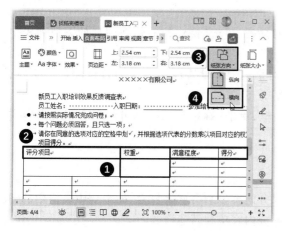

图 2-47　设置纸张方向

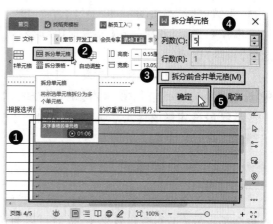

图 2-48　拆分单元格

步骤 7：调整单元格大小。 在各单元格中输入内容，并根据需要合并或拆分单元格，最后根据单元格中的内容拖动鼠标调整单元格的行高列宽到合适。

≫ 2.3.7　修改样式

为了后期内容能更好地进行管理，可以尽量为文档中的内容添加样式，尤其是为常用的效果添加样式。设置时同样遵循先设置整体的样式，然后对个别特殊的格式进行单独设置的原则。这里先对正文样式进行设置和修改。

步骤 1：应用正文样式。 ❶ 删除最前面两行正文内容，❷ 全选所有正文内容，❸ 在【开始】选项卡的【样式】列表框中选择【正文】样式，❹ 发现所有的段落缩进都没有了，于是在【正文】样式选项上单击鼠标右键，❺ 在弹出的快捷菜单中选择【修改样式】命令，如图 2-49 所示。

步骤 2：修改样式。 打开【修改样式】对话框，❶ 单击【格式】按钮，❷ 在弹出的下拉列表中选择【字体】选项，如图 2-50 所示。

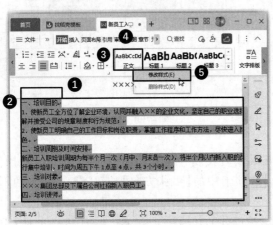

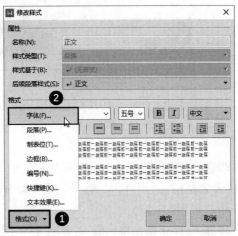

图 2-49　应用正文样式　　　　　　　　　图 2-50　修改样式

步骤 3：修改样式的字体效果。 打开【字体】对话框，❶ 设置中文字体为"仿宋"，❷ 单击【确定】按钮，如图 2-51 所示。

步骤 4：选择【段落】选项。 返回【修改样式】对话框，单击【格式】按钮，在弹出的下拉列表中选择【段落】选项。

步骤 5：修改样式的段落效果。 打开【段落】对话框，❶ 设置段落缩进为首行缩进 2 字符，❷ 设置行距为【1.5 倍】，❸ 单击【确定】按钮，如图 2-52 所示。

步骤 6：确定修改样式。 返回【修改样式】对话框，单击【确定】按钮，即可为所有正文内容应用修改后的正文样式。

≫ 2.3.8　新建样式

将所有正文设置为首行缩进的段落格式后，部分内容显示会变得异常，如本例中表格中的内容也全部显示为首行缩进效果了，此时可以为这部分内容单独新建样式。

步骤 1：选择【新建样式】命令。 ❶ 选择表格中的内容，❷ 单击【开始】选项卡【样式】列表框右下角的下拉按钮，在弹出的下拉菜单中选择【新建样式】命令，如图 2-53 所示。

图 2-51　修改样式的字体效果　　　　　　图 2-52　修改样式的段落效果

步骤 2：设置新样式格式。打开【新建样式】对话框，根据需要设置新样式效果，这里基于原来的正文样式修改段落格式即可。❶ 在【名称】文本框中输入新样式名称"正文 1"，❷ 在【样式基于】下拉列表框中选择【正文】选项，❸ 单击【格式】按钮，❹ 在弹出的下拉列表中选择【段落】选项，如图 2-54 所示。

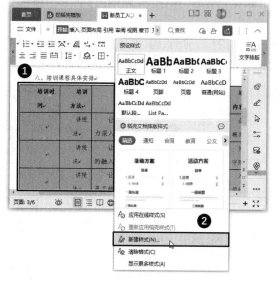

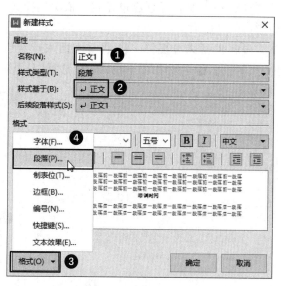

图 2-53　选择【新建样式】命令　　　　　　图 2-54　设置新样式格式

步骤 3：设置段落格式。打开【段落】对话框，在其中设置段落对齐方式为左对齐，缩进为无，其他保持默认设置即可。

　　步骤 4：应用新样式。依次选择文档中的表格内容，单击【开始】选项卡【样式】列表框中新建的【正文 1】样式进行应用即可。

　　步骤 5：应用标题样式。❶ 选择文档中的标题段落，❷ 单击窗口侧边栏中的【样式和格式】按钮 ✐，❸ 在显示出的【样式和格式】任务窗格中选择【标题 1】选项，如图 2-55 所示，即可为所选段落应用【标题 1】样式。

　　步骤 6：修改样式。应用样式后发现效果并不满意，❶ 在【样式和格式】任务窗格中单击【标题 1】选项右侧的下拉按钮，❷ 在弹出的下拉列表中选择【修改】选项，如图 2-56 所示。

图 2-55　应用标题样式

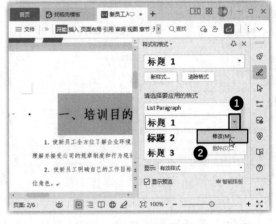

图 2-56　修改样式

　　步骤 7：修改样式字体格式。打开【修改样式】对话框，❶ 设置字体格式为"仿宋，小三，加粗"，❷ 单击【确定】按钮，如图 2-57 所示，即可为当前段落应用新的样式效果。

　　步骤 8：为其他标题应用样式。依次选择文档中的其他标题，在【样式和格式】任务窗格中选择【标题 1】选项。

　　步骤 9：插入分页符。❶ 将文本插入点定位在第 8 标题的前面，❷ 单击【插入】选项卡中的【分页】按钮，❸ 在弹出的下拉列表中选择【分页符】选项，如图 2-58 所示，强制为内容进行分页。

图 2-57　修改样式字体格式

图 2-58　插入分页符

步骤 10：设置字体格式。查看文档内容,并对其进行完善。如可以对横向页面中的标题进行加粗和居中对齐设置。

≫ 2.3.9 设置目录

完成文档内容的制作后,还可以在封面页的后面插入目录,方便读者在正式查看文档内容时能对文档结构有所掌握。

步骤 1：选择目录样式。❶ 将文本插入点定位在正文开始处,❷ 单击【引用】选项卡中的【目录】按钮,❸ 在弹出的下拉列表中选择【智能目录】栏中的一个样式,如图 2-59 所示。

步骤 2：查看提示。打开提示对话框,提示在插入智能目录时会为段落设置大纲,单击【是】按钮,如图 2-60 所示。

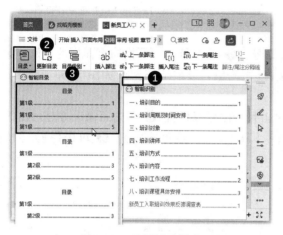

图 2-59　选择目录样式

图 2-60　查看提示

> **温馨提示：** 实际上,WPS 文字提供的内置标题样式中的大纲级别都是默认设置的,这样才能根据样式自动生成目录。

步骤 3：为目录分页。经过上步操作后就可以看到自动生成的目录了。❶ 将文本插入点定位在正文开始处,❷ 单击【插入】选项卡中的【分页】按钮,如图 2-61 所示,将目录内容单独放置在一页中。

步骤 4：重新编号页码。这里默认从目录页开始进行页码编号,但实际不需要对目录页编号。❶ 双击正文第一页的页码内容,进入页脚编辑状态,❷ 单击显示出的【重新编号】按钮,❸ 在弹出的下拉列表中的【页码编号设为】列表框中输入"1",❹ 单击【√】按钮,确认当前页从 1 开始编号,如图 2-62 所示。

图 2-61　为目录分页

图 2-62　重新编号页码

步骤 5：设置分节后页面的页码连续编号。❶ 选择最后一页横向页面中的页码，❷ 单击【重新编号】按钮，❸ 在弹出的下拉列表中选择【页码编号续前节】选项，如图 2-63 所示。这样就可以让该节的页码继续前一节进行编号了。

步骤 6：更新目录。❶ 在目录页中单击目录的任意位置，❷ 单击目录上方显示出的【更新目录】按钮，❸ 打开【更新目录】对话框，选中【只更新页码】单选按钮，❹ 单击【确定】按钮，如图 2-64 所示，即可完成目录的更新。

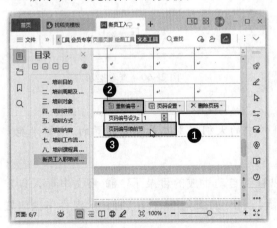

图 2-63　设置分节后页面的页码连续编号

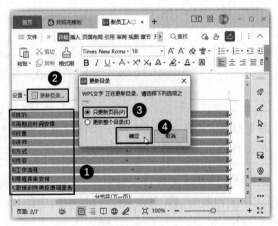

图 2-64　更新目录

▶▶▶ 2.3.10　预览并打印文档

"新员工入职培训方案"文档制作完成后，往往需要打印出来给领导、同事或计划参与培训的员工看，让他们知道培训安排。为了避免打印文档时内容、格式有误，最好在打印前进行预览，然后根据需要进行打印设置。

步骤 1：选择【打印预览】命令。❶ 单击【文件】按钮，❷ 在弹出的菜单中选择【打印】命令，❸ 在弹出的下级子菜单中选择【打印预览】命令，如图 2-65 所示。

步骤2:设置打印参数。进入打印预览界面,在其中可以预览到文档的打印效果。如果发现有需要编辑的地方,可以单击【返回】按钮,返回文档编辑页面进行修改;如果确认无误,则可以在【打印预览】选项卡中设置打印参数,❶如在【份数】数值框中输入要打印的份数,在【方式】下拉列表框中选择打印方式等,❷完成打印设置后,单击【直接打印】按钮,如图2-66所示,即可开始文档打印。

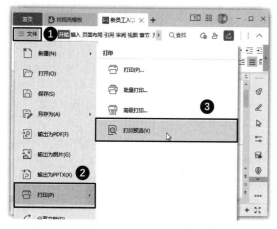

图2-65 打印前预览

图2-66 设置打印参数

2.3.11 保存为模板

如果创建好的文档在以后可能会反复使用,文档中的样式又设置得比较到位时,可以将该文档保存为模板文件,方便后期直接通过模板创建类似的文档。

步骤1:另存为模板。❶单击【文件】按钮,❷在弹出的菜单中选择【另存为】命令,❸在弹出的下级子菜单中选择【WPS文字 模板文件(*.wpt)】命令,如图2-67所示。

步骤2:设置文件选项。打开【另存文件】对话框,❶设置文件的保存位置,❷设置文件的保存名称,❸单击【保存】按钮,如图2-68所示。

图2-67 另存为模板

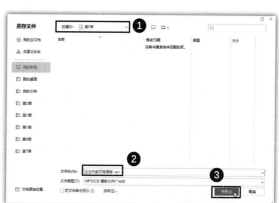

图2-68 设置文件选项

步骤3:调用模板。下次如果要使用该模板新建文档,可以打开模板的保存位置,双击模板文件图标即可根据该模板创建一个新文档。

> **温馨提示**：WPS Office 中提供了丰富的模板，以满足不同人群、不同场合的需求。但调用网络模板，首先必须保证计算机连接到互联网，然后单击【找稻壳模板】选项卡，在该页面中搜索需要的模板，单击查看并下载。

第**3**章　设计并批量生成邀请函

在日常办公过程中,除了常见的办公文档,有时创建的文档涉及大量重复操作,如为学生制作出入证、表彰奖状,为客户制作邀请函、感谢信,工作需要制作固定资产便签、会议台卡等。这类文档的显著特点是:拥有固定的内容版式,但需要在固定内容版式中插入不同的数据来合成。通过普通文档制作的方法也只能是复制文档后修改其中的内容,是不能快速完成的。但是,如果你发现这些文档的本质是根据数据库中的数据批量制作部分内容不同的每一份文档,并且掌握了"邮件合并"功能,那批量制作文档的速度就会大幅提高。

本案例将利用 WPS 文字制作一批邀请函文档,其中涵盖了"邮件合并"功能涉及的方方面面。

3.1 任务目标

小陈是一个科技公司的行政主管,他们公司最近要召开一次盛大的交流活动,希望邀请业内人士有针对性地进行探讨,为表示诚意特别为参会的客户、合作伙伴、企业内部员工制作了邀请函,并为每位与会人员安排了对应接待的员工。由于邀请函的背景及基本内容是一致的,不同的只是受邀客户的个人信息和会场安排。为了提高工作效率,小陈决定根据参会人员的名单,使用WPS 文字中的"邮件合并"功能进行批量制作,具体希望达到以下目标:

制作一个相对得体的邀请函,页面布局和整体效果要合适;创建邀请函内容,包含具体内容、会议时间、地点等信息;根据确定好的参会人员名单,将参会者姓名、对应座次、联系人和电话合并到邀请函中,为每一位参会者制作相应的邀请函;将制作好的每一份邀请函打印输出。

本案例最终完成的邀请函如图 3-1 所示。实例最终效果见"结果文件\第 3 章\邀请函.docx"文件。

本案例主要涉及如下知识点:

- 创建和设置邀请函页面
- 设置字体和段落格式
- 邮件合并
- 插入合并域
- 打印文件

图 3-1　制作完成的多份邀请函效果

3.2　相关知识

　　下面的知识与本案例或同类型案例密切相关,有助于更好地解决工作中的一些疑难问题。

3.2.1　了解邮件合并及其基本操作流程

　　与其他文档编辑功能相比,邮件合并的操作较为复杂,所以需要首先了解与之相关的基础知识。

　　"邮件合并"是 WPS 文字中一种可以将数据源批量引用到主文档中的功能。通过该功能,可以将不同源文档表格的数据统一合并到主文档中,并与主文档中的内容相结合,最终形成一系列版式相同数据不同的文档。WPS 文字中的邮件合并功能,主要包含以下 5 个部分:主文档、数据源、合并域、Next 域以及查看合并数据。

　　● **主文档**:是这种类型文档的"底版",也是利用邮件合并功能所引用的数据载体文档。在主文档中有文本内容,这些文本内容的版式和格式都是固定的,且在所有的输出文档中都是相同的,比如邀请函的开头敬语、主题内容、落款等。

　　● **数据源**:是主文档使用邮件合并功能所引用的数据列表,通常情况下,该列表是以表格形式存在。合并到主文档中的数据都在该列表内,如姓名、电话号码、时间、部门、职务等数据字段。数据源表格需为"一维表",每列数据应代表一个独立的数据元素,每一行代表一条数据记录,不能有合并单元格,如图 3-2 所示。

　　● **合并域**:在主文档中插入的一系列指令统称为合并域,用于插入在每个输出文档中都要发生变化的文本,比如姓名、昵称、公司、部门、职务等。

　　● **Next 域**:也是一种指令,主要解决邮件合并中的换页问题,当一页需要显示 N 行时,则需要插入 $N-1$ 个 Next 域。

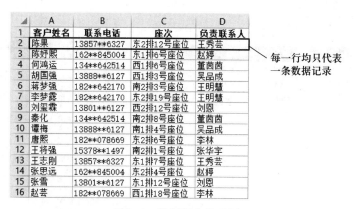

图 3-2 数据源表格示例

● **查看合并数据**：当邮件合并的最终文档完成所有数据源的引用和插入后，最终文档则是一份可以独立存储或者输出的 WPS 文字文档，但此时该文档中所有引用和插入的数据都是以"域"的形式存在，通过【查看合并数据】可以将文档中的"合并域"转换为实际数据，以便查看域的显示情况。

邮件合并的基本操作流程主要分为创建主文档、打开并选择数据源、插入合并域/插入 Next 域、查看合并域数据以及文档输出 5 个环节。需要通过单击【引用】选项卡中的【邮件】按钮，显示出【邮件合并】选项卡，在其中进行操作，具体操作步骤可以查看本章相关案例。

3.2.2 Next 域的具体使用方法

在通常情况下，邮件合并的规则为一行数据输出一页文档内容，如需在同一页中显示多条记录（如制作标签），那么从第二条记录开始，在其插入第一个"合并域"前，插入"Next 域"，可以保障引用数据自动适配下一条记录。

下面结合上一小节中介绍的邮件合并知识，简单展示一下标签的制作步骤。

步骤 1：建立主文档。在文档中根据需求进行固定版式排版设置，如需要一页中有多个标签格式，可以将标签的版式、数量、格式在主文档中进行调整，如图 3-3 所示。

步骤 2：建立数据源。在 WPS 表格组件中，整理好需要用于邮件合并的数据源，如图 3-4 所示。注意每列数据应代表一个独立的数据元素，便于与插入"域"匹配，如"资产编号"与"资产详情"应当在独立的两列，不可合并为一列。

步骤 3：打开数据源。单击【引用】选项卡中的【邮件】按钮，在显示出的【邮件合并】选项卡中单击【打开数据源】按钮，选择刚刚创建的数据源表格。当【邮件合并】选项卡中的按钮由置灰变化为可用按钮时，说明已经成功打开数据源文件，如图 3-5 所示。

步骤 4：插入域。在主文档中定位好需要导入数据源的位置，在【邮件合并】选项卡中单击【插入合并域】按钮，具体操作可参考本章案例的制作，这里主要应注意在第二条记录的首个域前方，单击【邮件合并】选项卡中的【插入 Next 域】按钮，第三个、第四个……的标签首个域前方，都按照此方法插入"Next 域"，这样可以保障同一页中导入不同的数据记录，如图 3-6 所示。

步骤 5：查看合并域数据。单击【查看合并数据】按钮验证合并效果，如图 3-7 所示。

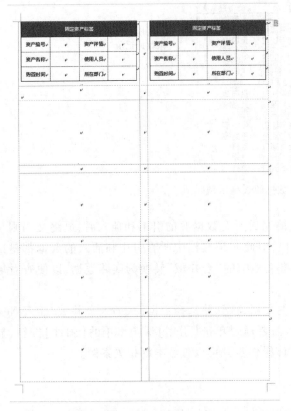

图 3-3　固定资产标签主文档

	A	B	C	D	E	F
1	资产编号	资产名称	购置时间	资产详情	使用人员	所在部门
2	A-0001	空调	2017-05-21	美的	公用	技术部
3	A-0002	空调	2017-05-21	美的	公用	财务部
4	A-0003	空调	2017-08-12	华凌	公用	销售部
5	A-0004	空调	2017-09-10	格力	公用	行政部
6	A-0005	空调	2017-09-11	格力	公用	市场部
7	B-0001	笔记本	2018-05-04	联想	刘志秀	财务部
8	B-0002	笔记本	2018-05-04	联想	蔡运富	行政部
9	B-0003	笔记本	2018-05-04	联想	陈好熙	市场部
10	B-0004	笔记本	2018-05-04	联想	凌晓雨	市场部
11	B-0005	笔记本	2019-12-01	戴尔	陈建利	技术部
12	B-0006	笔记本	2019-12-01	戴尔	黄宇	销售部
13	B-0007	笔记本	2019-12-01	戴尔	张雪	技术部
14	B-0008	笔记本	2019-12-01	戴尔	胡琳姣	财务部
15	B-0009	笔记本	2021-03-22	惠普	马晓轩	销售部
16	B-0010	笔记本	2021-03-22	惠普	张涛	行政部
17	B-0011	笔记本	2021-03-22	惠普	备用	行政部
18	C-0001	办公椅	2022-01-16	立捷	刘志秀	财务部
19	C-0002	办公椅	2022-01-16	立捷	蔡运富	行政部
20	C-0003	办公椅	2022-01-16	立捷	陈好熙	市场部
21	C-0004	办公椅	2022-01-16	立捷	凌晓雨	市场部
22	C-0005	办公椅	2022-01-16	立捷	陈建利	技术部
23	C-0006	办公椅	2022-01-16	立捷	黄宇	销售部
24	C-0007	办公椅	2022-01-16	立捷	张雪	技术部
25	C-0008	办公椅	2022-01-16	立捷	胡琳姣	财务部
26	C-0009	办公椅	2022-01-16	立捷	马晓轩	销售部
27	C-0010	办公椅	2022-01-16	立捷	张涛	行政部
28	C-0011	办公椅	2022-01-16	立捷	备用	行政部
29	C-0012	柜子	2018-07-30	立捷	刘志秀	财务部
30	C-0013	柜子	2018-07-30	立捷	蔡运富	行政部
31	C-0014	柜子	2018-07-30	立捷	陈好熙	市场部
32	C-0015	柜子	2018-07-30	立捷	凌晓雨	市场部
33	C-0016	柜子	2018-07-30	立捷	陈建利	技术部
34	C-0017	柜子	2018-07-30	立捷	黄宇	销售部
35	C-0018	柜子	2018-07-30	立捷	张雪	技术部
36	D-0001	办公桌	2022-01-16	立捷	刘志秀	财务部
37	D-0002	办公桌	2022-01-16	立捷	蔡运富	行政部

图 3-4　固定资产标签的数据源

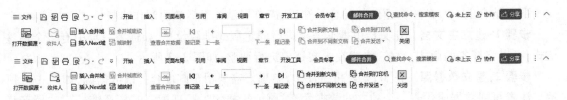

图 3-5　"数据源"打开前后功能按钮状态对比

步骤 6：完成合并。在验证合并数据无误后，即可根据需求选择通过以下任一方式完成最终合并。

- **合并到新文档**：将合并的内容输出为一份新的文档。
- **合并到不同新文档**：将合并的内容按照数据列表中的记录数被引用情况输出为一定数量的文档文件。
- **合并到打印机**：将合并的内容输出到打印机进行打印。
- **合并发送**：将合并的内容以电子邮件或微信的形式发送出去。此操作需要提前将收件人的邮箱地址或微信联系方式整理到源数据表中。

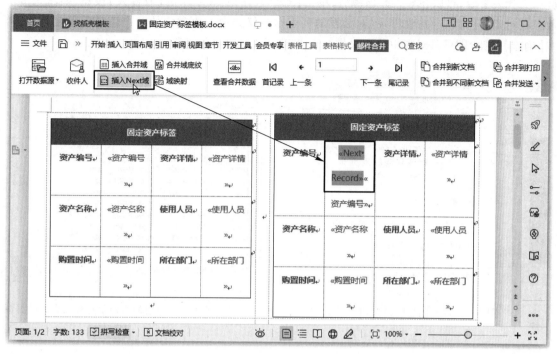

图 3-6 插入"Next 域"示例图

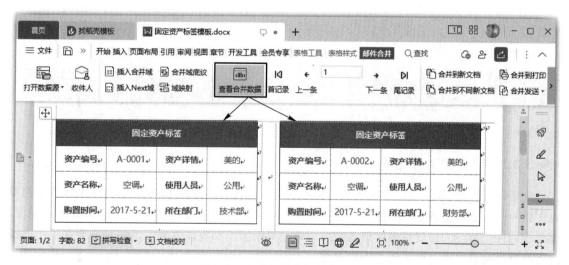

图 3-7 查看合并进主文档的数据

3.2.3 仅合并数据源中的部分记录

通过邮件合并功能将主文档和数据源结合在一起,形成一系列可独立存储和输出的最终文档。通常情况下,数据源中有多少条数据记录,就可以生成多少份最终结果,但是最终生成的结果数也取决于主文档中实际引用的数量。

有些情况下,并不需要对数据源中的全部记录进行合并。例如本案例中,如果仅邀请部分人员作为代表参会,可以在导入数据源后,单击【邮件合并】选项卡中的【收件人】按钮,如图 3-8 所示。在打开的【邮件合并收件人】对话框的列表框中仅选中需要邀请的客户信息前的复选框,单击【确定】按钮,即可只对选中的记录进行合并,如图 3-9 所示。

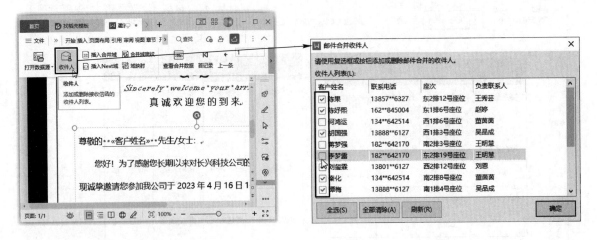

图 3-8　点击【收件人】按钮　　　　　图 3-9　选中需要邀请的客户信息作为合并数据源

3.3 ▶ 任务实施

本案例实施的基本流程如下所示。

设计邀请函主文档　　创建邀请函内容数据表　　插入合并域　　合并邀请人信息并生成单独的卡片　　打印邀请函

3.3.1　设计邀请函布局

批量制作邀请函时,可以事先将页面中统一的信息先制作成模板,模板的具体制作方法与普通文档相同。由于邀请函的功能相当于请帖,既要保证内容的准确性又要保证页面的美观度。因此,在页面设计上,需要根据邀请函的内容调整页面大小和整体效果。本例只需要在一个已经设计好背景效果的邀请函页面上添加内容。

步骤 1:插入文本框并设置字体格式。打开"素材文件\第 3 章\邀请函.docx"文件,❶ 在页面下部插入文本框,并设置边框和填充为无色,❷ 在文本框中输入合适的邀请函内容,设置字体格式为"微软雅黑,四号",❸ 选择用于输入姓名的空格内容,❹ 单击【文本工具】选项卡中的【下画线】按钮,为所选内容添加普通的下画线效果,如图 3-10 所示。

步骤 2:单击【段落布局】按钮。单击段落左侧出现的【段落布局】按钮 ▦▾,如图 3-11 所示。

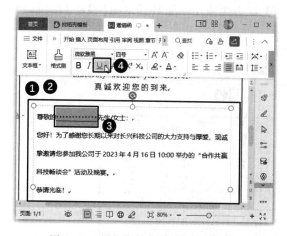

图 3-10　插入文本框并设置字体格式

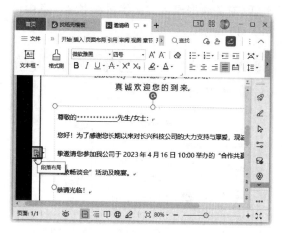

图 3-11　单击【段落布局】按钮

步骤 3：设置段落缩进。❶ 选择需要调整格式的第 2 段，❷ 用鼠标光标拖动段落起始处的黑色空心竖线图标，同时可以看到提示的首行缩进值，直到将首行缩进设置为 2 字符时释放鼠标左键，如图 3-12 所示。

步骤 4：设置段后间距。❶ 选择需要调整格式的第 3 段，❷ 用相同的方法设置首行缩进为 2 字符，❸ 用鼠标光标拖动段落下方的双向箭头图标，直到将该段落后的其他段落强行显示到页面的合适位置时释放鼠标左键，如图 3-13 所示。

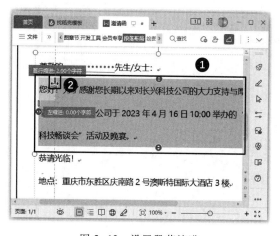

图 3-12　设置段落缩进

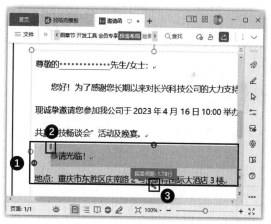

图 3-13　设置段后间距

》》》3.3.2　创建邀请函内容数据表

邀请函模板完成后，还需要将邀请函中需要变动的信息录入到电子表格中，方便后期导入不同的信息快速生成多份邀请函。

步骤 1：新建空白工作簿。❶ 单击【新建标签】按钮，❷ 在新界面中单击【新建表格】选项卡，❸ 在右侧单击【空白文档】按钮，如图 3-14 所示。

步骤 2：录入表格数据。在新建的空白工作簿中，❶ 录入客户信息及针对邀请函中不同内容需要提供的变动数据信息。本例邀请函中需要提供的变动信息有客户名称、座次、联系人、联系电话（有关数据录入方法将在本书第 5 章中讲解），❷ 单击快速访问工具栏中的【保存】按钮，如图 3-15 所示。

图 3-14　新建空白工作簿

图 3-15　录入表格数据

步骤 3：保存工作簿。打开【另存文件】对话框，❶ 确定文件要保存的位置，❷ 在【文件类型】下拉列表框中选择【WPS 表格 文件（＊.et）】选项，❸ 在【文件名】下拉列表框中输入文件名称，❹ 单击【保存】按钮，如图 3-16 所示。

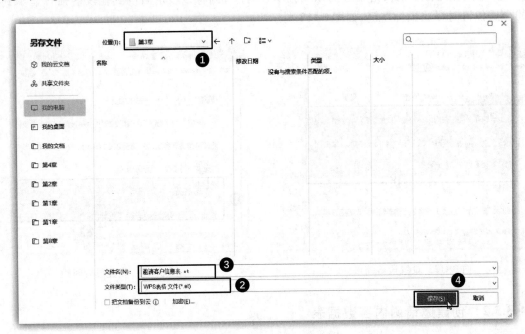

图 3-16　保存工作簿

步骤 4：关闭工作簿。完成数据表的建立、信息录入和保存后，检查确认需要引用的数据无误，单击【关闭】按钮关闭该工作簿。这样才能保证后面能顺利打开数据源表格。

3.3.3 合并邀请人信息并生成单独的卡片

完成了邀请函主文档与数据源的准备工作后,就开始进入邮件合并阶段了。

1. 导入数据源

在邮件合并时,利用导入功能将制作好的表格数据导入到文档中的具体方法如下。

步骤 1:单击【邮件】按钮。在邀请函主文档中,单击【引用】选项卡中的【邮件】按钮,如图 3-17 所示。

步骤 2:单击【打开数据源】按钮。在显示出的【邮件合并】选项卡中单击【打开数据源】按钮,如图 3-18 所示。

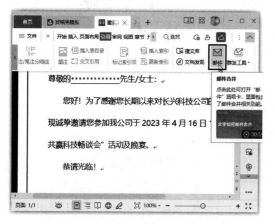

图 3-17 单击【邮件】按钮

图 3-18 单击【打开数据源】按钮

步骤 3:选取数据源。打开【选取数据源】对话框,❶ 选择需要引用数据所在的工作表,这里选择刚刚创建的"邀请客户信息表"文件,❷ 单击【打开】按钮,如图 3-19 所示。数据源打开后该对话框会自动关闭,并退回到主文档界面,同时也完成了表格中客户信息的导入。

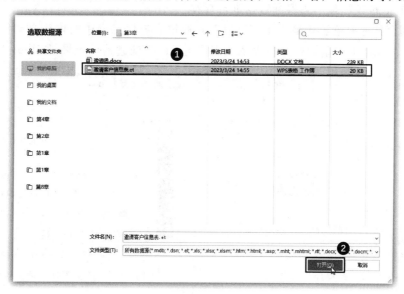

图 3-19 选取数据源

2. 插入合并域

打开数据源后,【邮件合并】选项卡中的按钮全部激活,接下来就可以通过插入合并域的方式将数据表格中对应的数据项插入到邀请函中相应的位置。

步骤 1:单击【插入合并域】按钮。❶ 选择文档中需要插入客户姓名的空格占位符,❷ 单击【邮件合并】选项卡中的【插入合并域】按钮,如图 3-20 所示。

步骤 2:选择需要插入的域。打开【插入域】对话框,❶ 选择需要插入的域类型(地址域、数据库域),这里选中【数据库域】单选按钮,❷ 在【域】列表框中选择需要引用的域名称,这里选择【客户姓名】选项,❸ 单击【插入】按钮,如图 3-21 所示。

图 3-20　单击【插入合并域】按钮　　　　　　　图 3-21　选择需要插入的域

步骤 3:插入其他合并域。经过上步操作,就完成了"客户姓名"域的插入操作。使用相同的方法将文本插入点定位在其他目标位置,分别插入"座次""负责联系人"和"联系电话"的合并域,完成邀请函中变动信息的插入。在 WPS 文字中每插入一次"域"后,需要关闭【插入域】对话框,重新定位要插入域的目标位置。

步骤 4:查看合并数据。单击【邮件合并】选项卡中的【查看合并数据】按钮,如图 3-22 所示,即可将文本中的"域"显示为实际数据进行查看。

步骤 5:浏览其他邀请函效果。此时可以看到邀请客户信息表中的内容自动插入到邀请函的相应位置了,单击【下一条】按钮,可以依次浏览生成的其他邀请函效果,如图 3-23 所示。

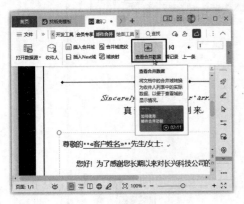

图 3-22　查看合并数据　　　　　　　　　　图 3-23　浏览其他邀请函效果

3. 批量生成邀请函

确认通过邮件合并功能批量生成的邀请函内容无误后,可以根据需求选择合适的方式完成最终合并。例如,可以选择"合并到新文档"方式批量生成所有客户的邀请函文档。

步骤 1:单击【合并到新文档】按钮。单击【邮件合并】选项卡中的【合并到新文档】按钮,如图 3-24 所示。

步骤 2:选择要合并的数据范围。打开【合并到新文档】对话框,❶ 在【合并记录】栏中选择要合并的数据范围,这里选中【全部】单选按钮,❷ 单击【确定】按钮,如图 3-25 所示。

> **温馨提示**:在【合并记录】栏中,选中【全部】单选按钮,将合并数据源表中的所有数据记录;选中【当前记录】单选按钮,将只合并当前页的数据记录;在【从……到……】文本框中可以自定义要合并的数据范围,如合并 1-10 的源数据记录。

图 3-24 单击【合并到新文档】按钮

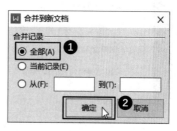

图 3-25 选择要合并的数据范围

步骤 3:完成合并,输出新文档。系统完成合并后,WPS 文字将自动生成一份新的结果文档,如图 3-26 所示。

图 3-26 完成合并,输出新文档

≫≫ 3.3.4   打印邀请函

完成邀请函设计后,通常需要将邀请函打印出来邮寄给客户。除了常规的生成所有邀请函文档后进行打印外,也可以在邮件合并时直接进行打印。

步骤 1:单击【合并到打印机】按钮。单击【邮件合并】选项卡中的【合并到打印机】按钮,如图 3-27 所示。

步骤 2:选择要合并的数据范围。打开【合并到打印机】对话框,在【合并记录】栏中选择要合并的数据范围,这里选中【全部】单选按钮,单击【确定】按钮。

步骤 3:设置打印选项。打开【打印】对话框,❶ 设置打印范围和份数,❷ 设置每页版数,❸ 单击【确定】按钮,如图 3-28 所示,此后会直接进行打印输出。

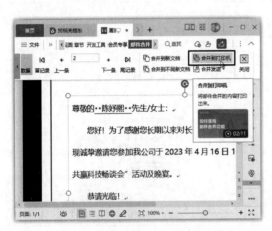

图 3-27   单击【合并到打印机】按钮

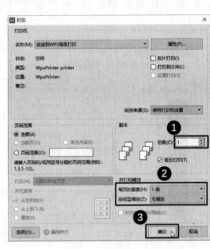

图 3-28   设置打印选项

第**4**章 审阅并修订论文

随着网络走进大家的生活,现在很多文档都变得无纸化了。有些文档的制作过程比较复杂,涉及其他人的查看和编辑意见,或者直接由多个人协作完成。那么吸取所有人的建议并完善文档这个过程就需要在多人之间来回传递,文档的版本也比较多。为了便于查看和管理这类文档,WPS 文字提供了审阅和修订功能,不仅可以让创作者及时了解该文档其他编辑参与者或阅读者对文档的修订、标注和批注,并保障编辑完成后的文档可以高效、安全地共享给他人进行传阅或进行其他操作。

本案例将利用 WPS 文字审阅并修订一份制作好的毕业论文,其中涵盖了审阅与修订文档的常用方法与技巧,同时穿插了脚注、尾注的插入方法。

4.1 任务目标

小胡是一名经贸职业技术学院的教师,目前他教授的学生即将毕业,在此之前布置了毕业论文,主题是对当地大学生的网络消费行为进行调研。现在收到了一名同学的论文文件,他需要查看其中的内容并写出审阅意见。小胡决定在 WPS 文字中进行审阅并希望达到以下目标:

查看文档结构是否合理;开启护眼功能,方便长时间查看文档;对文档内容进行初步的拼写检查和字数统计;针对严重问题,以批注形式给出修改意见,让学生自己进行修改和完善;启用"修订"功能,出于对作者的尊重,对于查看到的细节问题顺带进行修改和记录,方便学生自己确认是否修改;插入脚注和尾注对文档中的引用内容进行解释说明。

本案例审阅并修订论文的过程截图如图 4-1 所示。实例最终效果见"结果文件\第 4 章\毕业论文.docx"文件。

本案例涉及如下知识点:

- 使用智能导航窗格
- 开启护眼模式
- 拼写和语法检查及统计字数
- 添加与回复批注
- 在修订状态修改文档
- 查看修订内容
- 接受或拒绝修订
- 插入脚注/尾注

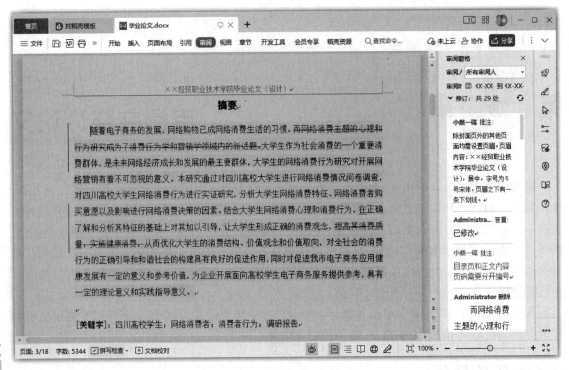

图 4-1　审阅并修订论文

4.2　相 关 知 识

下面的知识与本案例或同类型案例密切相关,有助于更好地审阅与修订文档。

》》》 4.2.1　合理选择文档的编辑视图

通常情况下,文档在编写时默认采用"页面视图"模式,WPS 文字几乎所有的操作都能在该视图中实现,但为了满足不同场景下对文档的不同使用需求,在 WPS 文字中还可以设置以下 5 种文档视图模式。进行模式切换时只需要单击【视图】选项卡或状态栏中的相应按钮即可。

* **全屏显示**:当文档需要展示时,可以使用"全屏显示"模式。单击【视图】选项卡中的【全屏显示】按钮即可。该模式下,整篇文档会全屏显示,并会自动隐藏 WPS 文字的功能按钮,如图 4-2 所示,从而确保在查阅文档时视觉不受干扰,能更好地聚焦于文档内容本身。

* **大纲视图**:在该视图中,文档将自动以大纲目录的形式展示出来,如图 4-3 所示。所以,该视图常用于查看文档的结构、设置段落级别,还可以通过拖动标题来移动、复制和重新组织文本,因此特别适合编辑长文档,对文档中的结构和内容进行管理。

* **阅读版式**:是阅读文档的最佳方式。在该视图模式下,会将原来的文档编辑区缩小,而且不会显示页眉和页脚信息,如果文档字数较多,会自动分成多屏,并可通过导航窗格查找文本内容。但进入该模式后,文档将自动锁定限制输入,用户不能直接对文档内容进行编辑,只可在文档中做复制、标注以及突出显示设置等,如图 4-4 所示。

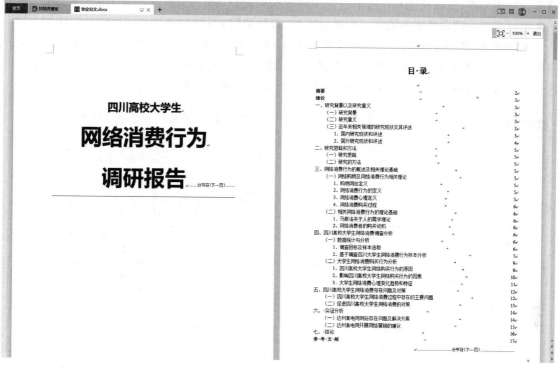

图 4-2　"全屏显示"模式下的显示效果

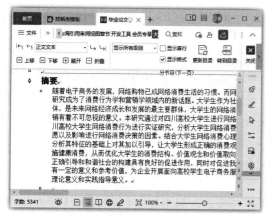

图 4-3　"大纲视图"模式下的显示效果

图 4-4　"阅读版式"模式下的显示效果

> **温馨提示**：在"阅读版式"视图模式下，单击选项卡中的【目录导航】按钮，可以显示该文档的目录；单击【批注】按钮可在视图中直接查阅到相关内容的批注；单击【突出显示】按钮，可以对所选文本进行突出显示；单击【查找】按钮，会打开【查找】对话框，输入需要查找的文本即可查找文档中的内容。

- **Web 版式视图**：可以快速预览当前文本在浏览器中的显示效果，如图 4-5 所示。在这种视图模式下，你会发现重新排列后的文档段落会根据当前窗口的大小自动进行调整。原来换行显示两行的文本,现在可能在一行中就能全部显示出来。当文档需要在网页上展示时,可以利用该视图模式查看和调整展示效果。需要退出时,直接按【Esc】键。

- **护眼模式**:长时间对着计算机屏幕查阅文档,不仅容易造成视觉疲劳,对眼睛视力也有一定损害。WPS文字中的护眼模式通过自动设置文档页面颜色(该颜色并不是文档本身的底纹颜色),调节文档页面的亮度,从而达到缓解眼疲劳,保护视力的效果,如图4-6所示。

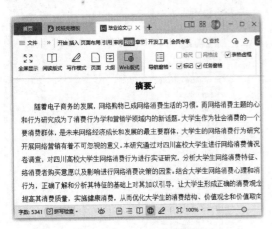
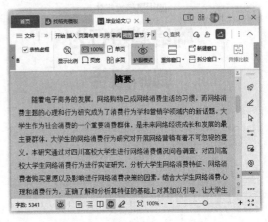

图4-5　"Web版式视图"模式下的显示效果　　　　图4-6　"护眼模式"下的显示效果

≫ 4.2.2　在文档中添加引用内容

文档内容的索引、脚注尾注、题注等引用信息在长文档编辑过程中非常重要和有用。通过引用,可以使文档的引用内容和关键内容得到有效的说明与合理的组织,并且可以随着文档内容的更新而自动更新。

1. 插入脚注和尾注

脚注和尾注主要用于说明文档或书籍中引用的资料来源,也可以用于输入文本内容的说明性和补充性的信息。脚注位于当前页面的底部或指定文字的下方,而尾注则位于文档的结尾处或者指定节的结尾。脚注和尾注均通过一条短横线与正文分隔开。二者均包含注释文本,该注释文本位于页面的结尾处或者文档的结尾处,并且都比正文文本的字号小一些。

在文档中插入脚注和尾注的具体操作步骤可以参考本章案例的相关内容。

2. 插入题注并在文档中应用

通过题注可以为文档中的图表、表格、公式或其他对象添加编号标签,如果在文档编辑过程中对题注进行了添加、删除或者是移动等操作,则可以自动更新所有题注编号,无须进行单独调整。

在文档中定义和插入题注的具体操作步骤如下:❶ 将文本插入点定位到文档中需要引入题注的位置,❷ 单击【引用】选项卡中的【题注】按钮,如图4-7所示,❸ 打开【题注】对话框,如图4-8所示,根据添加题注的不同对象在【标签】下拉列表中选择不同的标签类型,❹ 单击【编号】按钮,❺ 打开【题注编号】对话框,如图4-9所示,在【格式】下拉列表中可重新指定题注编号的格式。如果选中【包含章节编号】,将在题注前自动增加标题序号,单击【确定】按钮完成编号设置。

如果没有所需的题注类型,可以单击【题注】对话框中的【新建标签】按钮,打开【新建标签】

对话框,在【标签】文本框中输入要自定义的标签名称后,单击【确定】按钮,新标签即添加成功。

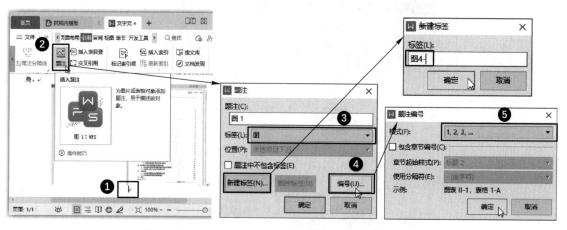

图 4-7　单击【题注】按钮　　　　图 4-8　打开【题注】对话框　　　　图 4-9　设置题注编号样式

　　如果需要将文档中的编号、标题、图、表等元素的内容引用到该文档其他位置,可以通过【交叉引用】功能进行设置,具体操作步骤如下:❶ 将文本插入点定位到文档中需要引用文本的位置,❷ 单击【引用】选项卡中的【交叉引用】按钮,如图 4-10 所示,❸ 打开【交叉引用】对话框,如图4-11 所示,在【引用类型】下拉列表框中选择需要引用的文本类型,如"图 4-1",❹ 在【引用内容】下拉列表框中选择需要引用的文本内容,❺ 在【引用哪一个题注】列表框中选择需要引用的具体文本内容,❻ 单击【插入】按钮,该文本即被引用到当前位置,效果如图 4-12 所示。

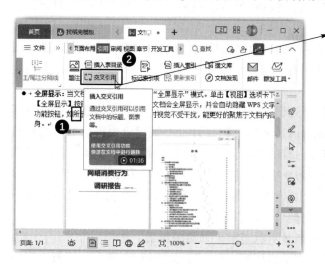

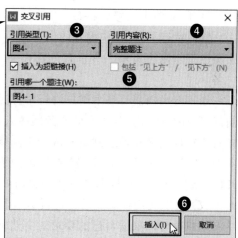

图 4-10　单击【交叉引用】按钮　　　　　　图 4-11　设置交叉引用内容

温馨提示:交叉引用是域的一种,已插入交叉引用的文档,当文档中某个题注发生变化后,只需要进行一下打印预览,文档中的其他题注序号及引用内容就会随之自动更新。

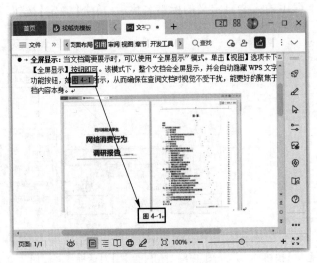

图 4-12   查看交叉引用效果

4.2.3   开启修订状态

当文档启用"修订"状态时，WPS 文字会自动记录文档中所有内容的变更痕迹，并且会把当前文档中的修改、删除、插入等每一个痕迹以及相关内容都标记出来。

通常情况下，文档在编辑时都是默认关闭【修订】状态的。如果需要启用并标记修订过程以及修订内容，可以单击【审阅】选项卡中的【修订】按钮，当该按钮处于深色模式下即表明修订模式已打开，文档进入修订状态。

修订状态下，文档中删除的内容显示于右侧的页边空白处，新添加的内容以有颜色的下画线和颜色字体标注出来。所有修订动作会在右侧的修订窗格中记录下来，并记录下修订者的用户名。

当一份文档需要多个用户进行修订时，通过记录修订者用户名以及用不同的颜色来区分不同修订者的修订内容，能有效避免因多人参与而造成的文档修订混乱情况。也可以通过对修订样式进行自定义设置达到更好区分不同修订内容的目的。具体操作步骤如下：❶ 单击【审阅】选项卡中的【修订】下拉按钮，❷ 在弹出的下拉列表中选择【修订选项】选项，如图 4-13 所示，❸ 打开【选项】对话框，根据浏览习惯和文档修订的具体要求设置【标记】【批注框】【打印】栏的显示效果，❹ 自定义设置完成后，单击【确定】按钮即可，如图 4-14 所示。

用户也可以根据自己的要求对文档标记和显示状态做下列相关设置。

● **设置修订显示状态**：在【审阅】选项卡中单击【修订状态】下拉按钮，在弹出的下拉列表中可以选择任一种方式，如图 4-15 所示。文档的修订显示状态主要包括【显示标记的最终状态】【最终状态】【显示标记的原始状态】【原始状态】4 种。

● **更改修订者名称**：单击【审阅】选项卡中的【修订】下拉按钮，在弹出的下拉列表中选择【更改用户名】选项，如图 4-16 所示，然后在打开的【选项】对话框中输入新名称即可。

● **设置显示标记**：单击【审阅】选项卡中的【显示标记】下拉按钮，在弹出的下拉列表中可以根据文档修订需要设置要显示的修订标记类型以及显示方式。

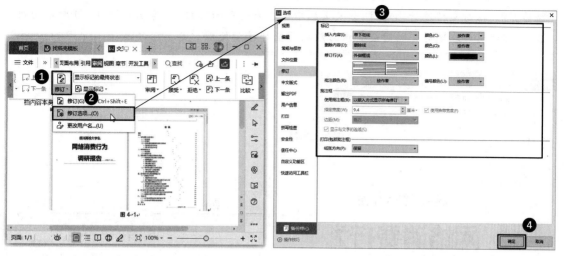

图 4-13 选择【修订选项】选项

图 4-14 自定义设置"修订"

图 4-15 修订的不同显示状态

图 4-16 更改修订者名称

4.2.4 比对修订前后的文档

WPS 文字不仅拥有多种功能可以支持关于文档的多人审阅与共享,并且也能通过【审阅】选项卡中的功能实现对当前文档的快速比对、查阅以及合并多个修订版本。

文档在流转共享环节可能会被不同审阅者修订和批注,并形成多个不同的版本。通过 WPS 文字提供的比对功能可以精确显示修订前后两个版本文档之间的差异,方便了解文档修订前后版本的变化情况,具体操作步骤如下:❶单击【审阅】选项卡中的【比较】按钮,❷在弹出的下拉列表中选择【比较】选项,如图 4-17 所示,❸打开【比较文档】对话框,在【原文档】栏中通过浏览找到原始文档,❹在【修订的文档】栏中通过浏览找到修订完成的文档,❺单击【确定】按钮,如图4-18 所示。即可在新文档窗口的右侧显示两个文档的版本对比以及突出显示不同之处,以便用户更直观查阅区别。为了进一步查看两个文档间的具体差异以及被相关审阅者所做的修订痕迹,可以在窗口的右侧显示出审阅窗格,如图 4-19 所示。

> **温馨提示**：在对文档进行比对时，如果文档中包含未处理的修订，将弹出如图 4-20 所示的对话框，提示用户在比对文档时会将修订默认为全部接受处理。

图 4-17　选择【比较】选项

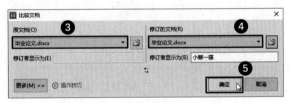

图 4-18　设置要比对的文档

图 4-19　"文档比较"显示效果

图 4-20　提示比对文档存在修订并视为接受处理

4.3 任务实施

本案例实施的基本流程如下所示。

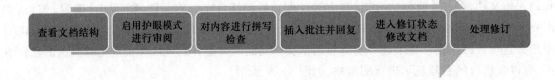

查看文档结构　启用护眼模式进行审阅　对内容进行拼写检查　插入批注并回复　进入修订状态修改文档　处理修订

➤➤ 4.3.1 查看文档结构

论文制作有一定的框架结构,对于这类文档的审阅需要先查看其结构是否符合要求。为了方便审阅者查看文档的整体结构以及章节内容,WPS 文字提供了关于"目录导航""章节导航"的特色功能,用户可以快速定位文章,高效调整文档结构,以及智能引用文档目录等。

步骤 1:打开导航窗格。打开"素材文件\第 4 章\毕业论文.docx"文件,单击【视图】选项卡下的【导航窗格】按钮,如图 4-21 所示。

步骤 2:通过标题名称快速定位文档。打开【导航】窗格,❶ 单击左侧的【目录】选项卡,可以看到这里的标题大纲级别已经设置好了,在这里即可查看整个文档的结构。❷ 单击某个标题名称,即可快速切换到文档中的对应位置,如图 4-22 所示。

图 4-21 打开导航窗格

图 4-22 通过标题名称快速定位文档

➤➤ 4.3.2 启用护眼模式进行审阅

审阅电子文档时,需要长时间对着计算机屏幕仔细查阅文档内容,容易造成视觉疲劳。此时可以启用 WPS 文字的护眼模式进行审阅。

步骤 1:单击【护眼模式】按钮。单击状态栏中的【护眼模式】按钮,如图 4-23 所示。

步骤 2:查看护眼模式效果。此时,文档页面呈现淡绿色,眼睛观看起来就轻松多了,如图 4-24 所示。

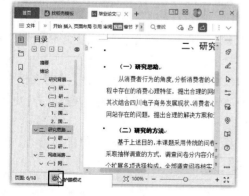

图 4-23 单击【护眼模式】按钮

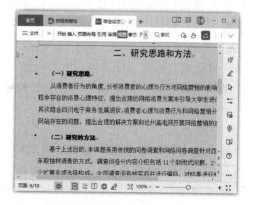

图 4-24 查看护眼模式效果

> **温馨提示:** 单击【视图】选项卡中的【护眼模式】按钮,也可以开启护眼模式。在护眼模式下,
> 再次单击【护眼模式】按钮,即可关闭该功能。

4.3.3 对内容进行拼写检查

编辑文档时,难免会因一时疏忽而造成文本的拼写错误或语法错误。所以,在文档完成后,可以使用拼写检查和校对功能对系统提出的质疑处进行核对,以及快速进行字数统计。

1. 拼写和语法检查

利用 WPS 文字的拼写检查功能,可以对选中的文本或者整个文档进行内容扫描,把拼写错误、语法不当的地方标出来,以便校对更改。在进行拼写检查前,可以在【设置拼写检查语言】对话框中进行拼写语言设置。

步骤 1:打开【设置拼写检查语言】对话框。❶ 定位文档最前方,单击【审阅】选项卡中的【拼写检查】下拉按钮,❷ 在弹出的下拉列表中选择【设置拼写检查语言】选项,如图 4-25 所示。

步骤 2:设置拼写语言。 打开【设置拼写检查语言】对话框,❶ 选择设置默认语言,❷ 单击【设为默认】按钮,如图 4-26 所示。

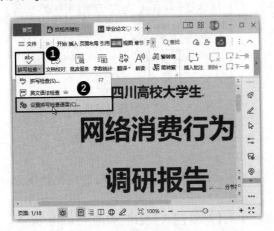

图 4-25 打开【设置拼写检查语言】对话框

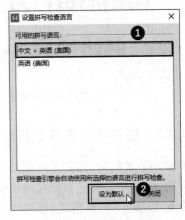

图 4-26 设置拼写语言

步骤 3:单击【拼写检查】按钮。 单击【审阅】选项卡下的【拼写检查】按钮,如图 4-27 所示。

步骤 4:检查错误。 如果发现文档中存在拼写错误,将打开【拼写检查】对话框,在【检查的段落】列表框中会对存在拼写错误的单词语句标红处理,如果不需要修改,单击【忽略】按钮,即可自动跳转到检测到的下一处错误,如图 4-28 所示。

步骤 5:更改检查到的错误。 继续检查错误,如果需要修改,❶ 在【更改建议】列表框中选择需要更改为的内容,或直接在【更改为】文本框中手动输入需要更改为的内容,❷ 单击【更改】按钮,如图 4-29 所示。

步骤 6:完成拼写和语法检查。 按照同样的方法,完成文档中所有内容的拼写检查,单击弹出的提示对话框中的【确定】按钮完成拼写检查,如图 4-30 所示。

2. 字数统计

有些文档对字数有严格要求,完成文档的制作后或者在制作过程中,可以进行字数统计,以便判断文档的字数是否符合要求。

图 4-27 单击【拼写检查】按钮

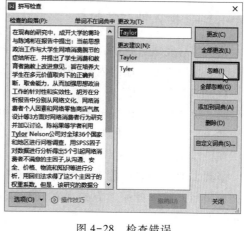

图 4-28 检查错误

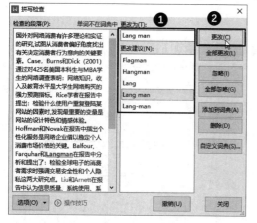

图 4-29 更改检查到的错误

图 4-30 完成拼写和语法检查

步骤 1:打开【字数统计】对话框。单击【审阅】选项卡中的【字数统计】按钮,如图 4-31 所示。

步骤 2:查看统计出的字数。此时会弹出【字数统计】对话框,在对话框中可以清楚地看到文档包含的页数、字数等统计信息。查看完毕后,单击【关闭】按钮,如图 4-32 所示。

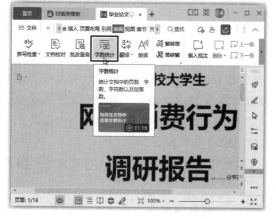

图 4-31 打开【字数统计】对话框

图 4-32 查看统计出的字数

4.3.4　插入批注并回复

论文编写完成后,将文档提交给导师,导师可以通过批注的方式在文档中添加自己的意见。文档作者可以查看批注的内容,进行修改,或回复批注。

1. 插入批注

同一份文档需要进行多人审阅时,为了可以更方便地沟通关于文档内容的变更,就需要在文档中插入批注信息。操作要领是,首先选中有疑问或需要提出意见的固定内容,或将文本插入点定位在该段文本中,再执行【插入批注】命令。

步骤1:插入批注。❶ 在文档中,选中有问题的内容,如需要对页眉内容进行批注,可以定位到文档最前方或选择最上方的文本,**❷** 单击【审阅】选项卡中的【插入批注】按钮,如图 4-33 所示。

步骤2:输入批注。 此时在右边的窗格中会出现插入的批注文本框,在此文本框中输入批注内容便完成了批注的插入,效果如图 4-34 所示。

图 4-33　插入批注

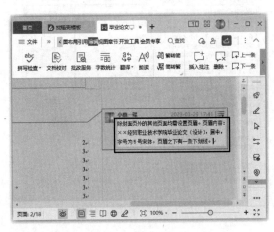

图 4-34　输入批注

步骤3:继续插入批注。 使用相同的方法,继续在文档中插入其他批注。

步骤4:查看插入的批注。 完成批注建立后,可以单击【审阅】选项卡中的【上一条】或【下一条】按钮,来逐条查看建立好的批注。如这里单击【上一条】按钮,如图 4-35 所示。

步骤5:切换到上一条批注。 可以看到已经快速切换到上一条批注中了,如图 4-36 所示。

2. 回复批注

当老师完成文档查看,使用批注提出自己的修改意见后,文档作者通过查看批注完成内容修改。必要情况下,可以就批注做回复说明,将修改结果清楚地反馈给老师,该批注将以对话形式显示,更加直观明确。

步骤1:修改文档内容。 查看第一条批注,根据建议添加页眉内容。

步骤2:选择【答复】选项。❶ 单击第一个批注框中右上角的【编辑批注】按钮▤,**❷** 在弹出的下拉列表中选择【答复】选项,如图 4-37 所示。

步骤3:输入答复内容。 选择【答复】选项后,会在原来的批注下方出现对话文本框,输入答复内容,效果如图 4-38 所示。

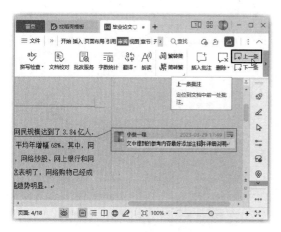

图 4-35　查看插入的批注

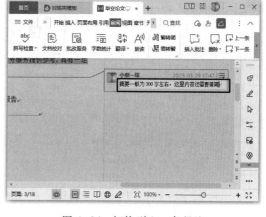

图 4-36　切换到上一条批注

图 4-37　选择【答复】选项

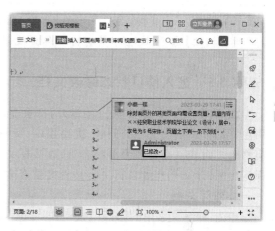

图 4-38　输入答复内容

步骤 4：答复其他批注。按照同样的方法，答复其他批注。一般情况下，每处理好一个批注内容的修改就可以进行答复，避免遗漏。

3. 删除批注

如果觉得批注内容有误，可以删除批注或批注的回复。在删除批注时，文本插入点的位置决定了批注删除的内容。如果将文本插入点定位在批注上，执行【删除】命令则会将批注及下面的答复内容一同删除。如果将文本插入点定位在批注的答复内容上，则只会删除【答复】内容，而不会删除批注内容。

步骤 1：执行【删除】命令。❶ 将文本插入点定位到第二条批注的回复内容后面，❷ 单击【审阅】选项卡中的【删除】按钮，如图 4-39 所示。

步骤 2：查看删除效果。此时该批注的回复内容便被删除了。实际上如果只是想表达按照批注进行了修改，可以直接设置为【已解决】。❶ 单击批注框中右上角的【编辑批注】按钮，❷ 在弹出的下拉列表中选择【解决】选项，如图 4-40 所示，随后该批注会标记为【已解决】，且批注内容显示为灰色。

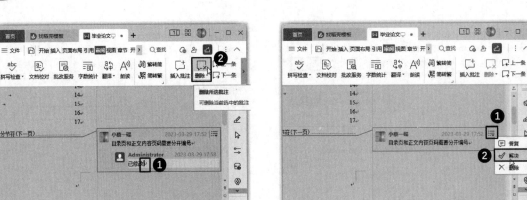

图 4-39　执行【删除】命令　　　　　　　　图 4-40　解决批注

> **技能拓展**：单击【审阅】选项卡中的【删除】下拉按钮，在弹出的下拉列表中选择【删除文档中的所有批注】选项，文档中所有批注都会被删除。

4.3.5　进入修订状态修改文档

在 WPS 文字中，【批注】和【修订】都会显示在文档右侧，但是两者又有明显的不同。批注是用注释的方式指出文档的问题，提出建议、疑问，或对文档进行肯定表扬，不会对文档原文造成任何修改。而修订则是在修订状态下，直接在文档原内容上进行修改。只不过作出修改的地方会标记出来，让文档作者自行决定是否接受修改。

1. 修订文档

单击 WPS 文字中的【修订】按钮，即可进入修订状态，只有在这种状态下才会记录文档的修改。

步骤 1：进入修订状态。单击【审阅】选项卡中的【修订】按钮，进入修订状态，如图 4-41 所示。

步骤 2：删除内容。❶ 按【Delete】键将选择的内容删除，效果如图 4-42 所示，会在右侧显示出一个批注框用于提示删除了某个内容。❷ 使用相同的方法删除其他内容。

图 4-41　进入修订状态

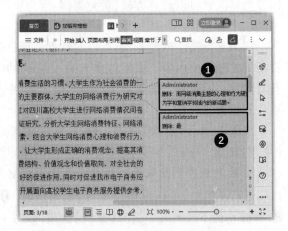

图 4-42　删除内容

步骤 3：添加内容。将文本插入点定位在"正确了解和分析"内容前面，添加"在"内容，如图 4-43 所示，对于添加的内容用下画线标记。

步骤 4：更换内容。如果要更换文档中的内容，其原理是，删除原内容后再输入新的内容。选择需要修改的"远"，输入"运"，可以看到文档中删除的内容会显示在右侧的页边空白处，新加入的内容以有颜色的下画线和颜色字体标注出来了，效果如图 4-44 所示。

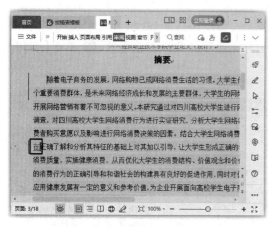

图 4-43 添加内容

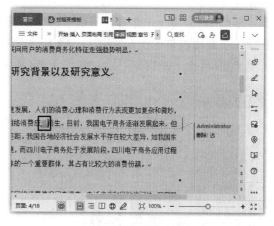

图 4-44 更换内容

步骤 5：修订其他内容。使用相同的方法继续修订文档中的其他内容。

> **温馨提示**：为文档中的文本设置格式时，可以看到格式的修改也会被记录下来。

步骤 6：单击【插入脚注】按钮。❶ 选择文档中需要添加脚注的第一处文本"CNNIC 的调查报告"，也可以将文本插入点定位在这个内容的后面，表示要在这里添加脚注，❷ 单击【引用】选项卡中的【插入脚注】按钮，如图 4-45 所示。

步骤 7：输入脚注内容。单击【插入脚注】按钮后，即可在该页面的底部增加脚注区域，同时文本插入点会自动移到脚注区域，输入具体的脚注内容，如图 4-46 所示。

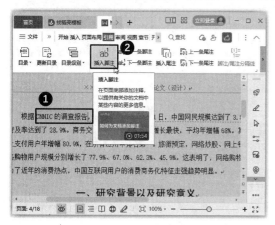

图 4-45 单击【插入脚注】按钮

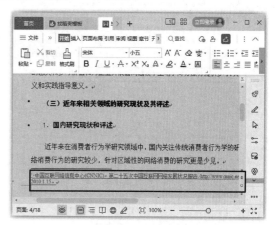

图 4-46 输入脚注内容

步骤 8：查看脚注添加效果。脚注输入完成后，在文档中添加脚注的地方会出现一个小的数字"1"。

　　步骤 9：再次插入脚注。❶ 将文本插入点定位到"企业形象）"文字内容的后面，❷ 单击【插入脚注】按钮，如图 4-47 所示。

　　步骤 10：输入脚注内容。此时文本插入点会定位到页面下方，输入第二条脚注内容，查看第二条脚注添加效果。第二条脚注添加成功后，文档中出现了一个小的数字"2"，表示这里是第二条脚注。

　　步骤 11：查看上一条脚注。由于脚注的标号比较小，难以用肉眼寻找，可以利用 WPS 文字的脚注查看功能来逐条查看脚注。❶ 将文本插入点定位到第二条脚注位置处，❷ 单击【引用】选项卡中的【上一条脚注】按钮，如图 4-48 所示。

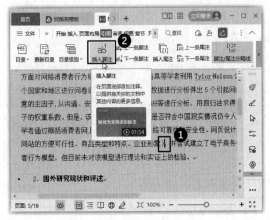

图 4-47　再次插入脚注

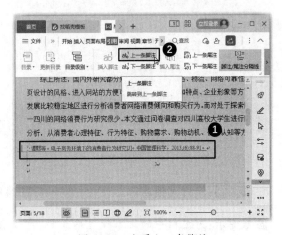

图 4-48　查看上一条脚注

　　步骤 12：查看脚注。此时会自动从第一条脚注跳到第二条脚注，可方便查看脚注内容，如图 4-49 所示。

　　步骤 13：插入尾注。❶ 将文本插入点定位到第一个需要插入尾注的地方，"陈鸿彬在报告"的后面。❷ 单击【引用】选项卡中的【插入尾注】按钮，如图 4-50 所示。

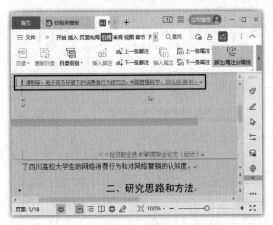

图 4-49　查看脚注

图 4-50　插入尾注

　　步骤 14：输入尾注。单击【插入尾注】按钮后，文本插入点会自动移到文档的最后面，此时输入尾注内容即可,如图4-51所示。

步骤15:再次插入尾注。尾注输入完成后,在文档中添加尾注的地方,会出现一个小的英文"i",如图4-52所示。❶ 将文本插入点定位到"胡芳在分析报告"文字内容的后面,❷ 单击【插入尾注】按钮。

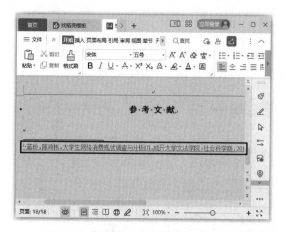

图4-51 输入尾注内容

图4-52 输入其他尾注

步骤16:输入尾注内容。文本插入点会定位到文档的最后面,输入第二条尾注内容。

步骤17:输入其他尾注。❶ 使用相同的方法添加其他尾注,内容如图4-53所示,❷ 单击【引用】选项卡下的【脚注/尾注分割线】按钮。

步骤18:查看隐藏分割线效果。即可隐藏脚注/尾注分割线,效果如图4-54所示。

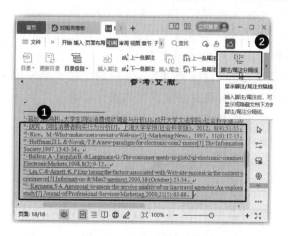

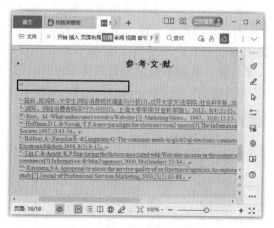

图4-53 输入其他尾注

图4-54 查看隐藏分割线效果

温馨提示:单击【脚注/尾注分隔线】右下角的对话框启动器,在打开的【脚注和尾注】对话框中可以对脚注或尾注进行【位置】【格式】以及【应用更改】的设置。当插入脚注或尾注后,鼠标光标停留在文档中的脚注或尾注引用标记上时,注释文本会自动弹出提示,鼠标移开后提示关闭。

2. 调整修订的显示方式

文档中批注和修订内容的显示方式是可以进行调整的,前面是以批注框的方式显示的,也可以调整为嵌入的方式显示。

步骤 1:选择显示方式。❶ 单击【审阅】选项卡中的【显示标记】按钮,❷ 在弹出的下拉菜单中选择【使用批注框】命令,❸ 在弹出的下级子菜单中选择【以嵌入方式显示所有修订】命令,如图 4-55 所示。

步骤 2:查看显示效果。此时右边的批注窗格消失了,批注以嵌入的方式在文档中显示。添加了批注的地方显示为底纹,将鼠标光标移动到上面,会闪现批注内容,如图 4-56 所示。

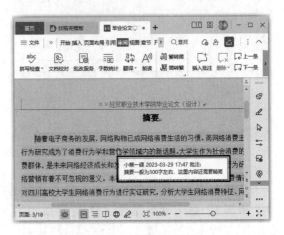

图 4-55　选择显示方式　　　　　　　　　　图 4-56　查看显示效果

步骤 3:设置以批注框的方式显示。对于 WPS 文字文档来说,以批注框的方式显示是最方便查看批注的方式。❶ 单击【显示标记】按钮,❷ 在弹出的下拉菜单中选择【使用批注框】命令,❸ 在弹出的下级子菜单中选择【在批注框中显示修订内容】命令,如图 4-57 所示。

步骤 4:取消对格式设置的修订记录。❶ 单击【显示标记】按钮,❷ 在弹出的下拉菜单中取消选中【格式设置】命令前的复选框,如图 4-58 所示,即可取消对格式设置的修订记录。

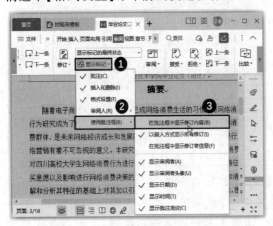

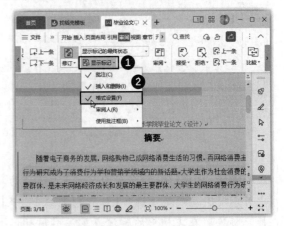

图 4-57　设置以批注框的方式显示　　　　　图 4-58　取消对格式设置的修订记录

步骤 5:选择审阅窗格。❶ 单击【审阅】选项卡中的【审阅】按钮,❷ 在弹出的下拉菜单中选择【审阅窗格】命令，❸ 在弹出的下级子菜单中选择【垂直审阅窗格】命令，如图 4-59 所示。

步骤 6：在垂直窗格中查看修订。此时会在文档右侧显示出垂直的【审阅窗格】任务窗格，可在该窗格中快速浏览文档的修订内容，如图 4-60 所示。

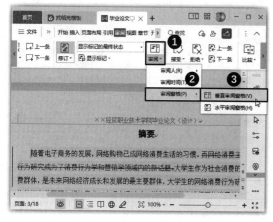

图 4-59　选择审阅窗格

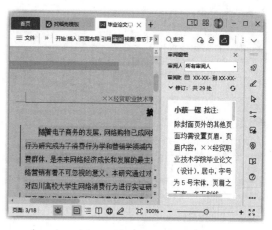

图 4-60　在垂直窗格中查看修订

3. 处理修订

完成内容修订后，作者可以逐条查看修订，并选择接受或拒绝修订。

步骤 1：逐条查看修订。单击【审阅】选项卡中的【上一条】或【下一条】按钮，可以逐条查看修订，如图 4-61 所示。

步骤 2：接受修订。❶ 定位到第一条修订内容上，❷ 单击【审阅】选项卡中的【接受】按钮，如图 4-62 所示。

图 4-61　逐条查看修订

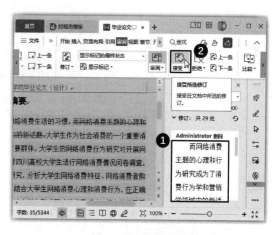

图 4-62　接受修订

步骤 3：查看修订接受效果。此时这条修订就按照修改的内容进行显示，单击【下一条】按钮，切换到下一处修订位置。

步骤 4：拒绝修订。使用相同的方法同意其他修订。如果不同意某条修订内容，可以单击【拒绝】按钮，如图 4-63 所示。

步骤 5：查看修订拒绝效果。此时这条修订就按照原来的内容进行显示。使用相同的方法同意或拒绝其他修订。

　　步骤 6：接受对文档所做的所有修订。 如果发现文档中的修订内容可以全部接受，❶ 可以单击【接受】按钮下方的下拉按钮，❷ 在弹出的下拉菜单中选择【接受对文档所做的所有修订】，如图 4-64 所示。

图 4-63　拒绝修订

图 4-64　接受对文档所做的所有修订

　　步骤 7：查看全部修订接受效果。 此时文档中的所有修订就按照修改的内容进行显示了，但不会影响前面对这条修订之前的其他修订进行的接受或拒绝判断，完成后的效果如图 4-65 所示。

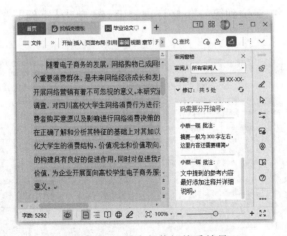

图 4-65　查看全部修订接受效果

　　步骤 8：退出修订状态。 完成内容修订后，单击【审阅】选项卡中的【修订】按钮，退出修订状态。

> **技能拓展：** 如果文档被多人批注或修订，可以只查看特定人员的操作。单击【审阅】按钮，在弹出的下拉菜单中选择【审阅人】命令，从下级子菜单中选择目标人员的用户名即可。

第二篇　通过 WPS 高效处理电子表格

　　随着电子信息化的发展,对数据的重视程度已然上升了很大台阶。WPS 提供了技术全面优化的表格组件,不仅可以帮助大家对自己的数据进行收集与查阅,通过其专业的计算能力可以对数据进行复杂的运算,强大的排序、筛选、合并计算、分类汇总、数据透视、模拟运算及控件等工具可以对数据进行快速高效管理与分析,其丰富的图表呈现功能还可以让数据更直观地展现出来。

　　WPS 基于对中文办公场景和国人办公习惯的深刻理解,创新性地提供了如人民币大小写转换、文本数字编号识别、中文单位数字格式等特色功能,以及允许筛选合并单元格、粘贴值到筛选隐藏区域的可见单元格、按指定方式拆分或合并表格数据等优化操作,有助于用户更轻松愉快、更高效率地使用 WPS 表格。

　　本篇以 WPS Office 个人版为蓝本,采用实用案例解读的方式,通过完成日常生活和工作中常见的数据处理需求来学习如何利用 WPS 表格准确、高效地制作和处理各类常用表格。

第5章　编制企业员工考勤记录表

随着社会竞争力的不断提高,公司或企业对员工考勤管理越来越严格,考勤制度也越来越完善。因为严格的考勤管理不仅可以增强员工的时间概念,提高工作效率,也是维护企业规范化管理的一种方式。

但是,每个月初做考勤的 HR 最不想面对的就是成千上万条的考勤数据,早班、夜班、正常班、周末班……简直要被逼疯!没有考勤系统的企业手动制作考勤表很可怜,有考勤系统的企业遇上打卡数据统计频频出错也很恼火。即使考勤系统优秀,还有人为考勤失误操作,某某打卡未成功,某某一不小心打了几次卡,或者工作任务临时变动导致某天的打卡数据反常,你的考勤系统能准确记录并判断出结果吗?除此以外,某个员工某天的考勤记录只有上班打卡,没有下班卡,是忘记打卡了,还是提前离开了,或者下班时间停电了?某个员工某天未到公司,是外派了,是请假了,请的什么假,该不该扣工资,扣多少……还好,无论你有没有考勤系统,都可以在 WPS 表格中制作或导入"考勤原始记录表",对其中的数据进行对比和整理就能加快考勤记录表的制作。

本案例将利用 WPS 表格制作一份员工考勤记录表,其中涵盖了制作模板的理念,表格制作、数据输入、计算和统计的常用方法与技巧。

5.1　任务目标

小陈在工业园的一家工厂里上班,需要统计工厂里的员工考勤。此前公司也使用过考勤系统,而且还在每个打卡点都安装了人脸识别打卡机,只是这个考勤打卡系统太难操作了,统计出来的工时、出勤、加班也是错误百出,加上他们企业的考勤方式比较特殊,迟到不同时长的扣款方式不同,所以后来小陈干脆不用了,决定直接在 WPS 表格中进行考勤管理并希望达到以下目标:

能够清楚记录特定时间段内各员工的出勤情况,包括上下班、迟到、早退、病假、婚假、事假等;能够统计特定时间段内各员工的出勤天数、出勤率等;对周末数据进行突出显示;表格制作好后能方便地进行多个同类表格的制作;尽量考虑表格的自动化功能。

本案例最终完成的员工考勤记录表如图 5-1 所示。实例最终效果见"结果文件\第 5 章\考勤表模板.ett、3 月考勤.xlsx"文件。

本案例涉及如下知识点:

- 序列数据的填充
- 序列类型的数据有效性控制
- 自定义数字格式

- 隐藏单元格
- 通过公式构建复杂的条件格式
- 创建并调用工作簿模板
- 重命名工作表
- 求和、简单四则运算等基本公式的初步应用
- 使用 COUNTIF 对符合条件的数据进行统计
- 应用日期函数快速统计日期数据
- 美化工作表

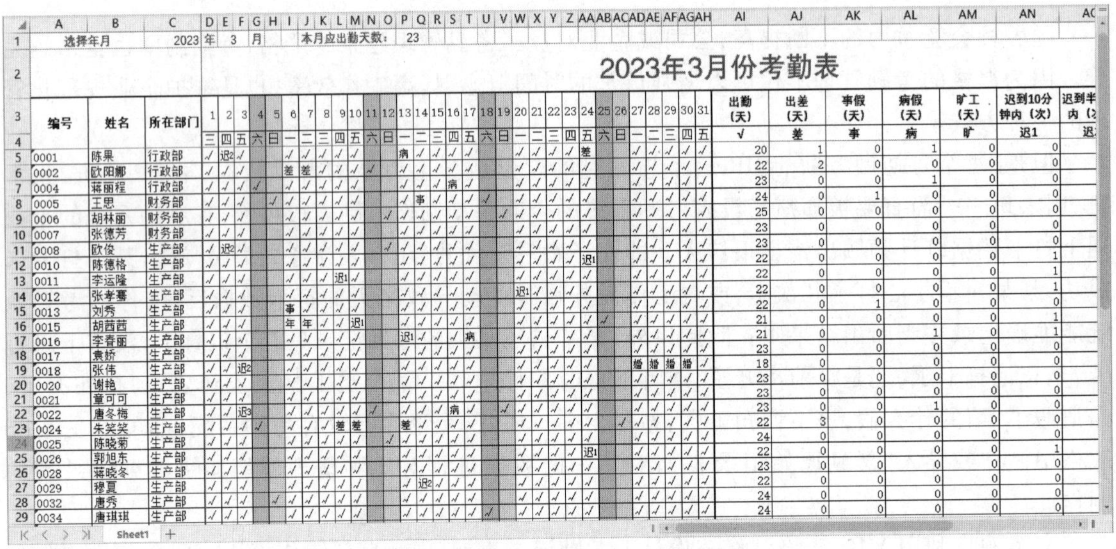

图 5-1　制作完成的员工考勤记录表

5.2 相关知识

下面的知识与本案例或同类型案例密切相关,有助于更好地制作和管理工作表。

5.2.1 批量输入数据

制作表格最常用的方法是直接手工输入,这项工作虽然简单,但是比较耗费时间和精力。如果不讲究技能和技巧,不仅会影响当前的工作效率,还可能会影响后续统计和分析结果的准确性。

其实,对于某些内容相同的数据完全可以一次性批量输入,既能提高输入速度,又能保证数据质量。首先同时选定这些单元格(连续或不连续的区域),然后在活动单元格中输入数据,最后按【Ctrl+Enter】组合键确认输入,即可一次性批量输入相同的数据,如图 5-2 所示。

批量输入适用于多个单元格或单元格区域均为相同内容的情况。如果需要输入呈一定规律变化的序列,最高效的方法是批量填充。在 WPS 表格中,一般可通过以下 4 种方式进行快速填充。

(1)拖拽或双击填充控制柄进行自动填充:选择单元格或单元格区域后,在最右下角会显示

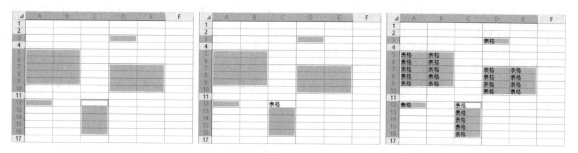

图 5-2　批量输入相同数据

一个方形点,这就是"填充控制柄"。将鼠标光标指向该处时,填充控制柄将会变为╋形状。通过拖拽或双击填充控制柄,一般用于填充简单的序列号、数字、日期、公式等。在连续区域中输入序列的前几个值,然后拖曳填充控制柄,系统即可根据识别的规律填充序列,如图 5-3 所示。如果活动单元格紧邻某个数据区域,则双击该单元格的填充控制柄时,将会自动向下填充至相邻数据区域的下边界位置(如果活动单元格下方某处有数据阻挡,则自动填充到该数据处为止)。

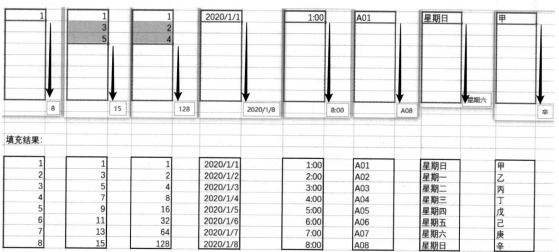

图 5-3　自动填充序列

> **温馨提示**:自动填充的使用方式非常灵活,不仅适用于列方向,也适用于行方向,而且不要求必须从序列中的第一个元素开始,可以起始于序列中的任何元素。当填充到数据序列最后一个元素时,下一个填充数据将会返回序列开头元素,循环往复地继续填充。
>
> 　　想要采用双击填充控制柄填充数据时有一个前提条件——与被填充的单元格相邻的左侧或右侧单元格不能为空值。

(2)设置填充选项:自动填充完成后,在操作区域右下角将显示出【自动填充选项】下拉按钮 ,单击该按钮,在弹出的下拉列表中可以进一步更改不同的填充方式,如【复制单元格】【以序列方式填充】【仅填充格式】【不带格式填充】【智能填充】等。在该下拉列表中除了常规选项外,还可能根据所填充的数据类型额外提供一些特殊选项。如图 5-4 所示,自动填充日期型数据时,在下拉列表中将显示更多与日期有关的选项,如【以天数填充】【以工作日填充】【以月填充】【以年填充】等。

> **技能拓展:** 当长按【Ctrl】键再拖拽填充控制柄,或者提供的初始数据无法识别到序列顺序或不匹配序列的基本排列顺序时,不会以序列的方式填充,填充效果将只是单纯的复制单元格。

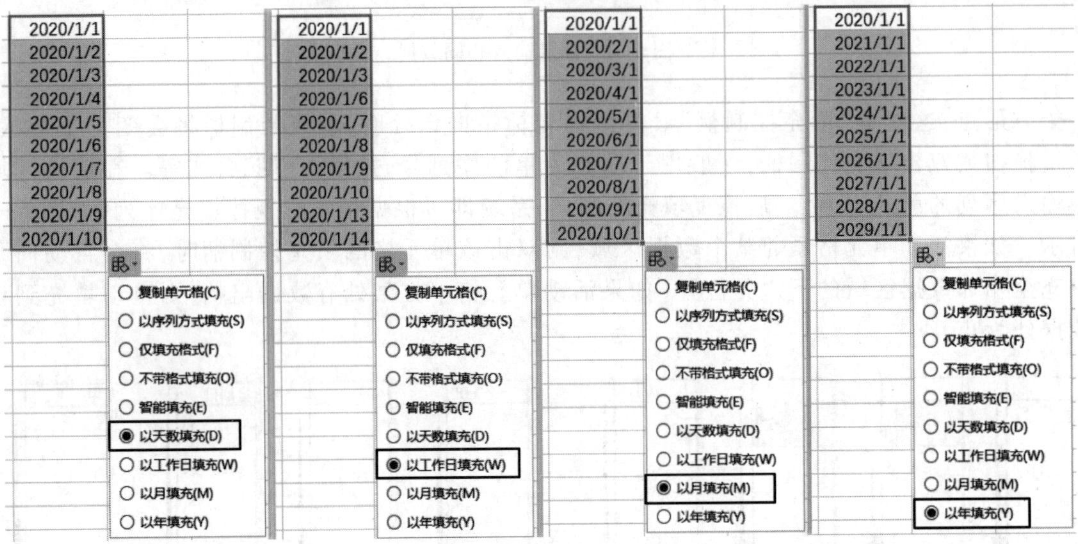

图 5-4　设置自动填充选项效果

(3) 通过【序列】对话框进行填充: 可以自定义步长值,以等差序列或等比序列填充,或按年、月或工作日序列填充日期。❶ 在活动单元格中输入初始数据,然后选定包含活动单元格的要填充数据的目标区域,❷ 在【开始】选项卡中单击【填充】下拉按钮,❸ 在弹出的下拉菜单中选择【序列】命令,❹ 打开【序列】对话框,在其中指定序列行或列和类型、步长值和终止值后,单击【确定】按钮,即可按照指定的规则、按指定的行或列,将单元格的内容填充至相邻单元格,如图 5-5 所示。

(4) 智能填充: WPS 表格提供了【智能填充】功能,可以使用模式识别来抽取或连接数据,根据输入的示例结果,智能分析出示例结果与原始数据之间的关系,尝试据此填充同列的其他单元格。如图 5-6 所示,【智能填充】功能可以使一些不太复杂但需要重复操作的字符串处理工作变得简单,例如实现字符串的分列与合并、提取身份证出生日期、分段显示手机号码等。选定初始示例单元格后,按【Ctrl+E】组合键即可自动向下智能填充。也可以在自动填充后,单击【自动填充选项】按钮,在下拉列表中选择【智能填充】命令,或直接在【填充】下拉菜单中选择【智能填充】命令,进行智能填充。

≫≫ 5.2.2　通过数据有效性功能实现数据的快速输入

为了后续统计分析工作能顺利进行,应当确保输入的原始数据的规范性。但无论是手工输入还是批量输入或批量填充,难免出现差错。因此,为确保输入的数据万无一失,对于某些内容相同、格式一致且需要频繁输入的数据,可以借助【数据有效性】工具来帮助检验数据输入是否

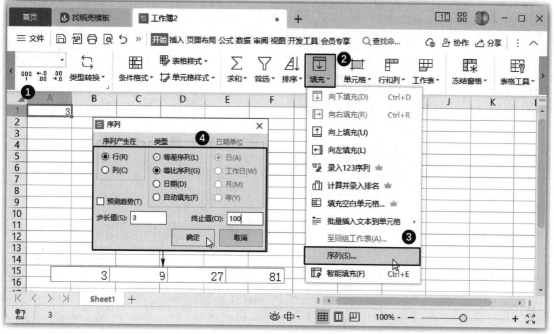

图 5-5　【序列】对话框

姓名	职位	公司	部门	身份证号码	手机号码	批量拆分合并字段	提取身份证日期	分段显示手机号码
刘一	财务专员	金山办公软件北京公司	财务部	511502199103223189	17314856134	北京-财务部	19910322	173-1485-6134
陈二	内容运营	金山办公软件珠海公司	运营部	210203197503102721	19951740031	珠海-运营部	19750310	199-5174-0031
张三	培训讲师	金山办公软件广州公司	项目部	520323197806058856	13539889999	广州-项目部	19780605	135-3988-9999
李四	测试工程师	金山办公软件武汉公司	研发部	510112198906172130	17260225747	武汉-研发部	19890617	172-6022-5747
王五	客服主管	金山办公软件珠海公司	客服部	350105199506138487	19849483265	珠海-客服部	19950613	198-4948-3265
赵六	资深架构师	金山办公软件安徽公司	研发部	51130319560102717X	18320149574	安徽-研发部	19560102	183-2014-9574
孙七	电商运营	金山办公软件上海公司	运营部	235407195106112745	13428895004	上海-运营部	19510611	134-2889-5004
周八	安卓开发	金山办公软件武汉公司	研发部	130102196303250459	18406613647	武汉-研发部	19630325	184-0661-3647
吴九	财务总监	金山办公软件北京公司	财务部	150981197202284550	19102068888	北京-财务部	19720228	191-0206-8888
郑十	项目经理	金山办公软件成都公司	项目部	150981198402232442	17765258554	成都-项目部	19840223	177-6525-8554

图 5-6　智能填充

符合规范。

　　【数据有效性】的原理实际上是用户预先自行设定数据输入规则（限制输入的数据类型、范围和格式等），输入数据时必须遵循设定规则，如果不经意"违规"输入时，系统即刻发出提醒、警告信息或阻止继续输入，提示用户予以更正，从而使数据的有效性得到保证。

　　若要在单元格或区域中设置数据有效性规则，可以在【数据】选项卡中单击【有效性】按钮，打开【数据有效性】对话框，如图 5-7 所示。

　　【数据有效性】对话框中包含【设置】【输入信息】【出错警告】3 个选项卡。各选项卡功能说明及设置方法分别如下。

　　●【设置】选项卡：可以设置 6 类内置的有效性条件，包括整数、小数、序列、日期、时间、文本长度。其中【序列】常用于将数据输入限制为指定序列的值，可以在单元格或区域中制作下拉列表，以实现快速且准确的数据输入，序列"来源"允许直接引用工作表中已经存在的数据序列，或者手动输入以半角逗号分隔元素的数据序列。此外，选择【自定义】选项，允许用户应用公式和

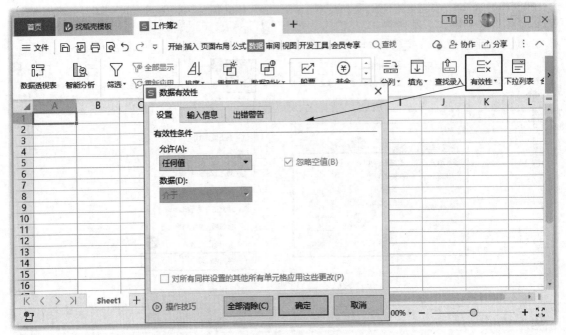

图 5-7　打开【数据有效性】对话框

函数来表达更加复杂的有效性条件,例如要在 A 列中设置"拒绝录入重复项",则可以输入自定义公式" = COUNTIF($A:$A,A1)<2"。

- 【输入信息】选项卡:通过设置可以在选定单元格时显示用户预先定义的信息标题和内容。主要用于提示、辅助说明单元格应输入的数据等。

- 【出错警告】选项卡:主要配合设置的有效性条件发挥作用,当输入无效数据时发出自定义的警告信息,可设定为警告并且阻止继续输入或者警告但允许按【Enter】键强制输入,也可以只是给出提示信息不影响输入。

> **技能拓展**:如果只是想提高输入序列类数据中的某一个数据的效率,如实现快速输入学历、岗位、部门等重复性数据项目,可以直接通过【插入下拉列表】功能设置自定义下拉选项来完成。在【数据】选项卡中单击【下拉列表】按钮,打开【插入下拉列表】对话框,手动添加下拉选项或从单元格选择下拉选项即可。

≫≫ 5.2.3　创建模板方便后期调用

由于每个人工作的性质比较稳定,所以经常需要处理的数据都差不多是一个类型的,如销售表,可能只是其中的具体销售数据有变动,表格框架都是一样的。因此,可以根据自己的实际需求,将需要频繁使用的一类表格设计成模板,这样可以方便后期直接调用。

制作模板时,尽量考虑到表格中哪些内容是固定、必须保留的,哪些内容是常用的,可以适当添加部分数据作为示例效果,应合理安排这些内容的摆放顺序。表格中哪些内容是需要变化的,是否可以设计成公式让它自己变化,或者录制宏。内容设计好后,可以进行适当的格式化设置。最后打开【另存为】对话框,以【WPS 表格 模板文件(∗ .ett)】或【WPS 表格　模板文件

（＊.xltx）】等文件类型保存在特定的位置，如图5-8所示。

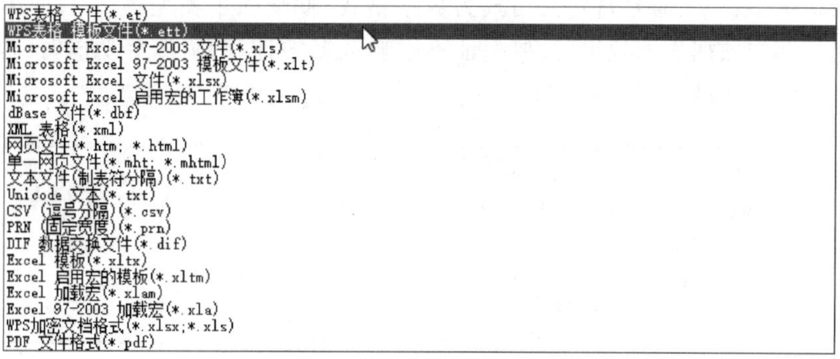

图5-8　设置表格模板文件格式

> **温馨提示**：保存模板文件时，尽量保持默认位置路径不做更改，这样将会自动存放在WPS的模板文件夹中，方便后续调用模板时直接就可以显示出该模板，直接选择即可调用。

当需要创建类似文件时，只需在工作簿模板的基础上进行简单的修改，即可快速完成常用工作簿的创建，既节约时间又能够保证格式上的统一。

5.2.4　制作可动态显示的表格

要实现动态展示数据的表格，通常是用公式和函数来完成的。例如，在本例中为了使考勤表中的表头（D2单元格）、日期（D3:AH3单元格区域）随着年份（C2单元格）和月份（E2单元格）的变化自动变化，如图5-9所示，考勤表中的部分数据需要使用函数进行计算，但是具体的编写公式可以有很多种方法，具体操作步骤见5.3节内容。

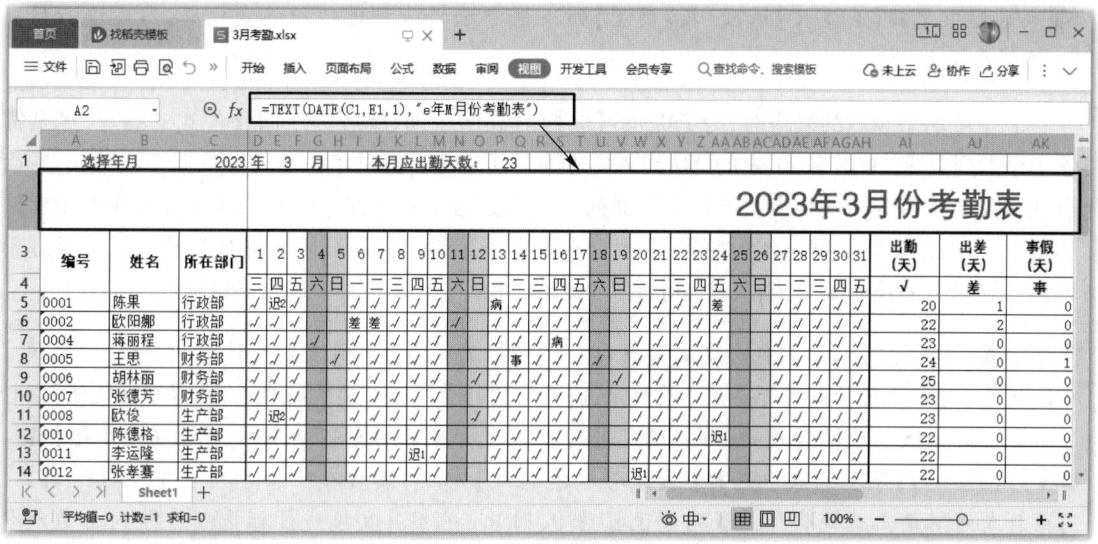

图5-9　通过编写公式实现动态显示表格内容

通过公式来返回表格数据时，如果公式编写无误，返回的结果却不符合需求，一般是因为单元格格式不匹配造成的。例如,本例中的用于返回设置年份、月份对应的日期数据而编写的公式本身返回结果是一串数字,需要自定义格式为数字格式,便输入了类型为"d",如图 5-10 所示。为了实现一些复杂的数据显示效果,又要保证不影响数据的计算、筛选等功能时,也需要自定义单元格格式。如将公式结果"3"显示为"3 千克",将"4"显示为"4 月"等。

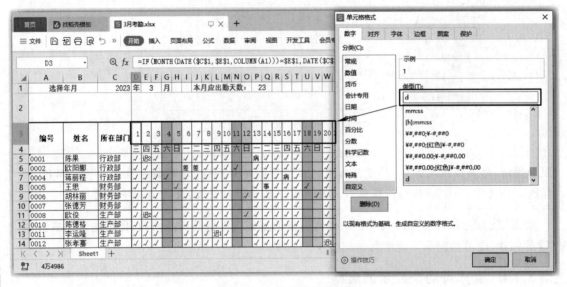

图 5-10   自定义单元格格式

> **技能拓展**:自定义单元格格式很大程度地提高了数据处理能力和工作效率,设置的关键点在于能编写各种格式代码,主要包括数字占位符"0"、文本占位符"@"、日期占位符"yyyy""m""d"、条件符号"[ ]"、其他特殊符号等。具体编写时,可以先在【单元格格式】对话框的【分类】列表框中选择【自定义】选项,在【类型】列表框中选择一种近似的格式代码,然后进行修改,这样会更便捷一些。

在制作可动态显示的表格时,为了提供可选择的数据序列,或者为了简化公式的编写,经常需要添加辅助列数据,如图 5-11 中的 AU 和 AV 列数据就是为了提供年份和月份数据选项,同时为简化后期相关单元格的公式编写而设置的辅助列。这类数据在使用过程中绝大部分时间并不需要展示和编辑,为保证重要数据的展示效果,一般会在表格框架制作的最后阶段进行隐藏。可以通过单击鼠标右键弹出的快捷菜单或在【开始】选项卡的【行和列】下拉列表中进行隐藏行和列的操作。

> **技能拓展**:隐藏行或列之后,包含隐藏行或列处的行号或列标将不再显示为连续的序号,被隐藏的行或列所对应的行号或列标将被折叠起来,隐藏处的行号或列标边线将会变为"双线型边线"。
>
> 若要显示被隐藏的行或列,可以选定包含被隐藏行或列的多行或多列,然后在【开始】选项卡的【行和列】下拉列表中选择【隐藏与取消隐藏】命令,最后在下级子列表中继续选择。隐藏行或列实质上就是将行高或列宽设置为 0,因此,也可以直接用鼠标拖曳行号列标边线来显示出隐藏的行或列。

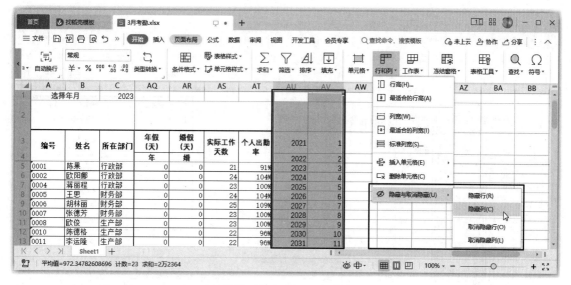

图 5-11 设置辅助列并隐藏

5.2.5 使用条件格式功能选择性设置格式

实际工作中,在处理和分析数据时通常需要从一组数据中快速找到目标数据。比如,从一组数据中快速获取排名前 3 位和后 3 位的具体金额,从数据组中找到大于或小于基数的数据,直观对比数据大小……

虽然这些数据加工工作使用排序和筛选功能也能够完成,但是会影响表格的原有布局和完整性。对此,WPS 表格提供了【条件格式】功能,从单元格的格式着手,将目标数据所在单元格的格式设置为指定的外观,让目标数据更突出、更直观、更生动地呈现出来,并且随着目标单元格的值发生变化而动态更新,让用户对目标数据一目了然,更方便后续的数据处理与分析,这也是数据加工的一项重要工作。

条件格式功能常用于标记某个范围的数据、快速找到重复项目、使用图形增加数据可读性等。设置也很简单,总体上只需两大步骤:遵循规则设定条件→设置单元格格式。

例如,要将销量超过平均值的数据标识出来,可以:❶ 选择要从中筛选的所有数据,❷ 单击【开始】选项卡中的【条件格式】按钮,❸ 在弹出的下拉列表中根据要设定的条件选择对应的规则命令(这里选择【突出显示单元格规则】-【大于】命令),❹ 在打开的对话框中设置具体的条件和单元格格式即可(该规则下默认的判断值大小条件就是平均值),如图 5-12 所示。

单元格格式的设置方法比较简单,前面也有所提及,如何设定条件格式规则才是用好条件格式的核心,更是职场人士提高数据处理能力和工作效率不可或缺的技能。从图 5-12 中可以看出,WPS 表格提供了 6 种规则类型,包括 5 种内置规则和 1 种创建公式自定义条件的规则,下面简单进行介绍。

- **突出显示单元格规则:**按指定数值或日期范围、包含指定文本、对重复值进行标记。
- **项目选取规则:**按数值排序靠前或靠后、数值高于或低于区域平均值进行标记。

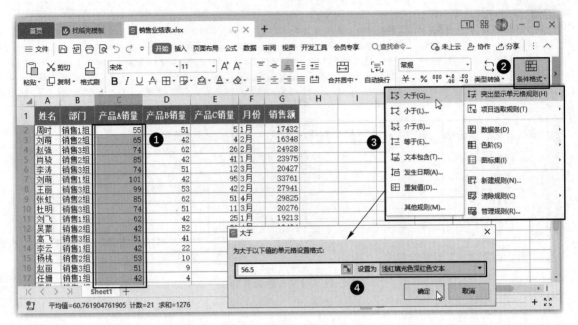

图 5-12　设置条件格式

● **数据条**：根据单元格中数值的大小显示不同长度的水平颜色条，颜色条越长表示值越高，颜色条越短表示值越低。在观察大量数据中的较高值和较低值时，数据条尤其有用。

● **色阶**：通过使用两种或三种颜色的渐变效果来直观地比较单元格区域中的数据，用来显示数据分布和数据变化。一般情况下，颜色的深浅表示值的高低。

● **图标集**：可以使用图标集对数据进行注释，每个图标代表一个值的范围。使用图标集时不能添加外部图标样式。如果单元格中同时显示图标和数字，图标将靠单元格左侧显示。

● **新建规则**：选择该命令后，会打开【新建格式规则】对话框。在【选择规则类型】列表中包含 6 种可选的规则类型，选择不同的规则类型，则底部的【编辑规则说明】区域中将显示不同的选项。如选择【基于各自值设置所有单元格的格式】规则类型时，效果如图 5-13 所示。选择【使用公式确定要设置格式的单元格】规则类型时，效果如图 5-14 所示。通过公式自定义规则时，公式结果为 TRUE 或不等于 0 时，则返回用户指定的单元格格式；公式结果为 FALSE 或数值 0 时，则不应用指定格式。公式的引用方式，一般以选中区域的活动单元格为参照进行设置，设置完成后，即可将条件格式规则应用到所选区域的每一个单元格。具体应用参考本例中部分效果的制作步骤。

选择应用了条件格式的单元格区域，在【条件格式】下拉菜单中选择【管理规则】命令，将打开【条件格式规则管理器】对话框，如图 5-15 所示。在其中选中规则并单击【编辑规则】按钮，打开【编辑规则】对话框，即可查看和修改已有的条件格式规则。单击【删除规则】按钮，即可删除指定的条件格式规则。

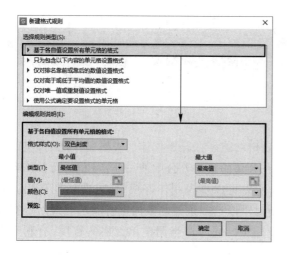

图 5-13　自定义双色刻度条件格式规则

图 5-14　自定义公式条件格式规则

图 5-15　管理和清除条件格式规则

> **技能拓展**：WPS 表格允许对同一单元格区域同时设置多个条件格式，这些条件格式规则按照在【条件格式规则管理器】对话框中列出的顺序依次执行。处于上方的条件格式规则拥有更高的优先级，默认情况下，新规则总是添加到列表的顶部，即拥有最高优先级。可以在对话框中单击 ▲ 或 ▼ 按钮更改规则的优先级顺序。多个规则之间如果没有冲突（如设置为红色背景和设置为字体加粗），则规则全部生效；多个规则之间如果发生冲突（如设置为红色背景和设置为黄色背景），则只执行优先级较高的规则。

5.3 ▶ 任务实施

　　本案例实施的基本流程如下所示。

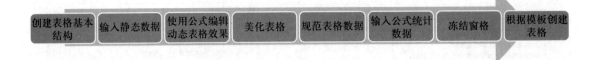

| 创建表格基本结构 | 输入静态数据 | 使用公式编辑动态表格效果 | 美化表格 | 规范表格数据 | 输入公式统计数据 | 冻结窗格 | 根据模板创建表格 |

5.3.1 创建表格框架并设置格式

本案例要制作的表格涉及许多基本的 WPS 表格功能。在开始具体的表格制作之前,应首先思考如何实现整个表格效果。例如,考勤记录表在公司的日常办公中使用非常频繁,而且该表格每个周期(一般是以月为周期)都需要制作一次,所以可以事先制作好模板,方便后期调用。另外,由于该类表格的横向数据比较多,因此在规划时可以选择重要的数据进行展示。最后根据构思好的框架,将其使用 WPS 表格呈现在工作表中即可。同时适当调整单元格的宽度,有利于查阅者查看每一条数据。

1. 创建表格模板

将创建好的工作簿以模板文件格式保存后,可以方便后期根据该模板创建工作簿。

步骤 1:新建空白工作簿。 启动 WPS Office 软件后,❶ 单击【新建】按钮,❷ 在新界面中单击【新建表格】选项卡,❸ 在右侧单击【空白文档】按钮,如图 5-16 所示。

步骤 2:保存为模板文件。 在新建的空白工作簿中,单击快速访问工具栏中的【保存】按钮,打开【另存文件】对话框,❶ 在【文件类型】下拉列表框中选择一种模板文件格式,这里选择【WPS 表格　模板文件(* .ett)】选项,❷ 输入模板文件名称,❸ 确定好模板文件要保存的位置,这里保持默认设置,❹ 单击【保存】按钮,如图 5-17 所示。

> **温馨提示:**创建工作簿为模板文件的方法适合工作簿中有多张工作表内容需要作为模板使用的情况。在实际工作中,如果只是需要将某一张工作表中的内容以模板的形式保存,可以直接通过复制工作表的方式来实现,在复制得到的新工作表中进行修改加工即可。

图 5-16　新建空白工作簿

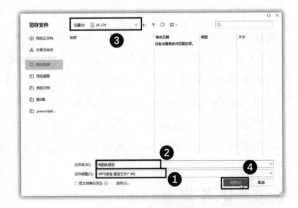

图 5-17　保存为模板文件

2. 输入基本的静态数据

考勤表在录入内容时,分为普通内容录入和有规律内容录入。有规律内容包括重复内容和序列内容。不同的内容要掌握恰当的录入方法,才能提高制表效率。

步骤1：**输入常规数据**。根据提前构思的表格框架，预留出第一行的选择内容和第二行的表格标题内容的位置，在 A3:C3 单元格区域中输入考勤表常用固定字段的相应文本内容。

步骤2：**调整单元格列宽**。❶ 选择 D:AH 列单元格，❷ 单击【开始】选项卡中的【行和列】按钮，❸ 在弹出的下拉菜单中选择【列宽】命令，❹ 打开【列宽】对话框，设置列宽为【2】，❺ 单击【确定】按钮，即可精确调整所选列的列宽为 2 磅，如图 5-18 所示。

> **温馨提示**：考勤表中一般会包含具体记录考勤情况的 31 列单元格（因为一个月中最多有 31 天），这些单元格中包含的内容比较少，可以为其设置较小的列宽。选择列时，列标附近会显示【nC】字样，其中 C 前面的 n 即代表当前所选列的数量。

步骤3：**设置字体格式**。在第一行中输入用于选择年月和进行相关统计的相应文本，并设置字体格式为"等线，11 号，加粗，橙色"。

步骤4：**合并单元格**。❶ 选择 A3:A4 单元格区域，❷ 单击【开始】选项卡中的【合并居中】按钮合并单元格，如图 5-19 所示。❸ 使用相同的方法合并表格中的其他单元格。

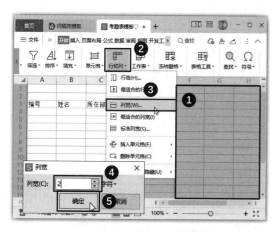

图 5-18　设置固定列宽

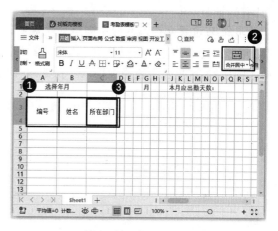

图 5-19　合并单元格

步骤5：**输入统计字段内容**。在 AI3:AT4 单元格区域输入用于统计考勤结果的列字段名称，并根据需要合并最后两个单元格，设置单元格的对齐方式为居中对齐，单击【开始】选项卡中的【自动换行】按钮让单元格中的数据能换行显示出来，完成后的效果如图 5-20 所示。

图 5-20　输入统计字段内容

⋙ 5.3.2　创建可选择年、月并动态显示数据的考勤表

在 WPS 表格中制作考勤表模板的目的就是达到一劳永逸的效果,因此,在制作过程中应尽量寻找各考勤表之间相同的部分,并将其加入模板中。对于存在差异的部分也要思考它们之间是否存在某些关联,能不能通过某种方式让它们能够自动更改。例如,本例中就可以通过公式自动根据选择的年份和月份创建对应的考勤表框架。

1. 提供可选择的年、月数据

本例表格上方第一行中的年、月数据可以手动输入,但是为了方便数据的输入,可以先设置年份和月份的可选择范围,提供下拉列表,通过选择来输入数据。下面通过【数据有效性】功能和【下拉列表】功能两种方法来实现。

步骤 1:输入辅助数据。在当前工作表中估计不会用到的空白区域中输入多个年份(本例中输入年份为 2021—2031)及月份数据作为辅助列,方便后面调用,如图 5-21 所示。

步骤 2:执行数据有效性操作。选择需要输入年份数据的 C1 单元格,单击【数据】选项卡中的【有效性】按钮。

步骤 3:设置允许输入的序列有效性规则。打开【数据有效性】对话框,❶ 在【设置】选项卡的【允许】下拉列表中选择【序列】选项,❷ 在【来源】参数框中通过引用设置该单元格数据允许输入的序列,这里引用表格中输入年份的单元格区域,❸ 单击【确定】按钮,如图 5-22 所示。

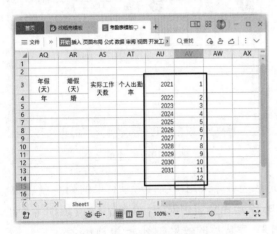

图 5-21　输入辅助数据

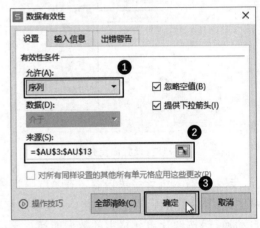

图 5-22　设置允许输入的序列有效性规则

步骤 4:执行下拉列表操作。❶ 选择需要输入月份数据的 E1 单元格,❷ 单击【数据】选项卡中的【下拉列表】按钮,如图 5-23 所示。

步骤 5:设置下拉列表选项内容。打开【插入下拉列表】对话框,❶ 选中【从单元格选择下拉选项】单选按钮,❷ 在下方的参数框中通过引用设置该单元格数据允许输入的序列,这里引用表格中输入月份的单元格区域,❸ 单击【确定】按钮,如图 5-24 所示。

2. 输入公式实现数据动态显示

接下来进入本案例的重要制作核心环节,输入各种公式实现年份和月份对应日期和星期的自动变更。具体的公式编写不一定要完全按照下面步骤中介绍的来实现,读者在查看后还可以多思考用其他公式如何实现同样的效果。

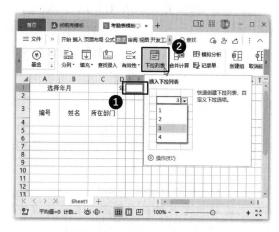

图 5-23 执行下拉列表操作

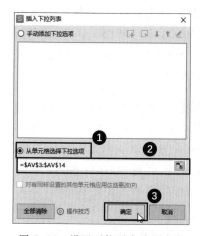

图 5-24 设置下拉列表选项内容

步骤 1：计算应出勤天数。 选择 P1 单元格，输入公式【= NETWORKDAYS（DATE（$C$1,$E$1,1），EOMONTH（DATE（$C$1,$E$1,1），0））】，计算出所选月份应该出勤的总天数。

> **温馨提示：** 这里采用 NETWORKDAYS 函数计算所选月份应该出勤的总天数时，用了 DATE 函数将 C1、E1 单元格和数字 1 转换为日期数据，作为统计工作日的开始日期；用 EOMONTH 函数让转换为日期的 DATE（$C$1,$E$1,1）数据返回当月的最后一天，作为统计工作日的结束日期。

步骤 2：选择年份和月份。 在 C1 和 E1 单元格中分别选择一个年份和月份，即可在 P1 单元格中查看到根据刚刚输入公式计算出的当月考勤天数，如图 5-25 所示。

步骤 3：设置单元格格式。 选择 A2:AT2 单元格区域，单击【开始】选项卡中的【合并居中】按钮，在【字体】组中设置字体格式为"方正黑体简体，26 号，红色"，并拖动鼠标光标适当调整该行的高度。

步骤 4：计算得出表格标题。 选择 A2 单元格，输入公式【= TEXT（DATE（C1,E1,1），"e 年 M 月份考勤表"）】，即可在 A2 单元格中根据 C1、E1 单元格中选择的年份和月份自动显示当前工作表的名称，如图 5-26 所示。

图 5-25 计算应出勤天数

图 5-26 计算得出表格标题

步骤 5：计算日期序号。 选择 D3 单元格，输入公式【= IF（MONTH（DATE（$C$1，$E$1，COLUMN（A1）））=$E$1，DATE（$C$1，$E$1，COLUMN（A1）），""）】，返回当前选择的年份和月份的第一天对应的日期序号，如图 5-27 所示。但是这里的结果只是一串日期序号数字，还不是需要的最终结果。

> **温馨提示：** 步骤 5 中的公式巧妙地结合了单元格的引用并提取相应的列号。首先，用 DATE 函数将 C1、E1 单元格和通过 COLUMN（A1）提取的 A1 单元格的列号，转换为日期数据，然后用 MONTH 函数提取这个组合日期的月份数，让得到的结果与 E1 单元格的月份数进行比较，如果相等，就返回 DATE（$C$1，$E$1，COLUMN（A1）），否则返回空值。
>
> 这样，后面通过复制公式，公式中的 COLUMN（A1）就会自动进行相对位置的改变，依次引用 A2、A3、A4、A5、A6 等单元格，从而实现依次返回指定月份的日期数。当公式复制的位置超过当月的天数时，通过公式中的 MONTH（DATE（$C$1，$E$1，COLUMN（A1））），将得到指定月下一个月的月份数，即不等于 E1 单元格的月份数，整个公式返回空值。

步骤 6：计算日期对应的星期。 选择 D4 单元格，输入公式【= TEXT（D3，" AAA"）】，按【Enter】键计算出结果，如图 5-28 所示。这样就可以让 D4 单元格中的日期数据仅显示为星期中的序号。

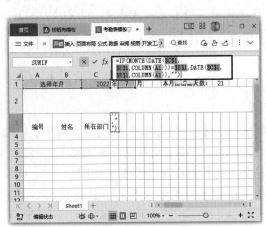

图 5-27 计算日期序号

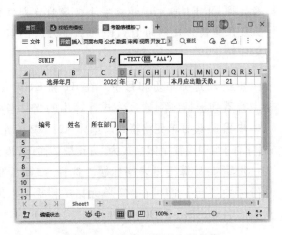

图 5-28 计算日期对应的星期

步骤 7：复制公式。 选择 D3：D4 单元格区域，向右拖动填充控制柄，复制公式到 E3：AH4 单元格区域，返回当前选择的年份和月份的其他天对应的日期和星期序号。

步骤 8：设置单元格格式。 ❶ 选择 D3：AH3 单元格区域，并在其上单击鼠标右键，❷ 在弹出的快捷菜单中选择【设置单元格格式】命令，如图 5-29 所示。

步骤 9：自定义数字格式。 打开【单元格格式】对话框，❶ 在【数字】选项卡的【分类】列表框中选择【自定义】选项，❷ 在【类型】列表框中输入【d】，❸ 单击【确定】按钮，如图 5-30 所示，这样就可以让各单元格中的日期数据仅显示为日。

⋙ 5.3.3 美化考勤表

完成考勤表的框架制作后，还可以适当美化表格。例如，表格中每个月的记录数据密密麻麻

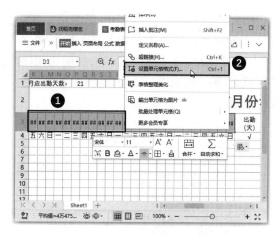

图 5-29 设置单元格格式

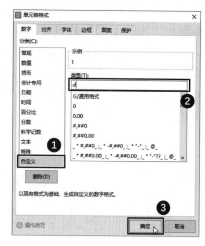

图 5-30 自定义数字格式

的,不便查看,可以为表头内容进行格式设置,加上该公司的星期六和星期日都不上班,所以可以对表格中的星期六和星期日数据突出显示,以区分出每周的数据。另外,为表格添加边框线也可以更好地区分每个单元格的数据。

步骤 1:选择菜单命令。 ❶ 选择 D3:AH45 单元格区域(假定表格只需要做 45 行内容,所以选择到第 45 行的 AH45 单元格),❷ 单击【开始】选项卡中的【条件格式】按钮,❸ 在弹出的下拉菜单中选择【新建规则】命令,如图 5-31 所示。

步骤 2:设置条件格式。 打开【新建格式规则】对话框,❶ 在【选择规则类型】列表框中选择【使用公式确定要设置格式的单元格】选项,❷ 在【编辑规则说明】栏下方的参数框中输入公式【=D$4="六"】,❸ 单击【格式】按钮,如图 5-32 所示。

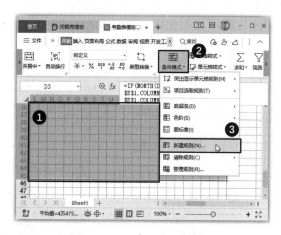

图 5-31 选择【新建规则】命令

图 5-32 设置条件格式

步骤 3:设置单元格填充效果。 打开【单元格格式】对话框,❶ 单击【图案】选项卡,❷ 在列表框中选择需要填充的浅绿色,❸ 单击【确定】按钮,如图 5-33 所示。

步骤 4:确认设置的条件格式。 返回【新建格式规则】对话框,在【预览】框中可以查看到设置的单元格格式效果,单击【确定】按钮。返回工作表,即可看到已经为所选区域中的星期六数据设置了浅绿色填充色。

　　步骤 5：突出显示周日的数据。保持单元格区域的选择状态，再次打开【新建格式规则】对话框，❶ 在【选择规则类型】列表框中选择【使用公式确定要设置格式的单元格】选项，❷ 在【编辑规则说明】栏下方的参数框中输入公式【＝D$4＝"日"】，❸ 单击【格式】按钮，使用相同的方法设置满足该类条件的单元格格式，这里设置为橙色填充，❹ 单击【确定】按钮，如图 5-34 所示。返回工作表，即可看到已经为所选区域中的星期日数据设置了橙色填充色。

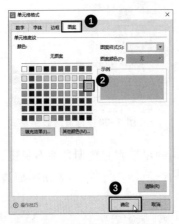

图 5-33　设置单元格填充效果

图 5-34　突出显示周日的数据

　　步骤 6：查看突出显示周末的效果。为保证表格中的自动数据无误，可以重新设置 C1、E1 单元格中的年份和月份，并验证指定年月应出勤天数、表格标题、当月所有日期及对应的星期数是否出错，如图 5-35 所示。

　　步骤 7：设置表头字体格式。一般情况下制作的表格，表头内容和普通表格内容的字体格式应有所区别的，这样能让人看清楚各个字段的具体内容。最简单的格式设置就是加粗字体。选择固定内容的表头所在的 A3：C3 单元格区域，以及考勤汇总部分表头所在的 AI3：AT4 单元格区域，单击【加粗】按钮。

　　步骤 8：为表格添加所有框线。❶ 选择 A3：AT45 单元格区域，❷ 单击【开始】选项卡中的【边框】下拉按钮，❸ 在弹出的下拉菜单中选择【所有框线】命令，如图 5-36 所示。

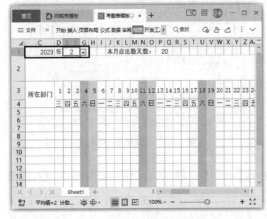

图 5-35　查看突出显示周末的效果

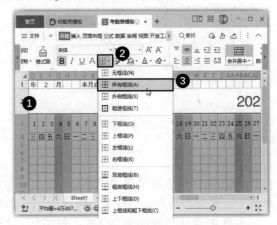

图 5-36　为表格添加所有框线

步骤9：为表格添加粗外侧框线。❶ 选择 A3：C45 单元格区域，❷ 单击【边框】下拉按钮，❸ 在弹出的下拉菜单中选择【粗匣框线】命令，如图5-37所示。

步骤10：继续添加粗外侧框线。使用相同的方法继续为 D3：AH45 和 AI3：AT45 单元格区域添加粗外侧框线，这样就可以将表格中的三大组成部分进行区域分隔了，更方便数据的查看。

步骤11：隐藏辅助列。❶ 选择 AU 和 AV 两列单元格，❷ 单击【开始】选项卡中的【行和列】按钮，❸ 在弹出的下拉菜单中选择【隐藏与取消隐藏】命令，❹ 在弹出的下级子菜单中选择【隐藏列】命令，隐藏选择的列，如图5-38所示。

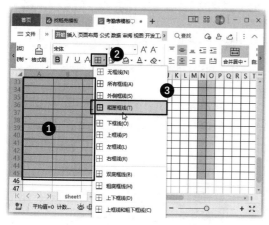
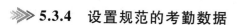

图5-37　为表格添加粗外侧框线

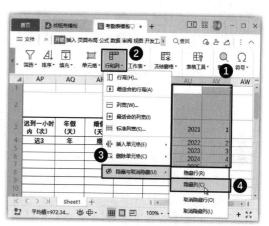

图5-38　隐藏辅助列

⫸ 5.3.4　设置规范的考勤数据

考勤表中需要填写的内容比较多，为了规范考勤数据的输入，方便后续进行数据统计，需要进行一些设置。

1. 保证编号数据的唯一性

根据本案例的制作需求，考勤数据应该是一个员工对应一条记录信息。所以输入的员工编号应该是唯一的，可以通过【拒绝录入重复项】功能在输入重复数据时弹出警告以提醒检查输入内容的正确性。

步骤1：选择【拒绝录入重复项】命令。❶ 选择 A5：A45 单元格区域，❷ 单击【数据】选项卡中的【重复项】按钮，❸ 在弹出的下拉菜单中选择【拒绝录入重复项】命令，打开【拒绝重复输入】对话框，❹ 在文本框内确认要设置的单元格区域，❺ 单击【确定】按钮，如图5-39所示。

步骤2：查看录入重复数据效果。此后，当输入与本区域其他单元格重复的内容并按【Enter】键确认后，将弹出【拒绝重复输入】警告，如图5-40所示。如果确认输入无误则可以再次按【Enter】键确认。此时，强制键入重复项的单元格的左上角将显示一个绿色三角形标识，选定包含该标识的单元格，单元格旁边将出现带圈感叹号标识，即【错误指示器】下拉按钮，在其下拉列表中将提示"单元格内容，不符合预设的限制"。

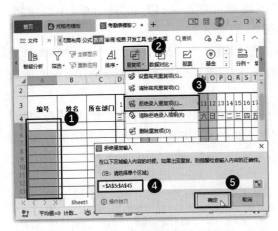

图 5-39　选择【拒绝录入重复项】命令

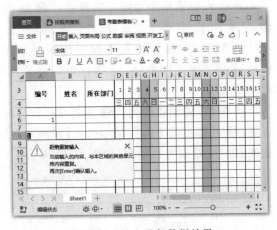

图 5-40　录入重复数据效果

温馨提示:【拒绝录入重复项】功能本质上是通过【数据有效性】实现的,例如,为 A5:A45 单元格区域执行上面的操作后,选择 A5:A45 单元格区域,单击【数据】选项卡中的【有效性】按钮,在打开的【数据有效性】对话框中可以看到自定义有效性的公式为" = COUNTIF($A$5:$A$45,A6)<2",如图 5-41 所示。

图 5-41　【拒绝录入重复项】功能的本质

技能拓展:若要取消目标区域的拒绝录入重复项设置状态,在【重复项】下拉菜单中选择【清除拒绝录入限制】命令即可。

2. 提供部门数据的可选择下拉列表

一个公司的部门一般情况下是不会变动的,为了保证数据的快速输入,可以提供选择输入用的下拉列表。

这里❶选择 C5:C45 单元格区域,❷打开【数据有效性】对话框,在【设置】选项卡的【允许】下拉列表中选择【序列】选项,❸在【来源】参数框中输入该单元格区域允许输入的序列,注意各选项间需要用英文状态下的半角逗号隔开,❹单击【确定】按钮,如图 5-42 所示。

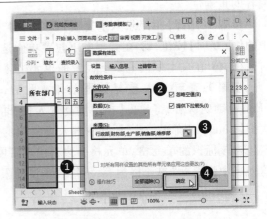

图 5-42　提供部门数据的可选择下拉列表

3. 规范输入的考勤标识内容

同一种考勤数据可以有多种表达形式,为保证输入的考勤标识内容是统一的,本案例中假定了一些规则:假定全勤用【√】作为标记,事假用【事】作为标记,病假用【病】作为标记,出差用【差】作为标记,年假用【年】作为标记,婚假用【婚】作为标记,迟到10分钟以内用【迟1】作为标记,迟到半小时以内用【迟2】作为标记,迟到1小时以内用【迟3】作为标记,旷工用【旷】作为标记。通过设置考勤数据区的数据有效性就可以使考勤表的制作更加便利。

步骤1:设置数据有效性。❶ 选择 D5:AH45 单元格区域,❷ 单击【数据】选项卡中的【有效性】按钮,打开【数据有效性】对话框,❸ 在【设置】选项卡的【允许】下拉列表中选择【序列】选项,❹ 在【来源】参数框中输入【√,事,病,差,年,婚,迟1,迟2,迟3,旷】,如图5-43所示。

步骤2:设置出错警告。❶ 单击【出错警告】选项卡,❷ 在【错误信息】文本框中输入用于信息输入错误的提示信息,❸ 单击【确定】按钮,如图5-44所示。

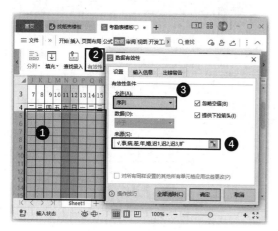

图 5-43　设置数据有效性

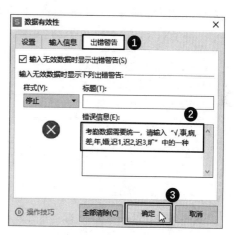

图 5-44　设置出错警告

▶▶▶ 5.3.5　输入公式统计考勤项目

考勤表是员工每天上班的凭证,也是员工领工资的部分凭证,公司的相关人员每个月基本上都要对考勤数据做最后总结,以便合理计算工资。接下来就要编辑公式实现考勤明细数据的自动统计了。

步骤1:统计员工出勤天数。选择 AI5 单元格,输入公式【=COUNTIF($D5:$AH5,AI$4)】,按【Enter】键,即可计算出该员工当月的出勤天数,如图5-45所示。

步骤2:复制公式。❶ 选择 AI5 单元格,向右拖动填充控制柄,复制公式到 AJ5:AR5 单元格区域,计算出该员工其他考勤项目的数据,但是这时将设置的单元格格式也进行了复制,不符合需要。❷ 单击显示出的【自动填充选项】按钮,❸ 在弹出的下拉列表中选中【不带格式填充】单选按钮,如图5-46所示。

步骤3:计算员工当月实际工作天数。选择 AS5 单元格,输入公式【=AI5+AJ5】,按【Enter】键,即可计算出该员工当月实际工作的天数,如图5-47所示。

步骤4:计算员工出勤率。选择 AT5 单元格,输入公式【=AS5/$P$1】,按【Enter】键,即可计算出该员工当月的出勤率,如图5-48所示。

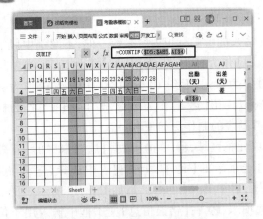

图 5-45　统计员工出勤天数

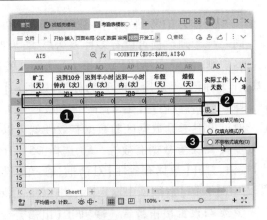

图 5-46　复制公式

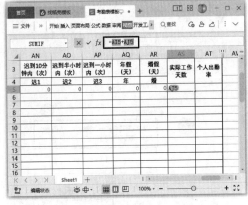

图 5-47　计算员工当月实际工作天数

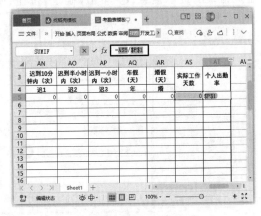

图 5-48　计算员工出勤率

步骤 5：复制公式。❶ 选择 AI5：AT5 单元格区域，向下拖动填充控制柄，复制公式到 AI6：AT45 单元格区域，计算出其他员工各考勤项目的数据，❷ 单击显示出的【自动填充选项】按钮，❸ 在弹出的下拉列表中选中【不带格式填充】单选按钮，如图 5-49 所示。

步骤 6：设置百分比格式。❶ 选择 AT 列单元格，❷ 在【开始】选项卡中单击【百分比样式】按钮，设置数字显示为百分比样式，如图 5-50 所示。

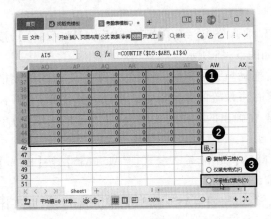

图 5-49　复制公式

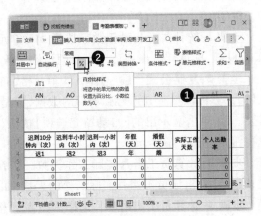

图 5-50　设置百分比格式

5.3.6　冻结表格行和列

考勤表中的数据比较多,为了方便后期填写和查阅数据明细,可以设置冻结窗格,固定住最左侧和最上方的行列,使其不随着滚轮的滑动而滑出视线外。

步骤 1:拆分窗口。本例需要固定表格的上面 4 行和左侧 3 列数据,所以,❶ 选择 D5 单元格,❷ 单击【视图】选项卡中的【拆分窗口】按钮,如图 5-51 所示。

步骤 2:冻结窗格。❶ 单击【视图】选项卡中的【冻结窗格】按钮,❷ 在弹出的下拉列表中选择【冻结窗格】选项,如图 5-52 所示,即可冻结所选单元格前面的多行和多列。

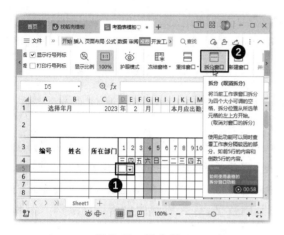

图 5-51　拆分窗口

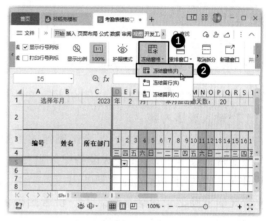

图 5-52　冻结窗格

5.3.7　按实际情况记录考勤数据

考勤表模板创建好以后,就可以根据公司员工每天的上班情况记录具体的考勤基础数据了;等到需要统计当月考勤情况时,再进行统计和分析即可。

1. 根据模板创建表格

有了工作簿模板,当需要创建类似文件时,只需在工作簿模板的基础上进行简单的修改,即可快速完成常用工作簿的创建,既节约时间又能够保证格式上的统一。下面假设要创建 2023 年的考勤表,使用保存的模板创建新工作簿的操作步骤如下。

步骤 1:选择【本机上的模板】命令。❶ 单击【文件】按钮,❷ 在弹出的下拉菜单中用鼠标光标指向【新建】命令,❸ 在右侧展开的下级子菜单中选择【本机上的模板】命令,如图 5-53 所示。

步骤 2:选择要使用的模板。打开【模板】对话框,❶ 在【常规】选项卡的模板列表中选择要使用的模板,这里选择【考勤表模板】选项,❷ 单击【确定】按钮,如图 5-54 所示,即可基于该模板新建一个工作簿。

> **技能拓展:**若在【模板】对话框中选择自定义的模板后,选中【设为默认模板】复选框,则以后可以通过选择【文件】下拉菜单中的【新建】-【从默认模板新建】命令直接调用该模板。

步骤 3:保存工作簿。根据模板新建的工作表会保留模板中已经存在的数据、公式、格式或宏,但是工作表实际上还是个未保存的工作簿,在具体编辑前需要先进行保存。单击快速访问工

图 5-53　选择【本机上的模板】命令

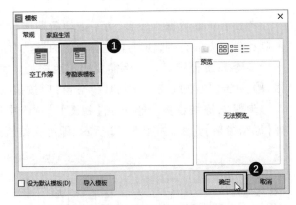

图 5-54　选择要使用的模板

具栏中的【保存】按钮,然后在打开的【另存文件】对话框中设置工作簿的名称、文件类型、保存位置等。

2. 输入表格内容

实际工作中,在使用 WPS 表格制作的考勤表时,首先需要记录考勤的基础数据,现在很多公司都配备了打卡机,可直接从设备中导出相应的数据,避免手动输入的烦琐。有了基础数据后,再根据具体的制度通过函数判断出考勤结果。然后通过对照各种假条凭证、出差记录等修正特殊情况的考勤记录。这里输入了一份考勤记录作为基础数据,感兴趣的用户可以继续深入制作考勤时间记录表,并通过函数判断考勤结果,再应用到该表格中来。

❶ 根据要制作的 3 月考勤表在第一行中选择年月,可以看到表格标题自动进行了更改,❷ 在 A5:AH42 单元格区域中根据实际情况输入相应员工的考勤数据,输入时可以先全部输入出现概率最多的【√】,然后再根据具体情况进行修改,并将考勤数据的字号设置为【9 号】,在 AI5:AT42 单元格区域中就会自动计算出统计结果,完成后的效果如图 5-55 所示。

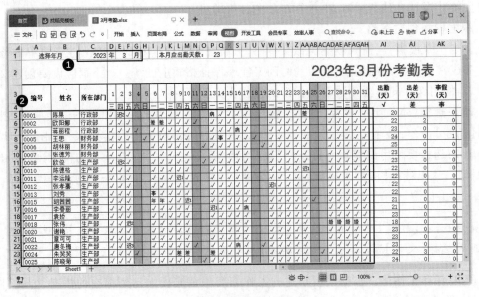

图 5-55　考勤表最终效果

第6章 创建并管理员工信息表

随着企业规模越来越大，员工流动也越来越频繁，人事管理工作是不是越来越繁重了呢？你是不是还在从浩瀚的纸质资料中翻找某一个员工的信息？逐个寻找统计符合某个月份过生日的员工？在职员工信息已经很多了，还要保留离职员工信息？为了确保任务准确度，每个操作都要重复检查，再来一遍？想配备一款专业的 ERP，老板说太贵，这种投入不值得。

员工档案信息表是人力资源管理中最基础的一项表格，主要用于存储员工的基本信息，这个表格建立好之后，后续的很多人事数据的分析都可以在此基础上迎刃而解。所以，员工信息表的建立非常重要。

本案例将利用 WPS 表格从头开始制作一份员工信息表，帮助大家了解数据源表格的制作方法，制作过程中要注意字段安排时的逻辑顺序，然后在该表格基础上快速完成员工生日统计表的制作。制作过程中主要涉及公式函数、数据验证、套用表格格式、定义名称等功能的使用。

6.1 任务目标

小胡是某中型公司人力资源部的人事专员，负责公司所有职工的人事档案管理和相关的福利准备，但是公司没有配备 ERP，他需要通过 WPS 表格来完成这些工作，希望达到以下的目标：

记录、完善和更新每位员工的入职基本信息，以便改善人力资源结构；收集每个员工的照片，能对应上姓名；对离职员工进行调查，收集离职原因，以便完善相关规定；统计每月过生日的员工信息，提供相应的生日福利。本案例最终完成的员工信息表及员工生日统计如图 6-1 和图 6-2 所示。实例最终效果见"结果文件\第 6 章\员工信息表.et"文件。

本案例涉及如下知识点：

- 套用表格格式与智能表格的应用
- 将数据列表定义为智能表格
- 插入、移动、复制、重命名、隐藏工作表
- 定义名称及在公式中引用名称
- 通过数据验证、下拉列表限定输入范围、文本长度
- 二级下拉列表的设计
- 从身份证号获取员工的基本信息
- 保护工作表中的基础数据

序号	员工编号	姓名	部门	岗位	身份证号码	出生日期	出生月	性别	学历	入职时间	转正时间	离职时间	离职原因	照片	辅助列
1	HCH001	毛展盛	总经办	总经理	123456198307262210	1983/7/26	7月	男	本科	2010/3/29	2010/6/29				305231
2	HCH002	陈妤熙	总经办	销售副总	123456199505020021	1995/5/2	5月	女	研究生	2010/3/29	2010/6/29				348211
3	HCH003	范玫媛	行政部	清洁工	123456198302055008	1983/2/5	2月	女	高中	2010/5/17	2010/8/17				303521
4	HCH004	田君郦	行政部	行政专员	123456198012026001	1980/12/2	12月	女	中专	2011/5/30	2011/8/30				295571
5	HCH005	韩聆韵	财务部	总账会计	123456198204288009	1982/4/28	4月	女	专科	2011/6/21	2011/9/21				300691
6	HCH006	魏熙	仓储部	调度员	123456197504262127	1975/4/26	4月	女	专科	2011/7/3	2011/10/3				275101
7	HCH007	万梓妍	人力资源部	人事助理	123456198012082847	1980/12/8	高职	女	专科	2012/2/26	2012/5/26	2013/9/30	工作压力大		295631
8	HCH008	徐知彰	生产部	技术人员	123456197207169113	1972/7/16	7月	男	专科	2012/5/7	2012/8/7				264961
9	HCH009	傅彬泰	生产部	技术人员	123456198407232318	1984/7/23	7月	男	专科	2012/8/30	2012/11/30				308861

图 6-1 制作完成的员工信息表

月份	生日人数	两表核对
1月	6	
2月	7	
3月	9	
4月	5	
5月	7	
6月	6	
7月	16	✓
8月	5	
9月	3	
10月	9	
11月	10	
12月	10	
合计	93	

××公司2023年7月员工生日明细表

★共16人生日★

序号	职工编号	姓名	部门	岗位	性别	出生日期	年龄	辅助列
1	HCH008	徐知彰	生产部	技术人员	男	1972/7/16	51	264961
2	HCH021	曹弘翔	销售部	销售经理	男	1972/7/16	51	264962
3	HCH022	邱芸玥	行政部	清洁工	女	1981/7/1	42	297681
4	HCH084	任依拓	生产部	技术人员	男	1983/7/8	40	305051
5	HCH001	毛展盛	总经办	总经理	男	1983/7/26	40	305231
6	HCH009	傅彬泰	生产部	技术人员	男	1984/7/23	39	308861
7	HCH061	贺志豪	销售部	销售代表	男	1986/7/24	37	316171
8	HCH077	崔圣澜	市场部	市场拓展员	男	1987/7/7	36	319651
9	HCH056	任卓耀	财务部	成本会计	男	1987/7/23	36	319811
10	HCH041	梁彬宇	人力资源部	培训专员	男	1988/7/6	35	323301
11	HCH094	夏菁莉	市场部	市场策划员	女	1988/7/11	35	323391
12	HCH057	杨江潮	销售部	销售代表	男	1988/7/15	35	323391
13	HCH054	郝科澎	市场部	促销推广员	男	1988/7/17	35	323411
14	HCH059	吴尚林	市场部	市场拓展员	男	1989/7/13	34	327021
15	HCH067	康远达	销售部	销售代表	男	1989/7/24	34	327131
16	HCH095	程文峻	销售部	销售代表	男	1990/7/24	33	330781
17								

图 6-2 制作完成的员工生日统计表

6.2 相关知识

下面的知识与本案例或同类型案例密切相关,有助于更好地制作和管理工作表。

6.2.1 借助错误指示器修改表格数据

在 WPS 表格中输入数据时,有时会看到在单元格左上角显示了一个绿色三角形标识,如图 6-3 所示。当选定包含该标识的单元格,单元格旁边将出现带圈感叹号标识,即【错误指示器】下拉按钮,单击该下拉按钮,在弹出的下拉列表中就显示了出错原因提示信息及可操作指引,如图 6-4 所示。例如,图上提示这里的错误是因为包含了空字符串,但是人眼很难分辨哪里包含了空字符串,而选择【清空前后空字符串】选项即可快速删除单元格中内容首尾的空字符串,同时被选择的 F3 单元格中的绿色三角形标识也就消失了,如图 6-5 所示。

图 6-3　绿色三角形标识　　　　　　　　图 6-4　【错误指示器】显示出错信息

如果不处理这里的空字符串,会有什么后果呢? 假设我们在设置数据验证条件时引用了这个单元格中的数据,后期在为设置了数据验证条件的单元格手动输入数据时,表面上看输入的内容相同,单元格的左上角还是显示一个绿色三角形标识,如图 6-6 所示。这种错误其实是很难发现的,修改起来也很麻烦。现在只要用好 WPS 表格提供的"后台错误检查"功能,出现绿色三角形标识时就马上检查一下是否数据错误或者查看出错提示,及时改正就好。

图 6-5　根据提示修改内容后的效果　　　　图 6-6　数据错误及【错误指示器】提示

除了前面介绍的两种出错提示外,WPS 表格提供的"后台错误检查"功能还可以对多种规则进行检查,错误检查规则及其含义如表 6-1 所示。

表 6-1　后台错误检查规则及其含义

后台错误检查规则	含　义
计算出错误值	公式未使用规定的语法、参数或数据类型,因而生成了错误值
数字以文本形式存储	单元格包含以文本表示法存储的数字,从其他源导入数据时,通常会存在这种现象,存储为文本的数字可能会导致意外的结果

续表

后台错误检查规则	含义
包含以两位数表示的年份的单元格	单元格包含采用文本格式但没有使用四位数年份的日期,这种两位数年份的日期可能被理解为错误的世纪。例如,公式" = YEAR(" 20/1/31")"中的日期可能是 1920 年或 2020 年
与区域中的其他公式不一致的公式	不一致的公式指的是,当相邻单元格中的公式都相互匹配时,与各个相邻单元格中的公式都不匹配的公式。例如,如果单元格 A1、A3 中的公式分别为" = B1"" = B3",即 A1 和 A3 都引用了它们右侧列的单元格,但单元格 A2 中的公式不是" = B2"而是" = C2",则称 A2 与它们不一致
遗漏了区域中的单元格的公式	引用了某个区域中的大多数(而非全部)数据的公式被标记为遗漏了区域中的单元格的公式。例如,如果单元格区域 A1:A100 中有数据,则公式包含引用" = SUM(A1:A98)",则此操作将发生
包含公式的未锁定单元格	单元格包含公式,且即使锁定了工作表,此单元格已解除锁定并可编辑。默认情况下,所有单元格均为锁定保护状态
引用空单元格的公式	公式包含对空单元格的引用,这可能导致意外的结果
单元格中的内容与数据有效性不符	单元格中的数据不符合数据有效性验证的设定条件
单元格内容前后有空字符串	单元格内容前后的空字符串通常不易被发现,这可能导致意外的结果

用户可以自定义"后台错误检查"功能的检查规则范畴,❶ 在【文件】菜单中选择【选项】命令,❷ 打开【选项】对话框,单击【错误检查】选项卡,❸ 在【设置】区域中默认选中【允许后台错误检查】复选框,❹ 在【规则】区域中按需选中或取消选中不同的错误检查规则所对应的复选框,❺ 单击【确定】按钮即可结束设置,如图 6-7 所示。

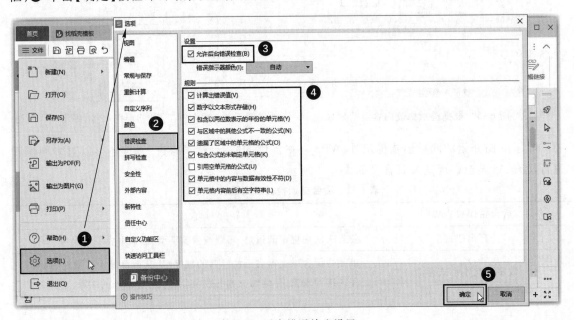

图 6-7　后台错误检查设置

6.2.2 基础数据最好创建为数据列表

要想在不大量掌握菜单命令、各种炫酷制表技能、死记硬背多种函数用法、研究高深 VBA 编程的情况下玩转 WPS 表格，就必须牢记"两表"概念。

根据制表的目的，可以将日常使用的表格分为数据源表和结果汇总表两大类。数据源表也就是这里要介绍的数据列表，它是根据 WPS 表格软件设计的底层逻辑来创建的表格，因为是根据规则创建的规范表格，所以在后期通过排序、筛选、分类汇总等数据工具对数据源表中的内容进行加工，就可以自行编制成分析用的工作底稿，进而创建出结果汇总表了。而平时看到的大部分表格都属于结果汇总表。

下面着重对数据源表进行介绍。其实，WPS 表格的最主要作用是按需创建数据列表来存储和管理各种数据，如客户名单、进销存表、资产清单等。"数据列表"是由多行多列数据构成的有组织的信息集合。

如图 6-8 所示，数据列表中的列又称为"字段"，字段标题组成的首行称为"表头"，表头以下的数据行称为"记录"。

	A	B	C	D	E	F	G	H	I
1	姓名	工号	常驻地	性别	入职日期	月工资	绩效系数	年终奖金	
2	诸葛亮	A003423	上海	男	2015/01/09	15,800	1.10	52,140	
3	蔡文姬	A000188	北京	女	2017/04/16	12,400	1.50	55,800	
4	赵云	A006511	深圳	男	2017/03/27	12,000	0.90	32,400	
5	马超	A002151	广州	男	2018/12/31	9,000	1.40	37,800	
6	周瑜	A004008	广州	男	2019/07/19	14,800	0.80	35,520	
7	姜维	A009882	上海	男	2015/05/16	14,600	0.50	21,900	
8	关羽	A001297	深圳	男	2017/09/26	15,200	1.50	68,400	
9	黄月英	A007210	广州	女	2020/08/08	8,800	1.00	26,400	
10	孙尚香	A000773	北京	女	2020/04/29	14,800	1.10	48,840	

图 6-8　数据列表实例

为了保证后期能够正确有效地进行数据分析与处理，数据列表应当按照一定的规范来组织：

● 数据列表一般是一个矩形区域，与周围的非数据列表内容之间应以空白行列分隔，一个完整的数据列表内部应当没有空白的行或列。

● 数据列表的首行应是字段标题且标题唯一，字段标题用以描述对应列的内容。WPS 表格可以使用这些标题来查找和组织数据并创建报表。

● 每列必须包含同类信息且数据类型必须相同。建议预先按照字段属性为每列设置好相应的数字格式，以便输入的数据能够以正确格式存储和显示。

● 数据列表中的单元格不能进行合并，标题行单元格只能有一行。

在创建数据列表时，用户可以在数据列表内直接输入数据，也可以使用"记录单"功能以数据表单对话框的形式快速录入、查找或删除数据。只要❶单击【数据】选项卡中的【记录单】按钮，❷打开如图 6-9 所示的对话框，单击【新建】按钮可以进入表单输入状态，分别向各文本框中输入相关信息，过程中可以按【Tab】键在文本框之间依次切换。一条数据记录输入完毕后，按【Enter】键或单击【新建】按钮，即可将新记录保存到数据列表中。最后一条新纪录输入完毕后单击【关闭】按钮，即可将新记录保存到数据列表中，并关闭【记录单】对话框。

如果在记录单对话框中单击【条件】按钮，则会从"表单输入"状态切换到"条件查询"状态，输入查询条件后单击【上一条】/【下一条】按钮即可依次显示符合条件的记录。

若要删除记录,在对话框内单击【清除】按钮,即可删除当前显示的记录。

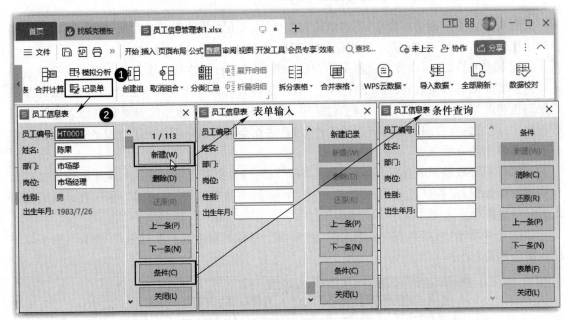

图 6-9　使用记录单

≫≫ 6.2.3　一键就可以让表格更智能

普通的数据列表实际上是一种数据清单,WPS 表格中还提供了"智能表格"。因为数据源表格中的数据随时可能添加或更新,所以创建为智能表格会更合理。

智能表格可以理解为具有各种附加属性和增强功能的数据列表,智能表格可以自动扩展数据区域,可以很方便地对数据表中的数据进行排序、筛选和设置格式,并且无须输入任何公式即可自动求和、计数、求平均值等,极大地方便了数据组织、管理和分析操作。

(1) 排序、筛选数据: 智能表格整合了排序和筛选功能。如果智能表格中包含了标题行,则可以通过字段标题单元格的下拉按钮对智能表格中的数据进行筛选和排序,如图 6-10 所示。此外,还可以在智能表格中插入切片器来筛选数据。❶ 选择智能表格区域中的任意单元格,❷ 单击【表格工具】选项卡中的【插入切片器】按钮,❸ 在打开的【插入切片器】对话框中选中需要筛选的字段名称对应的复选框,如图 6-11 所示。❹ 单击【确定】按钮,即可插入对应的切片器,在切片器中通过选择规格型号中的数据即可制定筛选条件,如图 6-12 所示为筛选 43~45 码长筒雨靴的效果。

(2) 自动统计汇总: 智能表格具有自动统计汇总特性,无须输入任何公式即可自动求和、计数、求平均值等。选择智能表格区域中的任意单元格,单击【表格工具】选项卡中的【汇总行】复选框,即可在表末尾自动增加一个"汇总"行,用于显示每列的汇总,如图 6-13 所示。默认使用的汇总函数为 SUBTOTAL(第一参数为 109,表示求和)。选择每列汇总行数据单元格,会显示出一个下拉按钮,单击该按钮可以在弹出的下拉列表中按需更改汇总方式(如计数、求和、平均值等)。

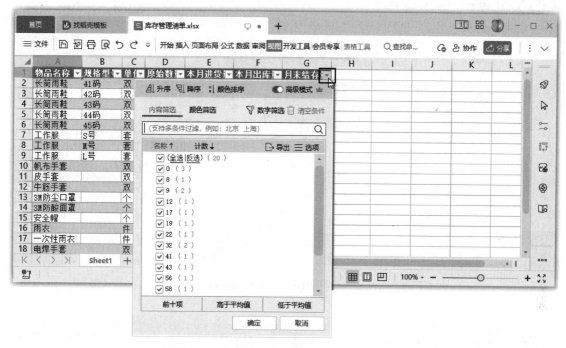

图 6-10 在筛选下拉列表中排序和筛选数据

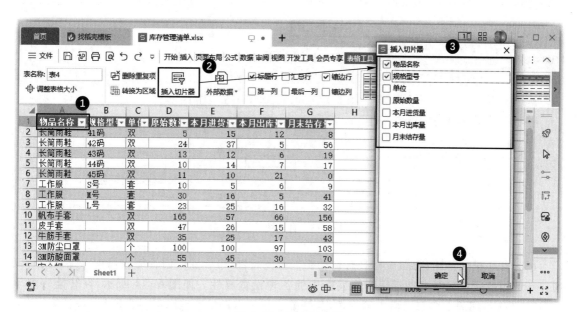

图 6-11 插入切片器

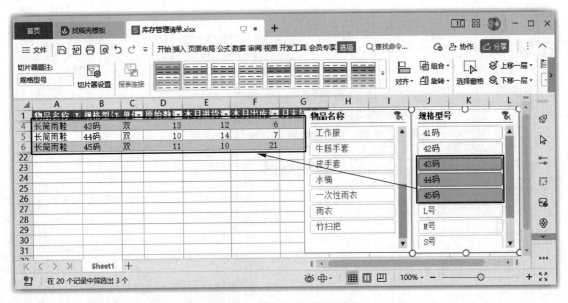

图 6-12　使用切片器筛选数据

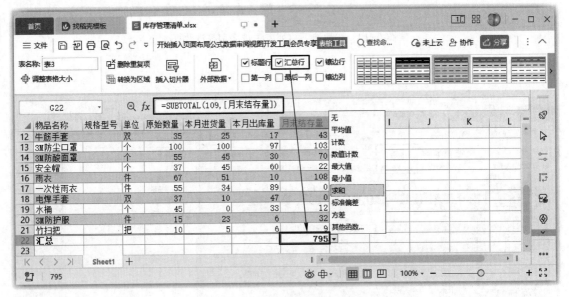

图 6-13　自动统计汇总

（3）自动扩展范围：智能表格具有自动扩展范围特性，可以随时向智能表格中添加新的行或列。新增加的行或列会自动延用智能表格中的各种设置属性。如图 6-14 所示，在智能表格下方（或右侧）相邻的空白单元格中输入数据，智能表格将自动扩展范围以包含该行（或该列）。另外，在智能表格最后一个单元格的右下角有一个类似直角符号的数据标识，将鼠标光标移动到该标识处，当光标变为双向箭头形状时按住鼠标左键并向下或向右拖动可以手动增加智能表格的行或列。

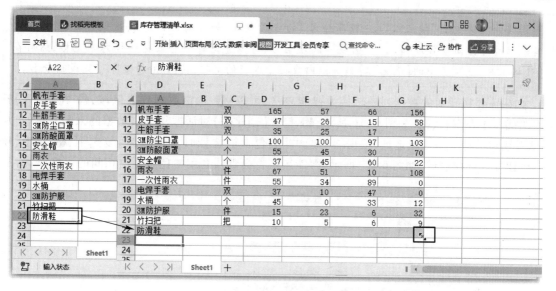

图 6-14　扩展智能表格的范围

温馨提示：如果智能表格中已有汇总行，在添加新行之前请先取消显示汇总行。

（4）定义动态名称：若要定义一个包含动态区域的名称，最常用的方法是利用 OFFSET 函数+COUNTA 函数，如 OFFSET（Sheet1!$A$1,0,0,COUNTA（Sheet1!$A:$A），COUNTA（Sheet1!$1:$1））。实际上，创建智能表格的同时便自动定义了"表名称"，单击【公式】选项卡中的【名称管理器】按钮，在打开的【名称管理器】对话框中就可以看到，如图 6-15 所示。因为智能表格在添加行或列数据时有自动扩展范围的特性，所以相对应的表名称的引用区域也将随之动态拓展。假如使用"表名称"创建了数据透视表或图表，就可以动态抓取数据源，智能表格中新增的数据行会自动添加到数据透视表的数据源中，直接"刷新"透视数据即可，不需要再"更改数据源"了。

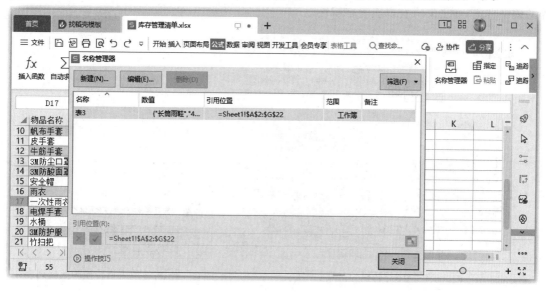

图 6-15　动态创建表名称

> **温馨提示**："表名称"默认以"表+数字序号"的方式命名,如当前工作簿中第一个创建的表格,其表名称将自动命名为"表1"。若要修改表名称,可以先选择智能表格的任意单元格,然后在【表格工具】选项卡中的【表名称】编辑框内直接输入新的名称,按【Enter】键即可完成重命名。

如果需要将普通的数据列表转换为智能表格,可以:❶ 选定数据列表区域,❷ 在【插入】选项卡中单击【表格】按钮,如图 6-16 所示,❸ 打开【创建表】对话框,在【表数据的来源】参数框中确认要引用的单元格区域地址,根据需要选中【表包含标题】和【筛选按钮】复选框,❹ 单击【确定】按钮即可创建完成,如图 6-17 所示,智能表格将会默认套用中色系蓝白相间的表格样式。

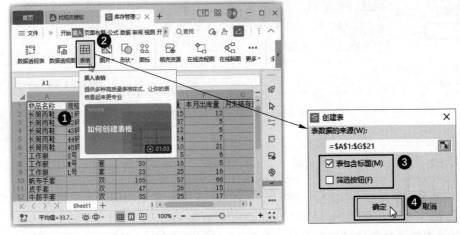

图 6-16　单击【表格】按钮　　　　　　　　图 6-17　数据列表转换为智能表格

如果要将智能表格转换为普通的数据列表,可以:❶ 选定智能表格区域中的任意单元格,❷ 在【表格工具】选项卡中单击【转换为区域】按钮,如图 6-18 所示,❸ 打开提示对话框,单击【确定】按钮,如图 6-19 所示,即可将智能表格转化为普通的单元格区域,只保留所有数据和纯粹的表格样式,而丢失所有智能表格特性。

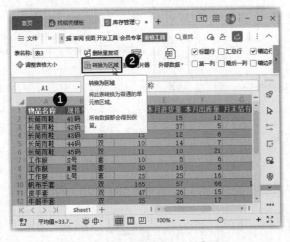

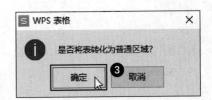

图 6-18　单击【转换为区域】按钮　　　　　图 6-19　将智能表格转换为数据列表

≫≫ 6.2.4　套用表格样式

套用表格样式时有两种方式,可以分别将选择的区域创建为数据列表和智能表格。❶ 单击【开始】选项卡中的【表格样式】按钮,❷ 在弹出的下拉列表中提供了多种表格样式,可以预览到套用后的效果,用户根据需要选择即可,如图 6-20 所示。

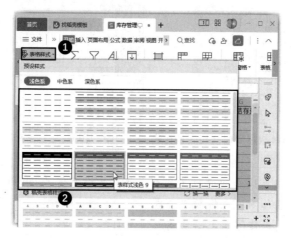

图 6-20　选择表格样式

此后会打开【套用表格样式】对话框,在这里就可以设置套用表格样式的方式了。如果只是纯粹想为选择的区域套用表格样式进行美化,可以选中【仅套用表格样式】单选按钮,如图 6-21 所示,这样就能在套用表格样式快速美化数据列表的同时保留普通单元格区域的属性。例如,在表格区域的下一行单元格输入数据,就不会延用前面设置的表格样式,如图 6-22 所示。

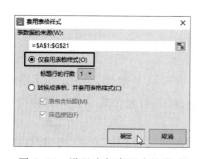

图 6-21　设置为仅套用表格样式

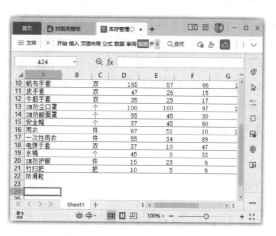

图 6-22　查看添加数据效果

套用表格样式时,如果在【套用表格样式】对话框中选中【转换成表格,并套用表格样式】单选按钮(下方的两个复选框作用与前面介绍的【创建表】对话框中创建智能表格的设置参数相同),如图 6-23 所示,则会将所选区域转换成智能表格。从图 6-24 可以看到,在表格区域的下一行单元格输入数据,会自动延用前面设置的表格样式。

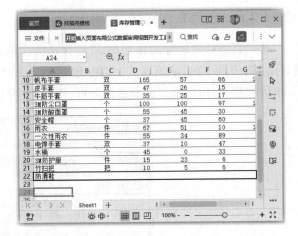

图 6-23　设置为转换成智能表格同时套用表格样式　　　　图 6-24　查看添加数据效果

温馨提示：尽管智能表格相比普通的数据列表在某些方面有优势，但仍然有一些限制：

- 智能表格不能包含多单元格数组公式。
- 包含智能表格的工作簿将无法创建或使用自定义视图。
- 智能表格不能应用合并单元格、快速填充、分级显示和分类汇总功能。
- 智能表格中如果包含了汇总行，则诸如数据有效性等很多功能也将置灰不可用。
- 包含智能表格的工作簿将无法共享，反之在共享工作簿中也无法创建智能表格。

　　套用表格样式后，如果对表格样式不满意，还可以在【表格工具】选项卡中进一步设置表格效果，或套用其他更合适的表格样式。

技能拓展：如果预先已经为某些单元格单独设置了某种单元格格式（如数值保留两位小数、字体颜色标红、单元格底纹标黄等），套用表格样式时将保留这些手工设置。若希望在套用表格样式的同时清除这些原始格式，则应在表格样式列表中要使用的样式上单击鼠标右键，在弹出的快捷菜单中选择【应用并清除格式】命令。

▶▶▶ 6.2.5　定义名称

　　"名称"可以理解为工作簿中指定内容的标识符，该内容可以是常量、公式、单元格或区域等。为单元格或区域定义名称，可以帮助快速定位到目标地址，并可在公式中使用名称替代单元格引用。

　　名称大多数是由用户预先自定义的，也有部分名称是在用户创建智能表格、设置打印区域或使用高级筛选等操作时自动产生的（例如"表 1""Print_Area""Criteria"等）。

　　名称可以被其他名称或公式调用，其常用于简化输入，例如将复杂公式中重复出现的相同公式段定义为名称后，就可以通过模块化的调用使原本冗长的公式变得简洁。此外，名称还可以解决数据验证和条件格式中无法直接使用常量数组、工作表单元格中无法直接调用宏表函数等问题，或者为高级图表或数据透视表设置动态的数据源。

　　名称的命名原则是应有具体含义并且简短易记，否则就违背了定义名称的初衷。同时，名称

的命名还需要遵循以下规则:

- 名称在其应用范围内必须具有唯一性,不可重复。
- 名称必须以"字母"(Unicode 定义的字母也包括了汉字)、下画线"_"、反斜杠"\"开头,之后可以是字母、数字、句点"."、下画线"_"和反斜杠"\"的任意组合。注意,不能以纯数字命名(如 666 等),以数字开头时需在前面加下画线(如 _1Total)。名称中允许使用问号"?"但不能作为名称的开头(如可以用"Name?"但不可以用"? Name")。
- 名称不能包含空格。若要使用分隔符号,可选用下画线或点号来代替空格(如 Net_Profit 或 Net.Profit)。
- 名称不能与单元格地址相同(如 Q3、May18、TAX2020 等)。注意,句点"."有时也被识别为区域运算符,因此形如 A1.B2 的名称是无效的,因为其与 A1:B2 意义相同。
- 名称中的字母不区分大小写(Net_Profit 和 net_profit 表示同一个名称),以最先定义时确定的名称进行存储,但在公式中使用时,任意大小写组合都表示相同的名称。
- 名称不能超过 255 个字符,可以使用单个字母作为名称,但不允许以 R、C、r、c 单个字母作为名称,因为这些字母在 R1C1 引用样式中表示工作表的行和列。
- 创建名称时应避免覆盖 WPS 表格内部名称,例如设置打印区域或使用高级筛选等操作时自动创建的 Print_Area、Criteria 等名称。

在 WPS 表格中定义名称有 3 种方法:

(1)在名称框中快速定义名称:❶ 选择需要命名的单元格区域后,❷ 在名称框中输入自定义名称,按【Enter】键确认即可,如图 6-25 所示。

(2)根据所选内容指定名称:❶ 选择包含标题行或标题列的待命名单元格区域,❷ 在【公式】选项卡中单击【指定】按钮,❸ 打开【指定名称】对话框,根据标题所在位置选中【首行】【最左列】【末行】【最右列】复选框,❹ 单击【确定】按钮,如图 6-26 所示,则可将所选区域的标题行中各字段标题分别定义对应字段列的名称。

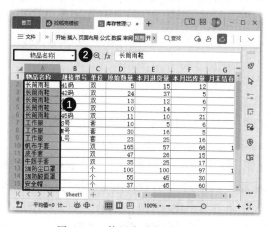

图 6-25　使用名称框定义名称

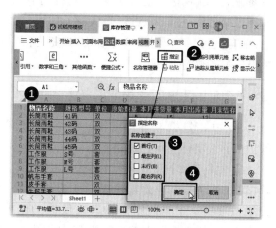

图 6-26　根据所选内容指定名称

(3)在名称管理器中新建名称:❶ 在【公式】选项卡中单击【名称管理器】按钮,如图 6-27 所示,❷ 打开【名称管理器】对话框,单击【新建】按钮,❸ 在打开的【新建名称】对话框的【名称】文本框中输入要命名的名称,在【范围】按钮下拉框中设定名称的适用范围,可以指定该名称只在某个工作表或是在整个工作簿中生效。在【备注】文本框中可以添加最多 255 个字符的注释,用以说明该名称的用途。在【引用位置】参数框中输入公式或单击右侧折叠按钮后鼠标框选所引用的单元格区域。❹ 单击【确定】按钮完成命名,如图 6-28 所示。

> **温馨提示:**使用名称框创建名称虽然方便,但只适用于为当前选定区域命名,并且名称框中无法修改名称的引用范围。使用"指定名称"功能可以按区域中的行或列标题批量生成名称。通过【名称管理器】对话框可以很方便地增、删、改、查工作簿中使用的名称。使用【名称管理器】对话框时,会发现【引用位置】栏中的内容是以等号"="开头的公式。事实上,名称就是一种特殊的"命名公式",与普通公式不同的是,命名公式不存在于单元格中,而存在于WPS 表格的内存中。

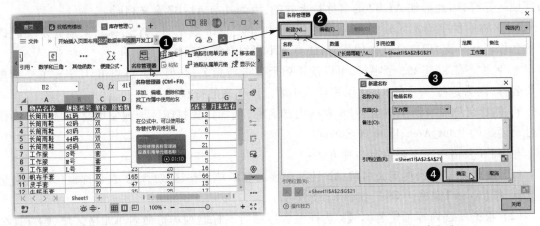

图 6-27　打开【名称管理器】对话框　　　　　图 6-28　新建名称

　　完成名称的定义后,如果需在公式中调用已定义的名称,可以直接手动输入,在输入过程中只要输入要调用名称的开头字符,将得到自动匹配的名称推荐列表,按上下方向键从推荐列表中选择目标名称,按【Enter】键确认输入即可。如果忘记了要使用的名称,也可以在编辑公式过程中,单击【公式】选项卡中的【粘贴】按钮,打开【粘贴名称】对话框,从列表中选择要调用的名称,单击【确定】按钮即可。

⫸⫸⫸ **6.2.6　保护工作表**

　　"保护工作表"功能可以通过密码对锁定单元格进行保护,以防止工作表中的数据被更改。保护工作表实际上保护的是工作表中的单元格,针对该工作表的操作不受影响。

　　❶ 在【审阅】选项卡中单击【保护工作表】按钮,❷ 打开【保护工作表】对话框,设置密码(可选),在【允许此工作表的所有用户进行】列表区域中提供了很多权限设置选项,这些权限选项决定了当前工作表进入保护工作表状态后允许进行哪些操作,各选项具体作用介绍如表 6-2 所示。按需设置密码和权限即可,❸ 单击【确定】按钮,❹ 如果设置了密码则会打开【确认密码】对话框,再次输入设置的密码,单击【确定】按钮即可完成保护工作表的操作,如图 6-29 所示。

表 6-2　【保护工作表】对话框中的权限选项

选项	含义
选定锁定单元格	使用鼠标或键盘选定设置为锁定状态的单元格
选定未锁定单元格	使用鼠标或键盘选定取消了锁定状态的单元格
设置单元格格式	设置单元格的格式（无论单元格是否锁定）
设置列格式	设置列宽或隐藏列
设置行格式	设置行高或隐藏行
插入列	插入列
插入行	插入行
插入超链接	插入超链接（无论单元格是否锁定）
删除列	删除列（该列中不能有锁定单元格）
删除行	删除行（该行中不能有锁定单元格）
排序	对选定区域进行排序（该区域中不能有锁定单元格）
使用自动筛选	使用现有的自动筛选，但不允许关闭现有的自动筛选或创建新的自动筛选
使用数据透视表	创建或修改数据透视表
编辑对象	修改图表、图形、图片，插入或删除批注

图 6-29　保护工作表

保护工作表时，通常需要结合设置单元格的"锁定"和"隐藏"属性，以便起到禁止在区域内编辑数据，或者隐藏区域内的数据的作用。

若要隐藏单元格中的显示内容，如只显示公式结果而隐藏公式表达式，可以打开【单元格格式】对话框，在【保护】选项卡中选中【隐藏】复选框，则在保护工作表状态下，将只显示单元格中的表现内容，而不显示编辑栏中的真实数据，如图 6-30 所示。若要取消单元格内容隐藏状态，在【审阅】选项卡中单击【撤销保护工作表】按钮，撤销对工作表的保护即可。

默认情况下，工作表中所有的单元格都处于"锁定"状态。在保护工作表状态下，设置为锁定状态的单元格将禁止编辑，而未锁定的单元格则仍然可以编辑。若要实现在工作表中仅对特定区

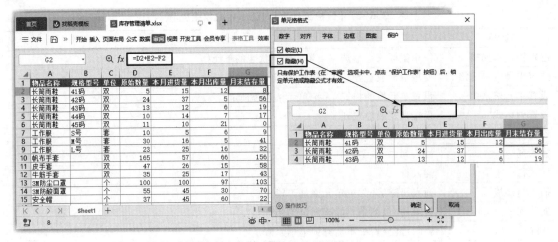

图 6-30　隐藏单元格内容

域禁止编辑（如所有包含公式的单元格），而其他区域允许正常编辑的效果，首先需要取消全部单元格的锁定状态，然后对特定区域（禁止编辑的区域）进行锁定，最后保护工作表设置完成后，工作表中所有包含公式的单元格将拒绝修改，而其他区域不受影响。对单元格设置"锁定"或"取消锁定"状态，可以在【审阅】选项卡中单击【锁定单元格】按钮，当该按钮处于高亮显示状态时表示锁定，也可以在【单元格格式】对话框的【保护】选项卡中选中或取消选中【锁定】复选框来实现。

　　此外，保护工作表功能默认作用于整张工作表且只能设置唯一密码，若要对工作表中不同的区域分别设置独立的密码或权限，可以：❶ 在【审阅】选项卡中单击【允许用户编辑区域】按钮，❷ 打开【允许用户编辑区域】对话框，单击【新建】按钮，❸ 打开【新区域】对话框，输入标题和引用范围，并输入区域密码，❹ 单击【确定】按钮，❺ 在打开的对话框中重复输入密码后，返回【允许用户编辑区域】对话框，所设置的区域将出现在【工作表受保护时使用密码取消锁定的区域】列表中。重复步骤，即可创建更多个使用不同密码访问的区域，如图 6-31 所示。最后开启工作表保护，则只有正确输入对应的密码才能在指定的区域内进行编辑操作。

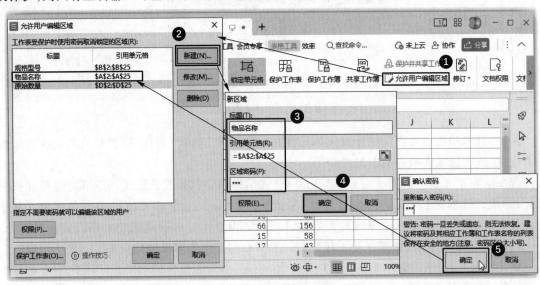

图 6-31　限定编辑区域

6.3 任务实施

本案例实施的基本流程如下所示。

6.3.1 创建表格框架

制作公司员工信息表首先要思考需要收集的数据,并要全面考虑其他工作环节中对员工信息的需要,而且获取的数据越多越好,以便为后续其他管理表格提供基础数据。在收集整理员工信息的过程中就可以创建表格的框架了。

步骤1:新建工作簿并修改工作表名称。 ❶ 新建一个空白工作簿,并以"员工信息表"为名进行保存,❷ 双击Sheet1工作表标签,使其处于可编辑状态,如图6-32所示。

步骤2:输入表头字段名称。 ❶ 输入"员工信息",即可将工作表名称更改为"员工信息",❷ 在第一行中输入表头字段名称,❸ 在列标间隔线上拖动鼠标调整对应列的宽度到合适,如图6-33所示。

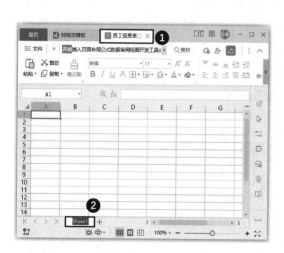

图6-32　新建工作簿并修改工作表名称

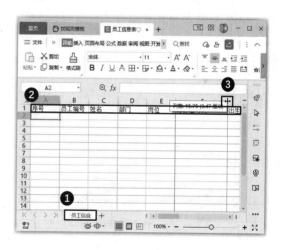

图6-33　输入表头字段名称

6.3.2 管理常用名称

为了规范管理员工基本信息,也为了后续使用这些数据更便捷,在创建表格时需要为一些经常使用的数据序列设置数据验证,因此可以提前创建存放序列的表格,以便进行调用。

步骤1:新建工作表并调整其位置。 ❶ 单击工作表名称标签右侧的【新建工作表】按钮,新建一个工作表,❷ 将新建的工作表重命名为"序列",❸ 选择【序列】工作表标签,并按住鼠标左键将其拖动到【员工信息】工作表标签之前,如图6-34所示。

步骤 2：输入表格中需要用到的序列数据。 ❶ 根据创建的员工信息表框架,对其中需要设置数据验证的字段列思考规划需要在【序列】工作表中罗列的序列数据。然后在 A2:H2 单元格区域输入部门名称,❷ 在每个字段下面的区域中输入对应部门的岗位名称,❸ 合并 A1:H1 单元格区域,并在其中输入标题以便提醒该表格的作用,完成后的效果如图 6-35 所示。

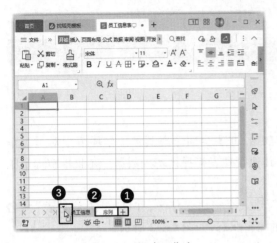

图 6-34　新建工作表

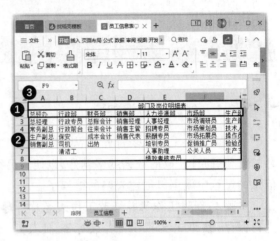

图 6-35　输入序列数据

　　步骤 3：套用表格样式。 ❶ 选择 A2:H8 单元格区域,❷ 单击【开始】选项卡中的【表格样式】按钮,❸ 在弹出的下拉列表中选择一种表格样式,如图 6-36 所示。

　　步骤 4：确定样式套用方式。 打开【套用表格样式】对话框,❶ 根据需要选择套用表格的方式,这里选中【仅套用表格样式】单选按钮,❷ 在【标题行的行数】下拉列表框中根据所选区域中标题行的行数选择,这里选择【1】,❸ 单击【确定】按钮,如图 6-37 所示。

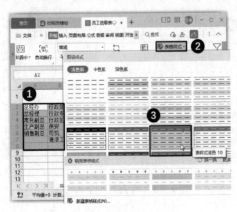

图 6-36　套用表格样式

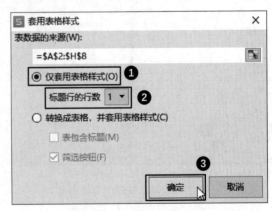

图 6-37　确定样式套用方式

　　步骤 5：设置表格格式。 ❶ 选择 A2:H2 单元格区域,❷ 在【开始】选项卡中设置字体格式为"宋体,11 号,加粗,白色",❸ 单击【水平居中】按钮,❹ 在行号标签处拖动鼠标将该行单元格的高度调整到合适,如图 6-38 所示。

　　步骤 6：选择边框颜色。 ❶ 单击【开始】选项卡中的【绘图边框】下拉按钮 ,❷ 在弹出的下拉菜单中选择【线条颜色】命令,❸ 在弹出的下级子菜单中选择【巧克力黄,着色 2】命令,如图

6-39 所示。

图 6-38 设置表格格式

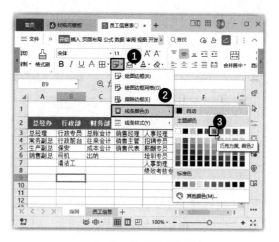

图 6-39 选择边框颜色

步骤 7：绘制边框。此时鼠标光标会变成 ✐ 形状，将其移动到需要添加边框的单元格线框上，单击即可添加对应的边框线，如图 6-40 所示。

步骤 8：选择【擦除边框】命令。❶ 使用相同的方法继续为其他单元格添加边框线，❷ 再次单击【绘图边框】下拉按钮 ⊞· ，❸ 在弹出的下拉菜单中选择【擦除边框】命令，如图 6-41 所示。

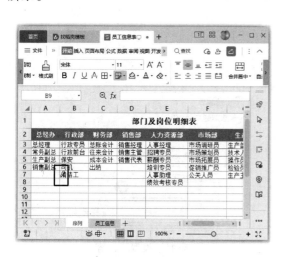

图 6-40 绘制边框

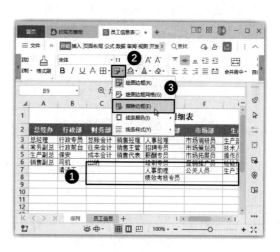

图 6-41 选择【擦除边框】命令

步骤 9：擦除边框。此时鼠标光标会变成 ✐ 形状，将其移动到需要擦除多余边框线的位置并单击即可擦除对应的边框线，如图 6-42 所示。

步骤 10：退出绘制边框状态。❶ 使用相同的方法继续擦除其他多余的单元格边框线，❷ 完成后单击【绘图边框】按钮或按【Esc】键退出绘制边框状态，如图 6-43 所示。

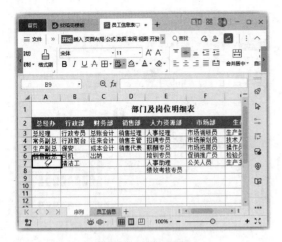

图 6-42　擦除边框

图 6-43　退出绘制边框状态

> **温馨提示：** 单击【开始】选项卡中的【绘图边框】按钮，可以在启动和退出绘制边框功能间切换。

步骤 11：单击【表格】按钮。 ❶ 选择 A2∶A6 单元格区域，❷ 单击【插入】选项卡中的【表格】按钮，如图 6-44 所示。

步骤 12：设置表内容。 打开【创建表】对话框，❶ 选中【表包含标题】复选框，❷ 单击【确定】按钮将所选区域转化为智能表格，如图 6-45 所示。

图 6-44　单击【表格】按钮

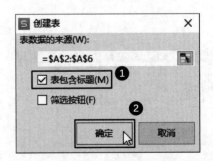

图 6-45　设置表内容

步骤 13：取消镶边行效果。 将选择的单元格区域创建为智能表格时，自动为隔行添加了底纹效果。在【表格工具】选项卡中取消选中【镶边行】复选框，如图 6-46 所示，即可取消镶边行效果。

步骤 14：将各部门岗位数据序列创建为智能表格。 使用相同的方法将后续各列创建为智能表格，并取消镶边行效果。

步骤 15：打开【名称管理器】对话框。 单击【公式】选项卡中的【名称管理器】按钮，如图 6-47 所示。

图 6-46 取消镶边行效果

图 6-47 打开【名称管理器】对话框

步骤 16：单击【新建】按钮。 打开【名称管理器】对话框，在其中可以看到前面创建的智能表格，系统已自动为智能表格区域定义的名称。单击【新建】按钮，如图 6-48 所示。

步骤 17：新建名称。 打开【新建名称】对话框，❶ 在【名称】文本框中输入"部门名称"，❷ 在【引用位置】参数框中通过引用获取 A2:H2 单元格区域的引用，❸ 单击【确定】按钮，如图 6-49 所示。

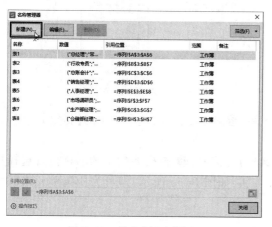

图 6-48 单击【新建】按钮

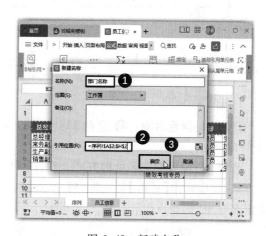

图 6-49 新建名称

步骤 18：单击【编辑】按钮。 由于系统创建的名称为"表 1""表 2"……，不方便记忆，可以进行修改。❶ 在返回的【名称管理器】对话框列表框中选择第一个需要修改名称的选项，❷ 单击【编辑】按钮，如图 6-50 所示。

步骤 19：编辑名称。 打开【编辑名称】对话框，❶ 根据该名称的引用位置判断要定义的名称，这里在【名称】文本框中输入"总经办"，❷ 单击【确定】按钮就完成了名称的修改，如图 6-51 所示。

步骤 20：编辑其他名称。 ❶ 使用相同的方法将其他名称修改为对应的部门名称，完成后的效果如图 6-52 所示，❷ 单击【关闭】按钮关闭对话框。

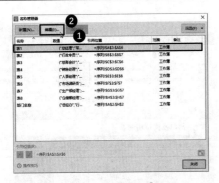

图 6-50　单击【编辑】按钮

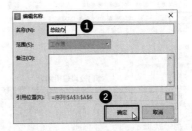

图 6-51　编辑名称

步骤 21：复制单元格格式。❶ 在 J 列输入离职原因，❷ 选择 H2 单元格，❸ 单击【开始】选项卡中的【格式刷】按钮，❹ 此时鼠标光标变为 ⊕⇩ 形状，将其移动到 J2 单元格上并单击，如图 6-53 所示，即可为 J2 单元格应用 H2 单元格的格式设置。

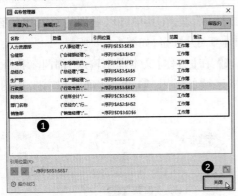

图 6-52　编辑其他名称

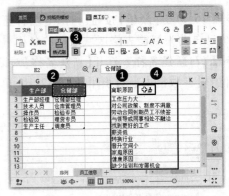

图 6-53　复制单元格格式

步骤 22：指定名称。❶ 选择 J2:J14 单元格区域，❷ 单击【公式】选项卡中的【指定】按钮，如图 6-54 所示。

步骤 23：设置指定名称的方式。打开【指定名称】对话框，❶ 根据要指定的名称位置选择指定方式，这里选中【首行】复选框，❷ 单击【确定】按钮，如图 6-55 所示，即可为所选单元格区域指定名称为"离职原因"。

图 6-54　指定名称

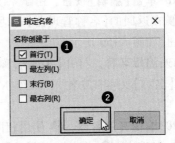

图 6-55　设置指定名称的方式

▶▶▶ 6.3.3 规范表格内容和输入条件

完成"序列"表格的制作后,就可以开始制作员工信息表了。提前套用表格样式、设置好数据验证条件和下拉列表,可以加快表格数据的输入和提高正确率。

步骤1:选择表格样式。❶ 选择【员工信息】工作表,选择可能要输入数据的单元格区域,这里选择 A1:N8 单元格区域,❷ 单击【开始】选项卡中的【表格样式】按钮,❸ 在弹出的下拉列表中选择一种表格样式,如图 6-56 所示。

步骤2:设置套用表格样式方式。打开【套用表格样式】对话框,❶ 选中【转换成表格,并套用表格样式】单选按钮,❷ 取消选中【筛选按钮】复选框,❸ 单击【确定】按钮,如图 6-57 所示。

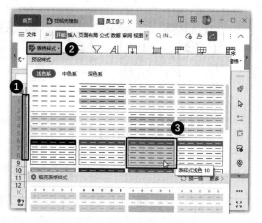

图 6-56 选择表格样式

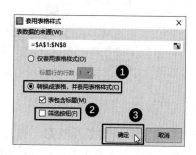

图 6-57 设置套用表格样式的方式

步骤3:设置对齐方式。返回工作表中,即可看到为该区域套用所选表格格式后的效果,保持单元格区域的选择状态,单击【开始】选项卡中的【水平居中】按钮,设置单元格中的内容水平方向居中对齐,如图 6-58 所示。

步骤4:设置部门列下拉列表。❶ 选择 D2:D8 单元格区域,❷ 单击【数据】选项卡中的【下拉列表】按钮,如图 6-59 所示。

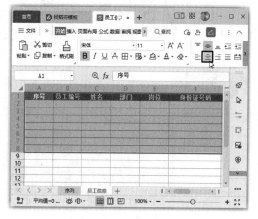

图 6-58 设置对齐方式

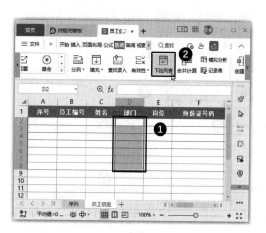

图 6-59 设置下拉列表

步骤 5：指定下拉列表选项。打开【插入下拉列表】对话框，❶ 选中【从单元格选择下拉选项】单选按钮，❷ 在下方的参数框中引用"序列"工作表中的 A2：H2 单元格区域，❸ 单击【确定】按钮，如图 6-60 所示。

步骤 6：设置身份证号码列数据验证条件。❶ 选择 F2：F8 单元格区域，❷ 单击【数据】选项卡中的【有效性】按钮，如图 6-61 所示。

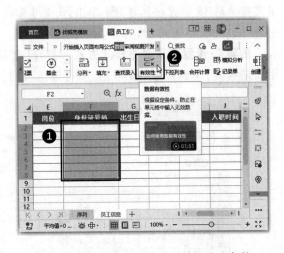

图 6-60　指定下拉列表选项　　　　　　　图 6-61　设置身份证号码列数据验证条件

步骤 7：设置数据有效性规则。打开【数据有效性】对话框，❶ 在【设置】选项卡的【允许】下拉列表框中选择【文本长度】选项，❷ 在【数据】下拉列表框中选择【等于】选项，❸ 在【数值】参数框中输入"18"，❹ 单击【确定】按钮，如图 6-62 所示。

步骤 8：设置学历列下拉列表。❶ 选择 I2：I8 单元格区域，❷ 单击【数据】选项卡中的【下拉列表】按钮，打开【插入下拉列表】对话框，选中【手动添加下拉选项】单选按钮，❸ 在下方的列表框中输入学历列允许输入的第一个选项，❹ 单击 ⊞ 按钮，如图 6-63 所示。

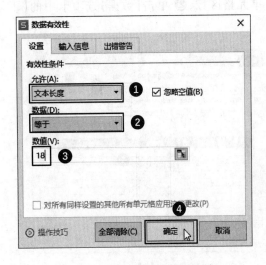

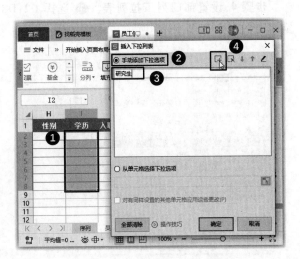

图 6-62　设置数据有效性规则　　　　　　　图 6-63　设置学历列下拉列表

步骤 9:输入下拉列表选项。❶ 在添加的文本框中输入学历列允许输入的第 2 个选项,❷ 使用相同的方法继续输入学历列允许输入的其他选项,❸ 单击【确定】按钮,如图 6-64 所示。

步骤 10:指定下拉列表选项。❶ 选择 M2:M8 单元格区域,❷ 单击【下拉列表】按钮,打开【插入下拉列表】对话框,❸ 选中【从单元格选择下拉选项】单选按钮,在下方的参数框中引用"序列"工作表中的 J3:J14 单元格区域,❹ 单击【确定】按钮,如图 6-65 所示。

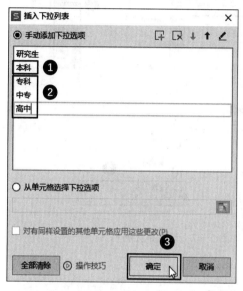

图 6-64　输入下拉列表选项

图 6-65　指定下拉列表选项

6.3.4 录入表格信息

表格框架基本上制作好了,接下来就可以模拟或者直接输入第一条信息,并在这个过程中不断完善表格的框架,以便后续能更好地使用该表格。

步骤 1:自动输入序号。在 A2 单元格中输入公式"=IF(B2="","",COUNTA(B$2:B2))",以便根据 B 列中是否输入数据来自行添加序号,如图 6-66 所示。

步骤 2:设置单元格格式。❶ 在 B2:D2 单元格区域中分别输入职工编号、姓名、部门,❷ 选择 F2:F8 单元格区域,❸ 在【开始】选项卡的【数字】下拉列表框中选择【文本】选项,如图 6-67 所示。

步骤 3:提取出生日期。❶ 在 F2 单元格中输入身份证号码,❷ 在 G2 单元格中输入公式"=DATE(MID(F2,7,4),MID(F2,11,2),MID(F2,13,2))",从身份证号码中提取出生日期,如图 6-68 所示。

步骤 4:判断性别。在 H2 单元格中输入公式"=IFERROR(IF(MOD(MID(F2,17,1),2),"男","女"),"")",根据身份证号码判断性别,如图 6-69 所示。

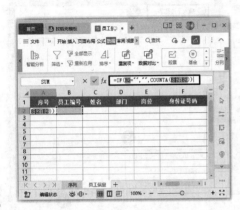

图 6-66　自动输入序号

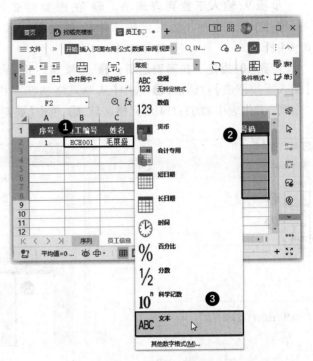

图 6-67　设置单元格格式

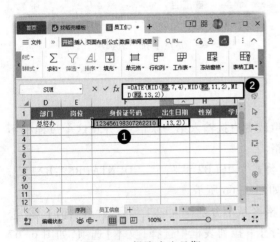

图 6-68　提取出生日期

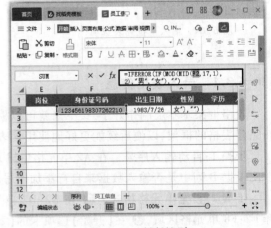

图 6-69　判断性别

步骤 5：设置日期格式。❶ 在 I2 单元格中输入学历，❷ 选择 J2：L8 单元格区域，❸ 在【开始】选项卡的下拉列表框中选择【短日期】选项，如图 6-70 所示。

步骤 6：输入员工信息。❶ 继续输入其他员工的信息（本例中当前共输入了 100 条员工信息），❷ 选择 A2 单元格，并双击其填充控制柄向下复制公式，返回对应的序号，如图 6-71 所示。

步骤 7：设置岗位列数据验证条件。❶ 选择 E2：E101 单元格区域，❷ 单击【数据】选项卡中的【有效性】按钮，如图 6-72 所示。

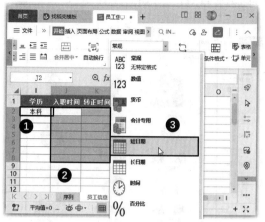
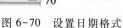

图 6-70 设置日期格式

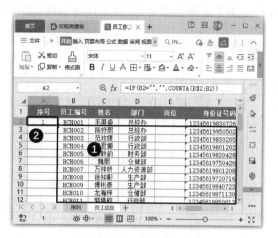

图 6-71 输入员工信息

步骤 8:设置数据有效性规则。打开【数据有效性】对话框,❶ 在【设置】选项卡的【允许】下拉列表框中选择【序列】选项,❷ 在【来源】参数框中输入"=INDIRECT(D2)",❸ 单击【确定】按钮,如图 6-73 所示。

> **温馨提示**:如果在 D 列中没有输入任何部门信息,直接为 E 列设置数据有效性为上述通过公式指定的序列,系统会弹出提示对话框,而且操作不能继续进行。INDIRECT 函数用于返回由文本字符串指定的引用,可以立即对引用进行计算,并显示其内容,其语法结构为:INDIRECT(ref_text,[a1])。参数 ref_text 表示对单元格的引用,参数[a1]为可选参数,是一个逻辑值,用于指定包含在单元格 ref_text 中的引用的类型。

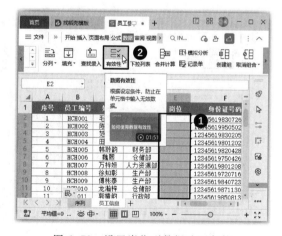

图 6-72 设置岗位列数据验证条件

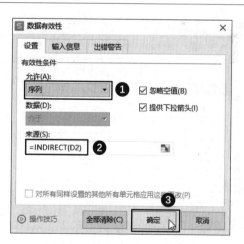

图 6-73 设置数据有效性规则

步骤 9:输入员工信息。❶ 选择 G2:H2 单元格区域,双击填充控制柄向下复制公式,返回各员工的出生日期和性别,❷ 在 J~M 列单元格中输入各员工的入职时间、转正时间,如果有离职也记录好离职时间和原因,完成后的效果如图 6-74 所示。

步骤 10:准备员工照片。在计算机 E 盘(或其他任一盘符)中新建一个文件夹,命名为"员工寸照",并将所有员工的寸照图片存放在其中,以员工的姓名进行命名保存好,如图 6-75 所示。（为了方便大家使用，该文件夹提供在"素材文件\第 6 章\员工寸照\"文件夹。）

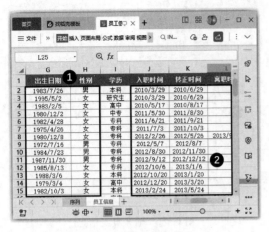

图 6-74　输入员工信息

图 6-75　准备员工照片

步骤 11：输入公式调用照片。在 N2 单元格中输入公式" ＝" <table><img src ＝ "" E:\员工寸照\" &C2& ".png" "width ＝ "" 150" " height ＝ "" 180" " >"，如图 6-76 所示。其中，"&C2&"是指"员工寸照"文件夹里包含 C2 单元格中字符的图片名称（注意公式中这里不能直接输入图片名称）。

步骤 12：复制公式。按【Enter】键后在 N2 单元格内显示文本"<table><img src ＝ "E:\员工寸照\毛展盛.png" width ＝ "150" height ＝ "180" >"，❶ 双击填充控制柄复制公式，在该列后方的单元格中根据 C 列中对应的员工姓名返回对应的信息。❷ 选择并复制 N2:N101 单元格区域中的内容，如图 6-77 所示。

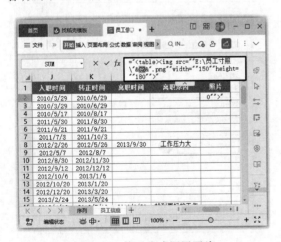

图 6-76　输入公式调用照片

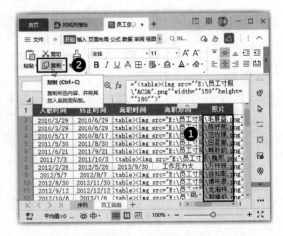

图 6-77　复制公式

> **温馨提示：**这里如果直接批量导入图片，在导入后需要花费大量的时间与精力将图片与名称一一匹配，而且无法确保图片与信息内容完全相符。所以，在导入大量图片时一般会运用本案例中介绍的【选择性粘贴】功能一次性导入，同时实现图片与信息准确匹配。

步骤 13：复制内容。❶ 新建一个文本文档，❷ 将复制的"员工信息"工作表的 N2:N101 单元格区域中的文本全部粘贴至文本文档内,如图 6-78 所示。

步骤 14:调整行高。返回工作表中,❶ 删除 N2:N101 单元格区域中的文本,并选择该单元格区域,❷ 拖动鼠标调整该列单元格的宽度用于放置寸照图片,❸ 单击【开始】选项卡中的【行和列】按钮,❹ 在弹出的下拉菜单中选择【行高】命令,如图 6-79 所示。

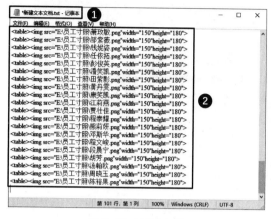

图 6-78 复制内容

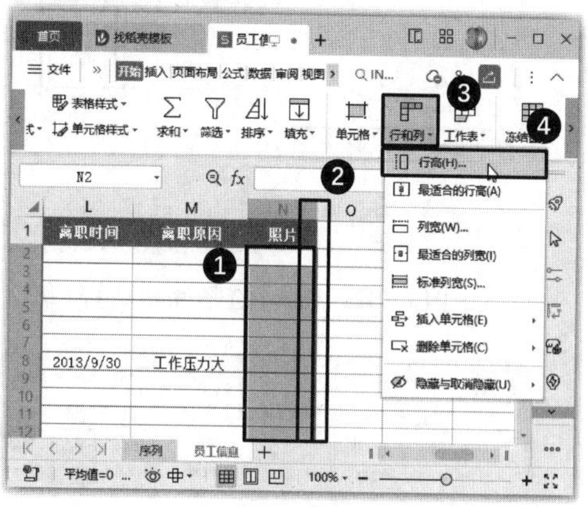

图 6-79 调整行高

步骤 15:设置行高。打开【行高】对话框,❶ 根据需要放置照片的高度设置单元格的高度,这里【行高】输入"60",❷ 单击【确定】按钮,如图 6-80 所示。

步骤 16:复制文本内容。切换到文本文档中,复制其中的全部内容,如图 6-81 所示。

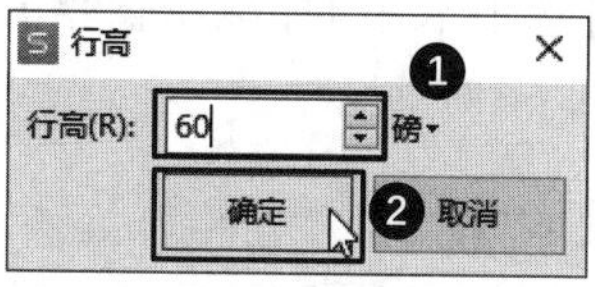

图 6-80 设置行高

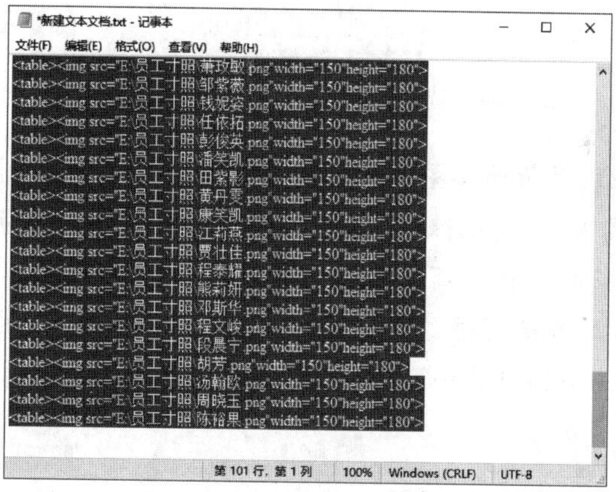

图 6-81 复制文本内容

步骤 17:选择【选择性粘贴】命令。❶ 选择 N2 单元格,❷ 单击【开始】选项卡中的【粘贴】下拉按钮,❸ 在弹出的下拉菜单中选择【选择性粘贴】命令,如图 6-82 所示。

步骤 18:选择导入图片方式。打开【选择性粘贴】对话框,在【作为】列表框中只提供了【无格式文本】选项,保持默认设置,单击【确定】按钮即可批量导入图片,如图 6-83 所示。

步骤 19:选择【定位】命令。导入图片后需要统一进行处理,❶ 选择其中一张图片,❷ 单击【开始】选项卡中的【查找】下拉按钮,❸ 在弹出的下拉菜单中选择【定位】命令,如图 6-84 所示。

步骤 20:设置定位条件。打开【定位】对话框,❶ 选中【对象】单选按钮,❷ 单击【定位】按钮,如图 6-85 所示。

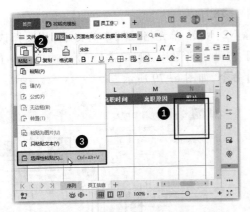

图 6-82　选择【选择性粘贴】命令

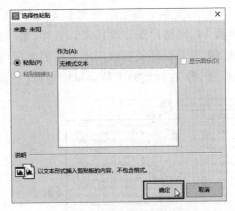

图 6-83　选择导入图片方式

图 6-84　选择【定位】命令

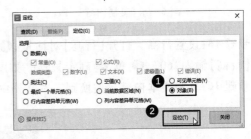

图 6-85　设置定位条件

步骤 21：批量调整图片大小和位置。此时所有的图片处于选择状态，拖动鼠标光标批量将所有图片的大小和位置略做调整，如图 6-86 所示。本例中因为提供的图片有限，而且也只是作为演示，所以后续的员工图片可以通过复制粘贴完成。

步骤 22：冻结窗格。❶ 选择 D2 单元格，❷ 单击【视图】选项卡中的【冻结窗格】下拉按钮，❸ 在弹出的下拉列表中选择【冻结至第 1 行 C 列】选项，如图 6-87 所示。

图 6-86　批量调整图片大小和位置

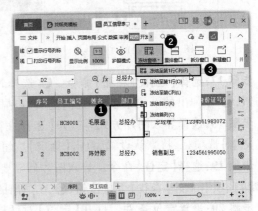

图 6-87　冻结窗格

▷▷▷ 6.3.5 汇总各月过生日的员工数量

完成员工信息的基础数据收集与整理后,就可以根据日常工作需求来制作相关表格了。制作过程中可以直接调用员工信息表中的基础数据来提高工作效率。本例假设企业为了增强团队凝聚力和员工的归属感,需要以月为单位统计在职员工的生日,以便为员工提供福利。

这里设计了一个自动根据输入月份就筛选和统计出当月过生日的员工信息表。首先制作一个用于汇总各月过生日的员工信息的表格,这样能对整体情况有大致的掌控,也方便确定动态生日统计表格的绘制区域,还能在后期实现快速核对两张表格统计的指定月份过生日人数是否一致,检验公式的正确性。

步骤 1:输入表头。❶ 新建一张工作表,并命名为"员工生日统计",❷ 在 A1:B1 单元格区域内设计汇总生日数据表格的表头字段名称,❸ 在 A2 单元格中输入"1/1",如图 6-88 所示。

步骤 2:填充数据。❶ 按【Enter】键输入后,会自动变为"1 月 1 日",向下填充数据到 A13 单元格,❷ 将鼠标光标移动到数据序列右侧显示的【自动填充选项】图标 🖩▾ 上,并单击该图标右侧出现的下拉按钮,❸ 在弹出的下拉菜单中选中【以月填充】单选按钮,如图 6-89 所示。

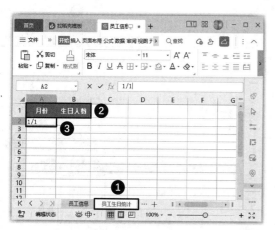

图 6-88 输入表头

图 6-89 填充数据

步骤 3:打开【单元格格式】对话框。❶ 填充的单元格区域内各数据变成了以月为步进的序列,保持单元格区域的选择状态,❷ 单击【开始】选项卡【数字】组右下角的【对话框启动器】按钮,如图 6-90 所示。

步骤 4:设置数字格式。打开【单元格格式】对话框,❶ 在【数字】选项卡的【分类】列表框中选择【自定义】选项,❷ 在右侧的【类型】文本框中输入"m"月"",❸ 单击【确定】按钮,如图6-91 所示。

步骤 5:插入列。因为需要统计员工的出生月信息,所以可以在"员工信息"工作表中增加该列数据,然后进行统计。❶ 切换到【员工信息】工作表,选择 H 列单元格,并在其上单击鼠标右键,❷ 在弹出的快捷菜单中选择【在左侧插入列】命令,如图 6-92 所示。

步骤 6:返回员工出生月份数据。❶ 在新插入的 H1 单元格中输入"出生月",❷ 在 H2 单元格中输入公式"=IF(M2="",N(MONTH(G2)),"离职")",从未离职的员工的出生日期中提取月份数据,但是返回的数据显示为短日期型数据格式,❸ 向下填充公式,并选择 H2:H101 单元格区域,如图 6-93 所示。

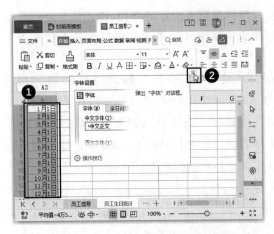

图 6-90　打开【单元格格式】对话框

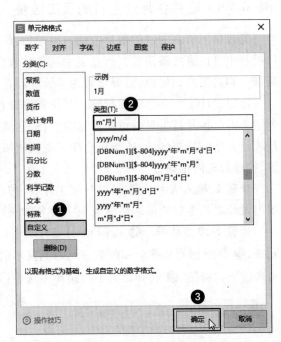

图 6-91　设置数字格式

图 6-92　插入列

图 6-93　返回员工出生月份数据

步骤 7:设置数字格式。打开【单元格格式】对话框,❶ 在【数字】选项卡的【分类】列表框中选择【自定义】选项,❷ 在右侧的【类型】文本框中输入"#"月"",❸ 单击【确定】按钮,如图 6-94 所示。

步骤 8:查看设置效果。返回工作表中,就可以看到 H 列中显示的数据符合实际需要了,如图 6-95 所示。

> **温馨提示:**制作表格时,当函数返回的数据不是我们需要的显示效果时,只要确定计算无误,都可以通过设置单元格的数字格式来改变其显示效果,这样做也不会耽误对表格数据的后续利用。

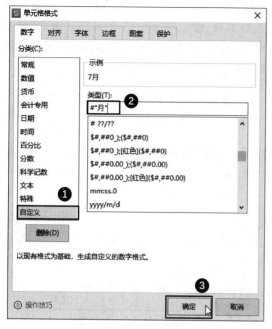

图 6-94 设置数字格式

图 6-95 查看设置效果

步骤 9:返回各月过生日的员工数量。❶ 切换到"员工生日统计"工作表,❷ 在 B2 单元格中输入公式"=COUNTIF(员工信息!H\$2:H102,MONTH(A2))",❸ 向下填充公式至 B13 单元格,返回各月过生日的员工数量,如图 6-96 所示。

步骤 10:汇总数据。❶ 在 A14 单元格中输入"合计",❷ 在 B14 单元格中输入公式"=SUM(B2:B13)",对数据进行汇总统计,如图 6-97 所示。

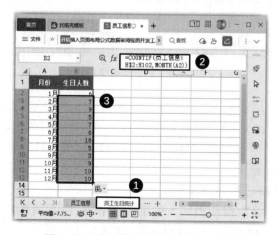

图 6-96 返回各月过生日的员工数量

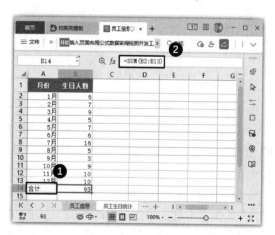

图 6-97 汇总数据

▶▶▶ 6.3.6 根据需求筛选当月过生日的员工信息

接下来就可以制作真正需要智能统计各月过生日员工信息的表格了。这里先模拟不制作上一个小节中的统计信息表格会带来什么样的后果。

步骤 1：输入表头内容。 ❶ 在 E3:L14 单元格区域（如果没有第一个统计表，这里要显示数据的行就只能预估）中根据要查询的员工信息制作表格框架，❷ 合并 E1:L1 单元格区域，并输入要查询的月份数据，这里输入"2023/3/1"，❸ 选择 E1 单元格，并在其上单击鼠标右键，在弹出的快捷菜单中选择【设置单元格格式】命令，如图 6-98 所示。

> **温馨提示：** 其实通过前面制作的汇总表格，可以知道生日人数最多的月份在 7 月，人数为 16 人，因此，这里在制作查询表格框架时至少需要预留 16 行显示数据行的位置。

步骤 2：自定义数字格式。 打开【单元格格式】对话框，❶ 在【数字】选项卡的【分类】列表框中选择【自定义】选项，❷ 在右侧的【类型】文本框中输入""××公司"yyyy"年"m"月员工生日明细表""，❸ 单击【确定】按钮，如图 6-99 所示。

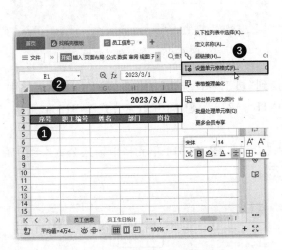

图 6-98　输入表头内容

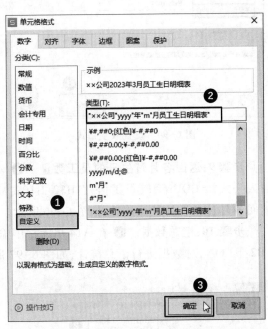

图 6-99　自定义数字格式

步骤 3：返回员工出生日期。 返回工作表中，可以看到 E1 单元格中的数据显示为"××公司 yyyy 年 m 月员工生日明细表"的效果了。❶ 在 E4:E14 单元格区域中输入 1~11 的序列数据，❷ 在 K4 单元格中输入公式"= IFERROR(SMALL(IF(员工信息!H\$2:H200 = MONTH(E\$1)，员工信息!G\$2:G200，"")，E4)，"")"，如图 6-100 所示。

步骤 4：设置单元格格式。 ❶ 按【Ctrl+Shift+Enter】组合键计算出数组公式的结果，从"员工信息"工作表中统计出生月份为设置月份的出生日期数据从小到大的第 1 个日期，向下填充公式至 K14 单元格，❷ 在【开始】选项卡的下拉列表框中选择【短日期】选项，如图 6-101 所示。

> **温馨提示：** K4 单元格中输入的函数，其中的 SMALL 函数的第 1 个参数（数组）是运用 IF 函数判断"员工信息"工作表中 H2:H200 单元格区域中的出生月是否等于 E1 单元格中的月份。如果是，则返回"员工信息"工作表中的 G2:G200 单元格区域中出生月份为 3 月的数组，否则返回空值。第 2 个参数为 E4 单元格中的序号"1"，也就是数组中最小的日期。

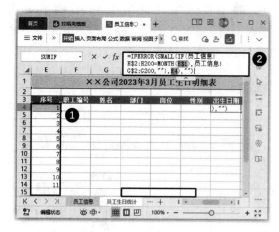

图 6-100　返回员工出生日期

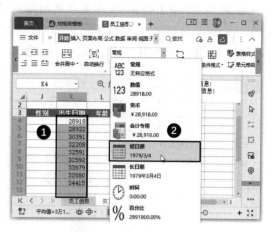

图 6-101　设置单元格格式

步骤 5：统计返回数据条数。 在 E2 单元格中输入公式"=COUNT(K4:K14)"，统计筛选出的数据条数，如图 6-102 所示。

步骤 6：自定义数字格式。 选择 E2 单元格，按【Ctrl+1】组合键，打开【单元格格式】对话框，❶ 在【数字】选项卡的【分类】列表框中选择【自定义】选项，❷ 在右侧的【类型】文本框中输入"★"共"#"人""生""日"★"，❸ 单击【确定】按钮，如图 6-103 所示。

图 6-102　统计返回数据条数

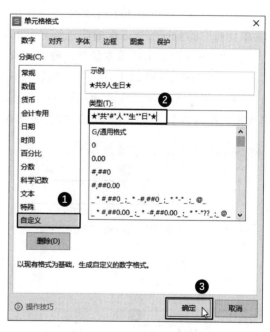

图 6-103　自定义数字格式

步骤 7：添加辅助列数据。 ❶ 在 M 列添加一列辅助列，❷ 在 M4 单元格中输入公式"=K4&IF(ROW()-3<=E\$2,COUNTIF(K\$3:K4,K4),"")"，将 K4 单元格中的出生日期与表达式"IF(ROW()-3<=E\$2,COUNTIF(K\$3:K4,K4),"")"的计算结果组合为验证信息，❸ 向下填充公式至 M14 单元格，如图 6-104 所示。

步骤 8：在"员工信息"工作表中添加辅助列数据。❶ 切换到"员工信息"工作表，❷ 在 P 列增加一列辅助列信息，方便后面通过辅助列信息链接查询两张表中的数据，❸ 在 P2 单元格中输入公式"= G2&COUNTIF(G$1：G2，G2)"，❹ 向下填充公式，如图 6-105 所示。

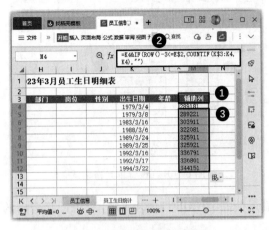

图 6-104 添加辅助列数据

图 6-105 在"员工信息"工作表中添加辅助列数据

步骤 9：返回匹配的职工编号。❶ 切换到"员工生日统计"工作表，❷ 在 F4 单元格中输入公式"= IFERROR(VLOOKUP(M4，IF({1，0}，员工信息!P$2：P200，员工信息!B$2：B200)，2，0)，"")"，按【Ctrl+Shift+Enter】组合键计算出数组公式的结果，在"员工信息"工作表中查找与 M4 单元格中的验证信息匹配的职工编号，如图 6-106 所示。

步骤 10：返回员工的基本信息。❶ 在 G4 单元格中输入公式"= IFERROR(VLOOKUP($F4，员工信息!$B：$P，MATCH(G$3，员工信息!$1：$1，0)-1，0)，"")"，在"员工信息"工作表中查找与 F4 单元格匹配的员工姓名，❷ 向右填充公式至 J4 单元格，在"员工信息"工作表中查找与 F4 单元格匹配的该员工部门、岗位和性别，如图 6-107 所示。

图 6-106 返回匹配的职工编号

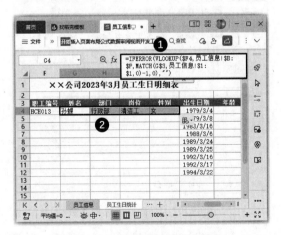

图 6-107 返回员工的基本信息

步骤 11：计算员工年龄。在 L4 单元格中输入公式"= IFERROR(YEAR(TODAY( ))-YEAR(K4)，"")"，计算员工年龄，如图 6-108 所示。

温馨提示：YEAR 函数用于返回日期的年份值，是介于 1900~9999 之间的数字。其语法结构为：YEAR(serial_number)，只包含 serial_number 一个必选参数，它表示一个包含要查找年份的日期值。

步骤 12：复制公式。 ❶ 选择 F4:J4 单元格区域，并向下填充公式至下面的单元格区域，❷ 选择 L4 单元格，并向下填充公式，如图 6-109 所示。

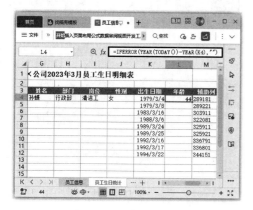

图 6-108 计算员工年龄

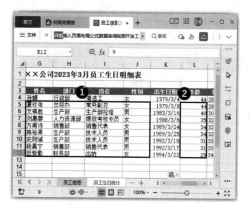

图 6-109 复制公式

≫≫ 6.3.7 采用多表信息核对数据

在制作通过公式实现的智能表格时，应该保持严谨的态度，对公式进行审核或通过对结果进行检查来验证公式是否编写正确。当然，也可以通过核对两表数据的关键字段来进行检查。

步骤 1：输入核对公式。 ❶ 在 C1 单元格中输入"两表核对"，❷ 在 C2 单元格中输入公式 "=IF(E\$1=A2,IF(B2=E\$2,"√","检查公式"),"")"，核对 E2 单元格统计的人数是否与 B2 单元格相等，❸ 向下填充公式至 C13 单元格，如图 6-110 所示。

步骤 2：测试公式。 完成表格的制作后，就可以测试效果了，需要多测试几次。❶ 在 E1 单元格中输入"2023/6/1"，查看显示的 6 月生日员工数据统计结果，❷ 查看 C 列中的核对结果，显示为"√"表示正确，如图 6-111 所示。

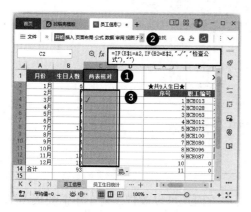

图 6-110 输入核对公式

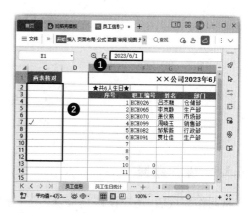

图 6-111 测试公式

步骤 3：测试公式。 ❶ 在 E1 单元格中输入"2023/7/1"，❷ 查看显示的 7 月生日员工数据统计结果，❸ 查看 C 列中的核对结果，表示需要检查公式，如图 6-112 所示。

步骤 4：修改错误。 通过查看 B 列中的统计数据，得知 7 月过生日的员工有 16 人，而当前仅显示了 9 行数据。所以公式错误就是因为显示的行数不对。选择 E12：M12 单元格区域，向下填充公式至第 23 行，保证可以显示 16 行（当前动态工作表中需要显示的最大项）数据，如图 6-113 所示。

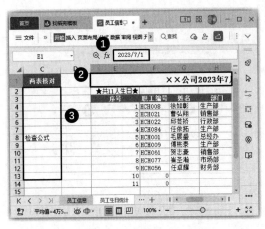

图 6-112　测试公式

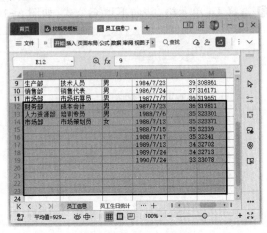

图 6-113　修改错误

步骤 5：修改公式。 新添加公式的单元格区域中有部分数据显示不全，这是因为 E2 单元格中的公式只统计到 K14 单元格的缘故。修改 E2 单元格中的公式为" = COUNT(K4 : K23)"，即可让公式计算结果显示正确，如图 6-114 所示。内容显示正确后同时可以看到 C 列中的核对结果也显示为"√"了。

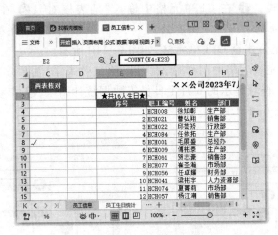

图 6-114　修改公式

>>> 6.3.8　保护数据

表格制作完成后，还应该认真检查一下，看看哪些方面还可以改进。对于不需要展示的数据可以进行隐藏，避免误操作。重要的表格信息需要加密后隐藏，不希望他人随意更改的单元格数据也需要进行加密保护。

下面,对"员工信息"工作表中的数据进行保护,主要是对"序列"工作表进行隐藏,对"员工生日统计"工作表进行设置,仅允许修改被查询项的输入相关单元格内容,其他用于显示的单元格区域都加密锁定为不可编辑状态。

步骤1:隐藏工作表。"序列"工作表中保存的数据全是制表过程中用到的数据,不需要显示,❶ 在"序列"工作表标签上单击鼠标右键,❷ 在弹出的快捷菜单中选择【隐藏工作表】命令,如图6-115所示,将该工作表隐藏起来。

步骤2:保护工作表。❶ 选择"员工信息"工作表,❷ 单击【审阅】选项卡中的【保护工作表】按钮,如图6-116所示。

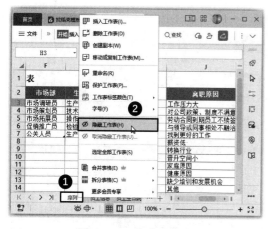

图6-115　隐藏工作表

图6-116　保护工作表

步骤3:设置允许进行的操作。打开【保护工作表】对话框,❶ 在【允许此工作表的所有用户进行】列表框中仅选中【选定未锁定单元格】复选框,❷ 在【密码】文本框中输入要设置的密码,这里输入"123",❸ 单击【确定】按钮,如图6-117所示。

步骤4:确认密码。弹出【确认密码】对话框,❶ 再次输入设置的密码"123",❷ 单击【确定】按钮,如图6-118所示。此时,该工作表中所有锁定的单元格都处于不可选中不可编辑的状态了。

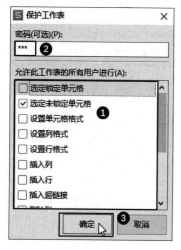

图6-117　设置允许进行的操作

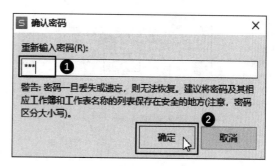

图6-118　确认密码

步骤 5:取消锁定单元格。"员工生日统计"工作表中只有 E1 单元格中的数据是需要输入的。❶ 选择"员工生日统计"工作表,❷ 选择 E1 单元格,❸ 单击【审阅】选项卡中的【锁定单元格】按钮,使其处于非高亮显示状态,如图 6-119 所示。

　　步骤 6:保护工作表。❶ 在"员工生日统计"工作表标签上单击鼠标右键,❷ 在弹出的快捷菜单中选择【保护工作表】命令,如图 6-120 所示。

　　步骤 7:设置保护选项。打开【保护工作表】对话框,❶ 在【允许此工作表的所有用户进行】列表框中仅选中【选定未锁定单元格】复选框,❷ 在【密码】文本框中输入要设置的密码,这里输入"234",❸ 单击【确定】按钮,❹ 弹出【确认密码】对话框,再次输入设置的"234"密码,❺ 单击【确定】按钮,如图 6-121 所示。

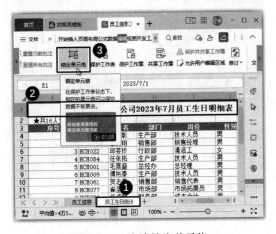

图 6-119　取消锁定单元格

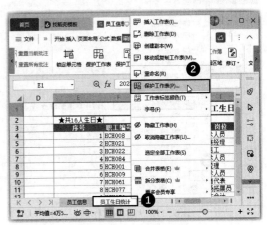

图 6-120　保护工作表

　　步骤 8:查看保护效果。此时,该工作表中所有锁定的单元格都处于不可选中不可编辑的状态了,只有 E1 单元格是可以选择和编辑的,如图 6-122 所示。

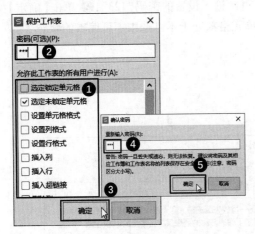

图 6-121　设置保护选项

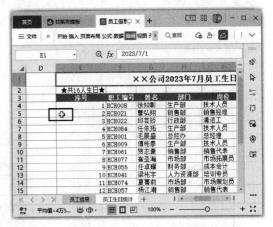

图 6-122　查看保护效果

第7章　统计与分析学生成绩情况

老师对学生成绩的管理和分析工作有时候会很复杂,尤其是需要对更多同年级的学生进行汇总分析时会更繁杂。每个人每科成绩的记录,每个人的总分、平均分,每个班级的平均分、年级的平均分,每个人在班级、年级中的排名位置,都需要在考试后快速统计出来并分发给学生和家长。几十人、几百人、上千人的成绩统计汇总,需要多少时间和精力?掌握好WPS表格的数据分析汇总功能就可以减轻老师们的工作量了。

本案例将利用WPS表格对4份学生成绩表进行完善,并汇总到一张表格中,再对成绩进行常规分析,其中涉及对日常工作很有帮助的汇总、统计、分析数据的技巧和方法。

7.1 任务目标

李老师是某县中学的年级组长,除了平常的教学工作,还负责初中一年级学生的教育策划和后勤管理工作,其中就包括对全年级重大考试的成绩进行管理。通常情况下,李老师通过WPS表格来进行统计和管理学生成绩,她希望达到以下目标:

获取按班级记录的每位学生各科成绩,并按年级进行成绩汇总;计算出每位学生的平均分、年级排名及所属等级;计算出各等级达标人数和占比;汇总出各科及格人数、及格率、平均分、最高分、最低分;简单分析最优和最差的各科成绩情况;能按要求排序成绩;筛选出符合条件的成绩信息;按班级分类汇总各科成绩。

本案例最终完成的学生成绩表及分析时用到的表格如图7-1~图7-5所示。实例最终效果见"结果文件\第7章\学生成绩统计表.xlsx"文件。

本案例涉及如下知识点:

- 跨工作簿的工作表移动和复制
- 隐藏单元格
- 合并多张表格数据
- 求和、求平均值、计算排名等公式和函数的运用
- 通过设置简单条件格式,标出最大值或突出显示满足某一条件的数据
- 简单的排序、筛选和分类汇总
- 多关键字排序、按自定义顺序排序及排序技巧的应用

序号	班级	学号	姓名	语文	数学	英语	物理	化学	历史	政治	总分	平均分	等级	班级排名	年级排名
1	1班	230201	陈浩己	91	56	50	96	94	84	69	540	77.14	C级	15	46
2	1班	230202	钟彩慧	50	68	91	52	86	66	92	505	72.14	D级	32	106
3	1班	230203	许远达	72	76	68	97	57	79	92	541	77.29	C级	13	43
4	1班	230204	易菁莉	51	53	65	76	51	96	87	479	68.43	D级	37	137
5	1班	230205	江君冠	53	65	76	91	85	80	83	533	76.14	C级	17	56
6	1班	230206	孟夏珊	88	46	64	99	89	73	82	541	77.29	C级	13	43
7	1班	230207	黄泽雷	53	88	50	81	84	59	90	505	72.14	D级	32	106
8	1班	230208	范淑燕	54	98	66	58	83	58	73	490	70.00	D级	35	124
9	1班	230209	田杰融	54	62	78	84	94	96	57	525	75.00	C级	20	67
10	1班	230210	康菁莉	98	82	93	77	31	88	85	554	79.14	C级	8	30
11	1班	230211	何翔诚	62	77	65	84	52	83	85	508	72.57	D级	29	98
12	1班	230212	程凝伊	96	56	66	90	40	68	91	507	72.43	D级	31	102
13	1班	230213	吴俊轩	89	100	56	84	41	94	92	556	79.43	C级	7	28
14	1班	230214	韩姿绮	76	56	72	60	92	83	84	523	74.71	C级	21	70
15	1班	230215	吕君冠	91	52	88	54	51	68	96	500	71.43	D级	34	111
16	1班	230216	方暴茵	50	50	99	90	33	71	58	451	64.43	D级	40	159
17	1班	230217	贺智铭	96	70	67	63	96	73	93	558	79.71	C级	5	24
18	1班	230218	朱紫菱	73	93	85	78	75	54	57	515	73.57	D级	25	83
19	1班	230219	邱诚圣	100	43	58	71	30	59	100	461	65.86	D级	39	152
20	1班	230220	何欣芳	96	73	51	56	74	91	68	509	72.71	D级	28	95
21	1班	230221	姚涛栋	83	98	50	89	49	90	83	542	77.43	C级	12	40
22	1班	230222	林静霞	90	95	57	88	32	66	100	528	75.43	C级	19	63
23	1班	230223	刘博浩	0	62	80	80	42	84	96	444	63.43	D级	42	165
24	1班	230224	杨宛茹	72	55	93	69	65	68	65	487	69.57	D级	36	125
25	1班	230225	薛若晋	79	98	81	81	90	99	51	579	82.71	B级	2	10
26	1班	230226	邵佳秋	51	98	84	51	98	78	56	516	73.71	D级	24	80
27	1班	230227	马奕丰	50	84	67	69	80	99	70	519	74.14	D级	22	74
28	1班	230228	郑荔媛	89	63	69	72	33	64	51	441	63.00	D级	43	166
29	1班	230229	许飞	70	68	85	68	57	95	97	540	77.14	C级	15	46
30	1班	230230	田暴茵	62	98	73	90	63	57	90	533	76.14	C级	17	56
31	1班	230231	夏远熙	81	92	96	87	47	76	64	543	77.57	C级	11	39
32	1班	230232	孙沫	98	58	82	71	94	80	90	573	81.86	B级	3	14
33	1班	230233	吕昊蓬	85	43	82	69	100	69	66	514	73.43	D级	26	88
34	1班	230234	金婉妮	82	100	100	98	36	74	63	553	79.00	C级	9	32
35	1班	230235	马泽拓	75	86	95	89	95	99	71	610	87.14	A级	1	1
36	1班	230236	程苑盈	53	76	78	66	44	62	68	447	63.86	D级	41	162
37	1班	230237	高齐全	93	99	88	83	43	83	79	568	81.14	C级	4	17

图 7-1　汇总学生成绩

等级	总分达标	达标人数	占比
A级	600分	3	1%
B级	570分	16	6%
C级	520分	73	27%
D级	0分	174	65%

科目名称	及格分	及格人数	及格率
语文	60	138	52%
数学	60	117	44%
英语	60	149	56%
物理	60	135	51%
化学	60	100	38%
历史	60	141	53%
政治	60	143	54%

图 7-2　统计及简单分析成绩

序号	学号	姓名	语文	数学	英语	物理	化学	历史	政治	总分	平均分	等级	班级排名	年级排名
155	230358	萧振心	100	55	61	54	99	98	82	549	78.43	C 级	9	36
101	230302	董杰玮	100	46	70	74	49	60	97	496	70.86	D 级	34	120
19	230219	邱诚圣	100	43	58	71	30	59	100	461	65.86	D 级	39	152
120	230321	戴曼慧	99	0	71	64	42	100	79	455	65.00	D 级	41	157
58	230259	郑博奇	98	91	75	91	88	80	72	595	85.00	B 级	2	4
32	230232	孙沫	98	58	82	71	94	80	90	573	81.86	B 级	3	14
10	230210	康菁莉	98	82	93	77	31	88	85	554	79.14	C 级	8	30
44	230245	侯彬	98	46	92	86	43	73	98	536	76.57	C 级	11	52
133	230336	史国译	97	97	89	81	48	74	81	567	81.00	C 级	6	18
109	230310	高维新	97	69	67	94	57	69	55	508	72.57	D 级	29	98
17	230217	贺智铭	96	70	67	63	96	73	93	558	79.71	C 级	5	24
20	230220	何欣芳	96	73	51	56	74	91	68	509	72.71	D 级	28	95
12	230212	程曦伊	96	56	66	90	40	68	91	507	72.43	D 级	31	102
171	230366	贾辰德	95	67	77	86	37	65	59	487	69.57	D 级	30	125
62	230263	董世星	95	96	54	80	87	96	100	608	86.86	A 级	1	2
77	230296	石志豪	95	61	82	61	87	90	81	557	79.57	C 级	7	25
77	230278	武嘉梦	95	98	68	51	65	60	67	504	72.00	D 级	22	109
134	230337	周雨泓	95	55	64	54	56	77	82	483	69.00	D 级	33	131
163	230366	乔嘉诚	94	86	73	84	79	97	94	607	86.71	A 级	1	3
70	230376	刘弘權	94	75	75	57	40	85	80	506	72.29	D 级	20	104
69	230270	邵菌静	94	45	57	66	72	67	92	493	70.43	D 级	25	121
54	230255	傅强恒	93	77	95	84	90	64	84	587	83.86	B 级	3	6
37	230237	高乔全	93	99	88	43	83	79		568	81.14	C 级	4	17
43	230243	寇文云	93	96	96	100	46	56	63	550	78.57	C 级	10	34
116	230317	邹彩慧	93	95	84	67	75	62	58	534	76.29	C 级	14	53
83	230284	孙芳	93	64	69	99	43	78	52	498	71.14	D 级	23	116
65	230266	武沫	92	97	86	79	55	83	82	574	82.00	B 级	5	12
52	230253	黄彬实	92	61	80	88	77	93	63	554	79.14	C 级	8	30
40	230240	武荔瑶	92	78	51	94	47	95	61	518	74.00	D 级	23	78
21	230272	郭盈蓓	92	71	98	98	48	90	83	579	82.71	B 级	4	10
67	230268	段芸矫	91	60	77	94	88	52	98	560	80.00	C 级	6	22
38	230238	毛嫣仪	91	100	86	51	66	71	92	557	79.57	C 级	6	25
91	230292	郭厉海	91	83	82	70	36	83	97	542	77.43	C 级	11	40
1	230201	陈浩己	91	56	50	96	94	84	69	540	77.14	C 级	15	46

图 7-3　按要求排序成绩

序号	学号	姓名	语文	数学	英语	物理	化学	历史	政治	总分	平均分	等级	班级排名	年级排名
65	230266	武沫	92	97	86	79	55	83	82	574	82.00	B 级	5	12
169	230372	郝常柯	84	93	95	66	95	93	59	585	83.57	B 级	2	7

图 7-4　筛选出符合条件的成绩信息

序号	班级	学号	姓名	语文	数学	英语	物理	化学	历史	政治	总分	平均分	等级	班级排名	年级排名
1班 平均值				74.674419	75.488372	74.651163	77.488372	63.069767	76.465116	77.906977	519.74419				
2班 平均值				75.022222	70.777778	74.2	76.355556	64.555556	71.4	74.266667	506.57778				
3班 平均值				75.136364	65.409091	75.863636	74.681818	69.363636	76.636364	74.272727	513.36364				
4班 平均值				74.880952	70.595238	78.333333	70.952381	64.904762	74.690476	76.309524	510.66667				
总平均值				74.931034	70.54023	75.729885	74.908046	65.488506	74.770115	76.166667	512.53448				

图 7-5　按班级汇总成绩

7.2　相 关 知 识

下面的知识与本案例或同类型案例密切相关,有助于更好地制作和管理工作表。

7.2.1　数据清洗的常用手段

使用 WPS 表格分析数据时,常犯的错误就是拿着原始数据就直接进行分析。但从外部导入或收集的多渠道数据通常是不规范的,比如有不完整的数据项,有重复的、错误的,数字是文本格式、数字后面有空格、有不可见的字符,等等。有些数据一看就是不能进行分析的,有些数据虽然不影响查看,但作为基础数据进行分析时就是没有价值的。所以,拿到原始数据后,首先需要将重复的、错误的数据清洗出去,留下有价值的数据,并补充缺失的数据。

1. 补齐分析必须的字段

在设计表格时,数据属性的完整性是第一考虑要素。这是一张什么表?要记录些什么?在制作初期还应该考虑到该表格将来可能涉及的分析范畴,查看对应的关键字段是否缺少,如果缺少就需要添加相应的字段。如果某条数据缺少需要分析的相应字段,要么添加该字段内容,要么直接将整条数据记录删除。

在整理原始数据时,有两类数据比较特殊,一种是空单元格,另一种是系统填充的默认值。

(1) 空单元格的处理技巧:WPS 表格将单元格划分为空单元格和非空单元格两大类。尤其很多函数的参数明确规定了参与的单元格是空单元格还是非空单元格。为了保证数据分析结果的正确性,用于分析的基础数据必须有一条记录一条,所有单元格中都应该记录有数据,每一行数据都必须完整且结构整齐。即使需要记录的数据为空,也需要填写。如在数据区域数值部分的空白单元格中输入 0 值,在文本部分的空白单元格中输入相应的文本数据或"="""(英文输入法下输入半角双引号,此时我们看到的单元格依然是空白的,在编辑栏中可以看到其中的内容为"=""",WPS 表格会认为该单元格中包含有数据,并将它理解为空文本)。

(2) 默认值的处理技巧:大多数时候默认数据会以空白单元格显示,也有显示为"NULL"等的具体数据。"NULL"等默认值一般与该字段的数据类型不同,不能进行数据分析。处理的方法主要有替换默认值、删除默认值和忽略默认值 3 种。其中,替换默认值是最常用的方法。替换默认值可以用平均数替换,如一组销量数据有默认值或者显示为默认值时,可以用平均销量来进行替换;替换默认值也可以用回归分析后的数据模型来替换,如连续时间段内的销量数据有默认值或显示为默认值时,通过数据预测回归分析法计算出默认值进行替换;替换默认值还可以先检查为什么这里的值默认,然后找到正确的数据进行替换,如员工的工龄数据默认时,就可以通过查询企业人事资料将正确的值补上。删除默认值是指删除包含有默认值的一组数据,样本数据充足时可以这样做。如果样本数据量很大,也可以选择忽略默认值。

2. 合并单元格处理技巧

平时制作的一些展示性表格,为了美观,或减少数据输入的工作量,会对一些连续的多个具有相同内容的单元格进行合并,但是用于分析的数据却不能随便合并单元格,否则排序、透视表等功能将无法顺利使用,如图 7-6 和图 7-7 所示。

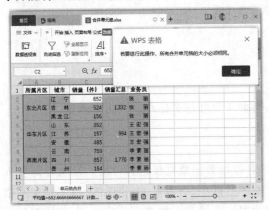

图 7-6　有合并单元格时不能进行排序

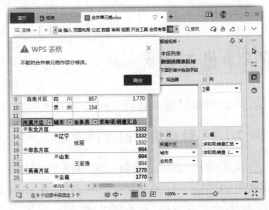

图 7-7　有合并单元格的数据进行数据透视时的提醒

面对存在单元格合并的表格,需要取消单元格合并。WPS 表格提供了多种单元格合并和拆分功能,可以先看看能不能智能拆分,如果不能就结合定位、填充等技能进行调整。例如,上个案例中第一列的合并单元格可以:❶ 在【开始】选项卡中单击【合并居中】下拉按钮,❷ 在弹出的下拉列表中选择【拆分并填充内容】选项,拆分后的效果如图7-8所示。

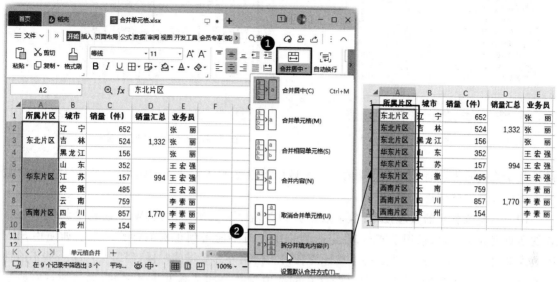

图7-8　拆分并填充单元格内容

第4列中的合并单元格因为是用公式进行的计算,所以只能将计算结果转换为数值,然后用"拆分并填充内容"的方式进行拆分;或者用下面的方法来解决:❶ 在【合并居中】下拉列表中选择【取消合并单元格】选项,取消单元格合并,如图7-9所示,❷ 按【Ctrl+G】组合键打开【定位】对话框,选中【空值】单选按钮,❸ 单击【定位】按钮,定位所有空值,如图7-10所示,❹ 根据第一个空值要输入的数据规律,输入公式"=D2",如图7-11所示,最后按【Ctrl+Enter】组合键,就能让所有选中的空白单元格都填充上相应的内容了,效果如图7-12所示。

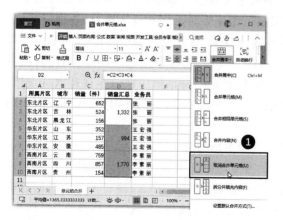

图7-9　取消单元格合并

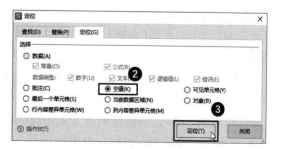

图7-10　定位空值

3. 数据格式的整理技巧

用于分析的基础数据表中的字段数据必须保证数据格式的正确性,才不至于分析出错。但

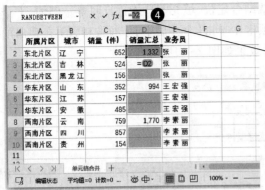

| 图 7-11　输入公式 | 图 7-12　快速填充所有选中单元格 |

修改数字格式的方法对于一些特殊内容的区域内批量格式转换并不太适用,下面针对几种常见的数据格式整理分别进行介绍。

(1) 不规范数字的整理技巧:数字数据分为数值型和文本型格式,WPS 表格会将文本型格式的数据视为字符串,只用于展示,在进行数据统计时不能得到正确的计算结果。如使用 SUM 函数求和时,文本型格式的数据将不被计算在内。使用外部数据的时候,经常会产生一些不能计算的"假数字",导致统计出错。但已经存在的数值型数字和文本型数字之间,无法通过修改数字格式的方式直接转换。此时可以:❶ 单击【开始】选项卡中的【表格工具】按钮,❷ 在弹出的下拉列表中选择【文本型数字转为数字】命令,将文本转换为数值,如图 7-13 所示。

(2) 不规范文本的整理技巧:文本中含有空格、不可见字符、强行分行符,都属于不规范的文本。当对这样的文本数据进行字符统计时,空格、不可见字符、强行分行符都会被统计在内,而且非常不便于后期的数据分析。处理的方法就是将相关数据复制粘贴到 WPS 文字文档中,使用 WPS 文字强大的查找替换功能将不规范文本中的空格、不可见字符、强行分行符批量删除。

(3) 不规范日期的整理技巧:在 WPS 表格中输入日期数据时,不能输入"20230102""2023.1.2""23.1.2"等不规范的格式,否则在将日期型单元格进行运算时,会影响数据的加工处理。如无法使用函数统计日期间隔的天数,在使用数据透视表时无法对日期按月、季度、年份进行分组统计等。对于"2023.1.2"和"2023\1\2"等不规范日期,可以使用"查找替换"功能直接将"."或"\"替换为"-"。对于"20230102"的不规范日期,可以先选择要处理的不规范日期,然后单击【数据】选项卡中的【分列】按钮,在打开的【文本分列向导】对话框中前两步保持默认设置,进行到第三步时,选中【日期】单选按钮,并在后面的下拉列表框中选择【YMD】选项即可,如图 7-14 所示。

(4) 不规范时间的整理技巧:在 WPS 表格中时间型数据的格式如"15:32:02",小时、分钟和秒数之间用英文冒号分隔开。但在日常工作中常常需要用时间来表示长度,如用"1.5"来描述 1 小时50 分钟(100 进制计算),或者 1 小时 30 分钟(60 进制计算)。那么,要将不规范时间数据"1.5"转换为 1 小时 50 分钟时,只需要使用"查找替换"功能直接将"."或"\"替换为":"即可。也可以输入公式" =SUBSTITUTE(A2,".",":")"。如果要将不规范时间数据"1.5"转换为 1 小时 30 分钟时,则需要输入公式" =TEXT(A2/24,"h:mm:ss")"。

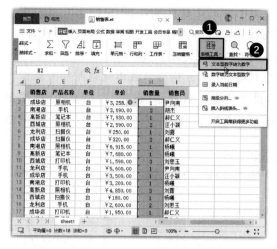

<table>
<tr><td>图 7-13　将文本型数字转换为数值型</td><td>图 7-14　规范特殊日期格式数据</td></tr>
</table>

4. 重复项处理技巧

在统计数据过程中,同一份数据可能由于获取渠道的不同而进行了多次统计,在输入数据时,也可能因为操作失误重复输入了数据……种种原因造成数据表中的数据存在重复现象。删除重复数据是数据分析前必须进行的一项任务,WPS 表格中提供的"删除重复项"功能可以删除数据区域内的重复数据而只保留唯一记录,具体操作请查看案例中的相关步骤。注意在删除多列数据中的重复项时,这些列之间是"逻辑与(&)"的关系,即只有所有列数据都相同的数据行才会被判定为重复项。对于重复数据行,仅保留第一条记录,所以在"删除重复项"功能的实际应用中有时需要先进行数据排序。"删除重复项"功能判定重复项时不区分字母大小写,且自动精确匹配 15 位以上的长数字。

≫ 7.2.2　保留原始数据的重要性

WPS 表格最重要的作用之一是可以对表格中的数据进行查询、统计和分析。有些人在使用 WPS 表格进行排序、筛选、分类汇总等分析操作时,习惯直接在原始数据上进行操作。这样可能使得原始数据的顺序不能恢复,被隐藏的数据容易被忽视,或由于误操作导致原始数据遭到破坏,也许还会影响表格的外在效果。

为了避免不慎破坏原始数据,在进行数据操作,尤其是数据分析前,应养成有意识地保护原始数据的良好习惯。建议先将原始数据表复制到另一个工作表中,在副本表格中进行操作。或者至少在原始数据表的最左侧增加一个序号列,以"1、2、3……"或"001、002、003"等标示数据的原始顺序,这样,在必要时还可以通过对序号列的排序恢复数据的原始顺序。

≫ 7.2.3　巧用排序

对表格中的数据进行排序,如果只需要根据某个字段进行快速简单排序,直接选择该列中的任意单元格,在【数据】选项卡中单击【排序】按钮,然后在弹出的下拉列表中选择【升序】或【降序】命令即可。如果选择【自定义排序】命令,将打开【排序】对话框,在其中可以设置更复杂的排序规则。

- **多条件排序**:在【排序】对话框中单击【添加条件】按钮可以进一步添加"关键字",如图

7-15所示,在【主要关键字】或【次要关键字】下拉列表中可以选择排序列的"标题名",最后单击【确定】按钮即可完成设置。"多条件排序"的处理原则是,按条件列表从上往下依次进行排序,即先按"主要关键字"排序,主关键字的内容相同时,再按"次要关键字"排序。

● **按格式排序**:有时候会在数据列表中使用字体颜色、单元格颜色或单元格图标来标识特殊数据,WPS 表格的排序功能支持以这些格式作为排序依据。只需在【排序】对话框的【排序依据】列相应的关键字下拉列表中进行选择即可,如图 7-16 所示,在其中可以选择根据单元格颜色、字体颜色、条件格式图标等作为排序依据。

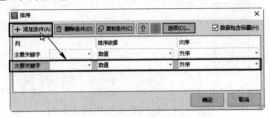

图 7-15　多条件排序　　　　　　　　　　图 7-16　按格式排序

● **自定义排序**:WPS 表格指定了一些常见的排序依据,当按其他标准排序时,如职务高低、学历高低等,此时可以按"自定义序列"排序。只要在【排序】对话框中【次序】列相应的关键字下拉列表中选择【自定义序列】命令,如图 7-17 所示,然后在打开的【自定义序列】对话框中选择一个已有的序列或添加一个新序列即可,如图 7-18 所示。

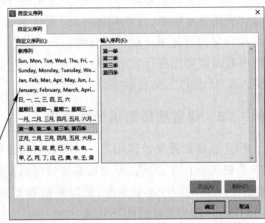

图 7-17　自定义排序　　　　　　　　　　图 7-18　自定义序列

● **设置排序选项**:单击【排序】对话框中的【选项】按钮,在打开的【排序选项】对话框中还可以设置为对西文文本数据排序时区分大小写,对中文文本数据可以改用笔画排序方式,以及更改排序方向为按行排序。

> **温馨提示**:被整行空行隔开的数据区域在排序时会被分开处理,此时应先选定完整排序区域再执行排序操作。隐藏的行或列将不参与排序,因此排序前应先取消行或列隐藏,以免原始数据被破坏。如果选定的是排序列中的一个连续区域而非单个单元格,则应用排序功能时将出现【排序警告】对话框(因为 WPS 表格发现在选定区域旁边还有其他相邻数据未参与排序)。

　　排序功能很强大,除了日常对数据进行排序来快速、直观地组织、排列数据外,实际上,排序操作还有一些巧妙的用法。如前面提到的增加序号列作为恢复原始数据顺序的辅助列,以便在经过系列操作后可以快速恢复数据列表的初始状态。

　　如果需要数据每隔一行或几行就插入一个空白行,也可以用辅助列排序来实现。巧用排序功能还可以快速基于员工工资表生成相应的工资条……操作的原理是按照规律填充序列数据作为辅助列,再进行排序让数据变得有规律,最后统一进行具体的操作。

≫ 7.2.4　高级筛选中的条件构建

　　"数据筛选"是指将数据列表中所有不满足条件的数据记录隐藏起来,只显示满足条件的数据记录,这是查找和处理数据列表中数据子集的一种快捷方法。WPS表格提供了两种筛选数据列表的功能。

　　● **自动筛选**:选定数据列表中的任意单元格,在【数据】选项卡中单击【筛选】按钮,数据列表中所有字段的标题单元格中就会出现筛选下拉按钮了。单击筛选下拉按钮,即可打开相应的【筛选面板】,在其中可以排序,还提供了快捷筛选操作命令和简单筛选分析功能,以及支持按不同数据类型的数据特征进行筛选的按钮。

　　● **高级筛选**:单击【筛选】下拉按钮,在弹出的下拉菜单中选择【高级筛选】命令,会打开【高级筛选】对话框,在其中可以设置筛选的方式、筛选区域和条件区域等。通过高级筛选,可以构建更复杂的筛选条件,可以将筛选结果复制到其他位置,可以筛选出不重复的记录,可以指定包含计算的筛选条件。

　　运用高级筛选功能时,最重要的一步是设置筛选条件。高级筛选所构建的复杂条件需要按照一定的规则手工编辑并放置在工作表中单独的区域,并在【高级筛选】对话框的【条件区域】编辑框中指定对该区域的引用。

　　高级筛选的"条件区域"至少要包含两行。首行为标题行,行中的列标题必须和数据列表中的字段标题匹配(排列次序和出现次数不要求一致),建议将数据列表中的字段标题直接复制并粘贴到条件区域的首行;标题行下方为筛选条件值的描述区,可以设置多个筛选条件,筛选条件遵循"同行为与、异行为或"的关系,即同一行之间为 AND 连接的条件(交集),不同行之间为 OR 连接的条件(并集)。条件区域中的空白单元格表示任意条件,即保留所有记录不做筛选。

　　筛选条件行允许使用带比较运算符(=、>、<、>=、<=、<>)的表达式(如">100")。对于文本型数据的筛选条件,允许使用通配符。"问号?"匹配任何单个字符,"星号＊"匹配任意多个连续字符(可以为零个),筛选问号或星号本身请在字符前输入"波形符~"。

　　温馨提示:筛选条件、数据列表、筛选结果均可以位于同一工作表中。通常情况下,条件区域位于数据列表的上方,而筛选结果可位于原列表区域,也可以放置在数据列表的下方位置。不过高级筛选的筛选条件、数据列表、筛选结果 3 个部分也可以分别位于不同的工作表中,如果将这 3 个部分分别定义名称,则更容易实现分表列示的效果。

7.3 任务实施

本案例实施的基本流程如下所示。

归集各班成绩　设置表格查看方式　检查表格数据　完成基础数据统计　简单分析学生成绩　按要求排列成绩　筛选成绩优异的学生信息　按班级分类汇总成绩

▶▶▶7.3.1 汇总工作表数据

初一年级共有 4 个班,每个班的人数稍有不同,期末考试结束后各班成绩分别由班主任负责输入并上报给李老师了。她首先需要将这些分散的表格归集到一个工作簿中,以便整理、统计和分析。下面通过复制工作表的方式来汇总工作表数据。

步骤 1:选择【移动或复制工作表】命令。打开"素材文件\第 7 章\"文件夹下的 1 班成绩.xlsx、2 班成绩.xlsx、3 班成绩.xlsx、4 班成绩.xlsx 文件,❶ 新建一个空白工作簿,并命名为"学生成绩统计表",在"1 班成绩"工作簿的 Sheet1 工作表上单击鼠标右键,❷ 在弹出的快捷菜单中选择【移动或复制工作表】命令,如图 7-19 所示。

步骤 2:复制工作表。打开【移动或复制工作表】对话框,❶ 在【将选定工作表移至工作簿】下拉列表框中选择要移动或复制到的目标工作簿,这里选择"学生成绩统计表"工作簿,❷ 在【下列选定工作表之前】列表框中指定工作表要插入的位置,这里选择【移至最后】选项,❸ 选中【建立副本】复选框,❹ 单击【确定】按钮,如图 7-20 所示。

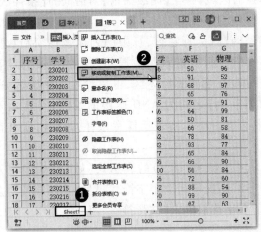

图 7-19 选择【移动或复制工作表】命令

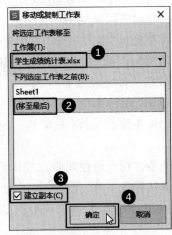

图 7-20 复制工作表

> **温馨提示:** 若要跨工作簿移动或复制工作表,必须先将目标工作簿打开。

步骤 3:重命名工作表。经过上步操作后,即可将选择的 Sheet1 工作表复制到"学生成绩统计表"工作簿的 Sheet1 工作表之后。为该工作表重命名为"1 班"。

步骤 4:复制其他工作表。使用相同的方法将"2 班成绩""3 班成绩""4 班成绩"工作簿中的

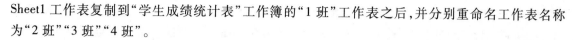

Sheet1 工作表复制到"学生成绩统计表"工作簿的"1 班"工作表之后,并分别重命名工作表名称为"2 班""3 班""4 班"。

步骤 5:删除多余工作表。选择 Sheet1 工作表,并在其上单击鼠标右键,在弹出的快捷菜单中选择【删除工作表】命令,删除多余的空白工作表。

⫸ 7.3.2 设置表格查看方式

当表格中包含的数据项比较多时,查看数据时容易看错看漏,所以,必须掌握一定的技巧才能保证后续数据分析工作的有效开展。

1. 高亮显示当前单元格

WPS 表格提供了阅读模式,此模式下会通过高亮显示的方式,将当前选中单元格的位置清晰明了地展现出来,防止看错数据所对应的行列。阅读模式的高亮颜色还支持自定义。因为各班成绩数据比较多,而且表格设置了底纹填充色,所以可以统一设置一个明显的高亮颜色。

步骤 1:设置高亮显示颜色。❶ 按住【Ctrl】键,同时选择"1 班""2 班""3 班"和"4 班"工作表,❷ 单击【视图】选项卡中的【阅读模式】下拉按钮,❸ 在弹出的下拉列表中选择需要高亮显示的颜色,这里选择浅红色,如图 7-21 所示。

步骤 2:查看效果。切换到阅读模式显示表格数据,选择单元格后,所在的行和列将以设置的浅红色高亮显示,切换到工作表组中的其他工作表,也可以看到高亮显示当前单元格效果,如图 7-22 所示。

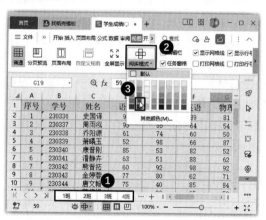

图 7-21 设置高亮显示颜色

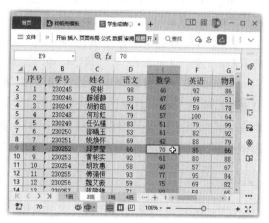

图 7-22 查看效果

温馨提示:再次单击【阅读模式】按钮,可以退出阅读模式。

---

2. 冻结窗格

为了方便对比表头字段查看表格中的内容,清楚了解每列数据代表的具体内容,可以为各班成绩表设置冻结窗格效果。

步骤 1:冻结窗格。❶ 同时选择"1 班""2 班""3 班"和"4 班"工作表,❷ 选择任意工作表中的 D2 单元格,❸ 单击【视图】选项卡中的【冻结窗格】下拉按钮,❹ 在弹出的下拉列表中选择【冻结至第 1 行 C 列】选项,如图 7-23 所示。

步骤 2：查看冻结效果。此时，所选单元格上方的行和左侧的多列被冻结起来，这时随意滑动鼠标滚轮查看表中的数据，被冻结的区域始终显示在界面上。切换到工作表组中的其他工作表，并没有看到冻结效果。所以，需要单独对每一个工作表进行窗格冻结操作，如图 7-24 所示。

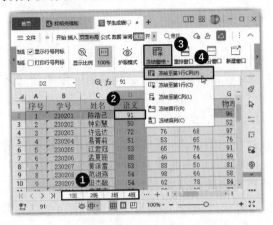

图 7-23　冻结窗格

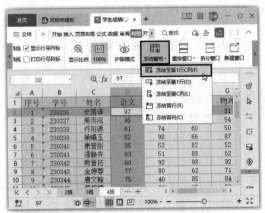

图 7-24　查看冻结效果

7.3.3　完善表格内容

由于各班的成绩是不同的老师收集整理的，部分表格中没有计算出各学生的成绩总分和班级排名信息，需要对表格内容进行完善。

步骤 1：计算成绩总分。❶ 同时选择"1 班""2 班"和"4 班"工作表，❷ 选择任意工作表中的 K2 单元格，输入公式"= SUM(D2:J2)"，如图 7-25 所示。

步骤 2：检查并重新填充公式。❶ 双击填充控制柄向下填充公式，计算出所有学生的成绩总分，❷ 切换到工作表组中的其他工作表，可以看到在 K2 单元格中输入了相同的公式，但并没有填充公式到下方的单元格中（所以对工作表组进行的操作一定要进行检查）。重新双击填充控制柄分别为各工作表向下填充公式，如图 7-26 所示。

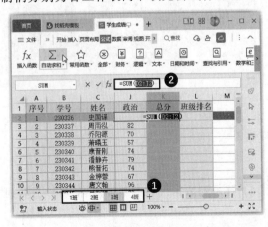

图 7-25　计算成绩总分

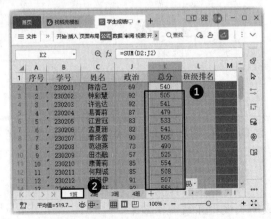

图 7-26　检查并重新填充公式

步骤 3：计算班级排名。由于不同班级的学生人数不同，所以需要根据情况编写班级排名的公式。❶ 选择"1 班"工作表,❷ 在 L2 单元格中输入公式"=RANK(K2,$K$2:$K$44)",❸ 双击填充控制柄向下填充公式,计算出该班各学生的成绩排名,如图 7-27 所示。

步骤 4:计算其他班级的排名。使用相同的方法根据各班学生的总人数编写班级排名的公式,计算出 2 班~4 班的成绩排名。

➢➢➢ 7.3.4 归集各班成绩

现在每个班的成绩还是以班为单位进行统计的,只能查看学生成绩在班级里的情况。接下来从全年级的角度来分析学生的成绩,在数据分析前要先将各班的成绩汇总到一张工作表中来制作成基础表格。因为表格字段的排列方式都相同,所以通过复制单元格就可以实现数据归集了。

步骤 1:复制工作表和单元格内容。❶ 复制"1 班"工作表,并重命名为"年级成绩汇总",❷ 选择"2 班"工作表,❸ 选择并复制

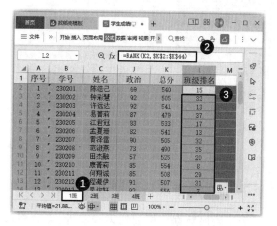

图 7-27 计算班级排名

B2:K46 单元格区域的内容(首列的序号和班级排名直接复制会出错),如图 7-28 所示。

步骤 2:粘贴单元格内容。❶ 选择"年级成绩汇总"工作表,❷ 选择 B45 单元格,将刚刚复制的 2 班学生成绩信息粘贴到该处,如图 7-29 所示。

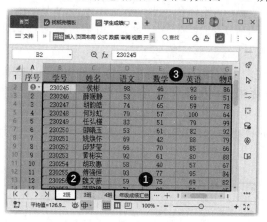

图 7-28 复制工作表和单元格内容

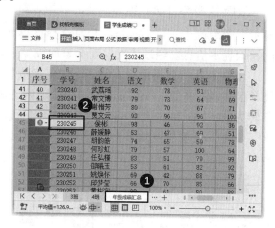

图 7-29 粘贴单元格内容

步骤 3:继续复制其他班级学生成绩信息。使用相同的方法继续复制 3 班和 4 班学生成绩信息到"年级成绩汇总"工作表中。

步骤 4:填充序号。选择"年级成绩汇总"工作表中的 A44 单元格并双击填充控制柄向下填充序号,如图 7-30 所示。

步骤 5:复制班级排名信息。❶ 分别复制各班的班级排名数据,❷ 在"年级成绩汇总"工作表中选择相应的起始单元格,单击【粘贴】下拉按钮,❸ 在弹出的下拉列表中选择【值】选项,仅以"值"的方式复制班级排名信息,如图 7-31 所示。

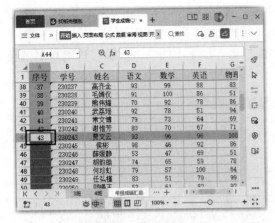

图 7-30　填充序号

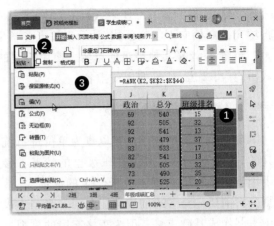

图 7-31　复制班级排名信息

7.3.5　检查表格数据

为了确保数据分析的结果准确性,需要对原始数据进行检查,筛选出错误的、重复的数据。

1. 让假数字变成真数字

导入外部数据时,经常会产生一些不能计算的"假数字",导致统计出错。所以,在进行数据分析前,通常需要对数据的格式进行检查,尤其要注意将文本型数据转换为数字数据,因为这类假数字是不能参与运算的,会导致计算结果错误。

WPS 表格会自动对单元格中的数据进行格式检测,当发现异常时,就会在单元格的左上方显示一个绿色小三角形标记,此时选择该单元格,将在左侧显示 按钮,单击可以看到系统的错误提示信息。经过检查发现 3 班的成绩数据都是"假数字",需要处理。

步骤 1:执行转换命令。❶ 选择"年级成绩汇总"工作表中要调整数据格式的 E90:L133 单元格区域,❷ 单击【开始】选项卡中的【表格工具】按钮,❸ 在弹出的下拉菜单中选择【文本型数字转为数字】命令,如图 7-32 所示。

步骤 2:查看转换效果。经过上步操作后,即可将假数字变成可以计算的真数字,如图 7-33 所示。

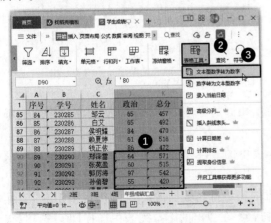

图 7-32　执行转换命令

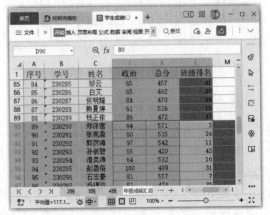

图 7-33　查看转换效果

步骤 3:调整单元格格式。对 L 列中的单元格设置成与其他列相同的单元格格式,可以通过格式刷复制格式完成,也可以通过填充单元格格式完成。

> **技能拓展**:在输入数字时,在数字前面添加半角单引号"′"可转换为文本型,如"′007"。此外,在分列数据操作时,在【分列向导】对话框中连续单击【下一步】按钮进入第 3 步操作时在【列数据类型】列表框中选中【文本】单选按钮,也可以转换为文本型数据。对于日期和时间数据,如果直接修改单元格数字格式,不仅会得到"假文本",还会变成"文本型数字",如数值型日期时间"1999/1/1 12:00:00"将会变成文本型数字"36161.5"。

2. 圈释表格中无效的数据

考试成绩都是老师手工输入的,因为输入量大,难免有出错的地方。对于有规则的数据可以通过 WPS 表格的圈释无效数据功能,快速找出明显错误或不符合条件的数据。本例中所有科目的总成绩为 100 分,可以先设置数据有效性,然后通过圈释无效数据来圈出不符合条件的数据。

步骤 1:打开【数据有效性】对话框。❶ 选择工作表中要检查无效数据的所有科目成绩所在的 D2:K175 单元格区域,❷ 单击【数据】选项卡中的【有效性】按钮,如图 7-34 所示。

步骤 2:设置有效性条件。打开【数据有效性】对话框,❶ 在【允许】下拉列表框中选择允许输入的数据类型为【小数】,❷ 在【数据】下拉列表框中选择数据条件为【介于】,❸ 在【最小值】和【最大值】文本框中分别输入参数值"0"和"100",❹ 单击【确定】按钮,如图 7-35 所示。

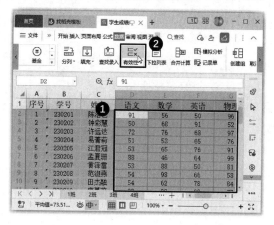

图 7-34　打开【数据有效性】对话框

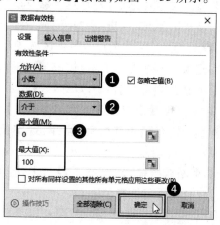

图 7-35　设置有效性条件

步骤 3:圈释无效数据。返回工作表,❶ 单击【数据】选项卡中的【有效性】下拉按钮,❷ 在弹出的下拉列表中选择【圈释无效数据】选项,如图 7-36 所示。

步骤 4:查看检测结果。操作完成后即可对设置了数据有效性的单元格区域进行检测,并将无效数据标示出来,如图 7-37 所示。

步骤 5:修改错误数据。这里检测到一处无效数据,成绩结果超过了满分 100 分,通过查看具体数据后,发现是输入错误,需要修改为"99",则选择错误的单元格,重新输入"99",如图7-38所示。

步骤 6:修改原始表格中的错误数据。为了保证后期再调用原始成绩进行其他分析时出错,应该把发现的错误及时进行修改。这里可以切换到"2 班"工作表中,把对应的数据修改正确,即将 G45 单元格中的数据修改为"99"。

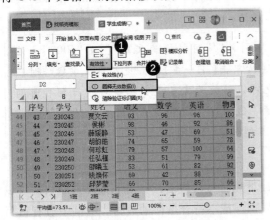

图 7-36　选择【圈释无效数据】选项

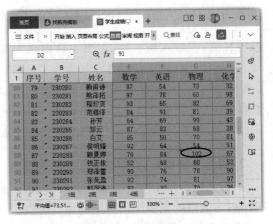

图 7-37　查看检测结果

3. 处理空值

在圈释无效数据时,发现有些成绩单元格为空白单元格,并没有填充数据。为防止后期统计数据时结果不正确,可以为空白单元格填充 0 值。

步骤 1:打开【定位】对话框。❶ 同时选择"1 班""2 班""3 班""4 班"和"年级成绩汇总"工作表,❷ 选择工作表中的所有数据区域,❸ 单击【开始】选项卡中的【查找】下拉按钮,❹ 在弹出的下拉菜单中选择【定位】命令,如图 7-39 所示。

步骤 2:设置定位条件。打开【定位】对话框,❶ 选中【空值】单选按钮,❷ 单击【定位】按钮,如图 7-40 所示。

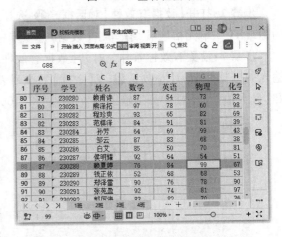

图 7-38　修改错误数据

步骤 3:统一输入"0"值。经过上步操作后会选中所有的空白单元格,输入"0",按【Ctrl+Enter】组合键进行填充。

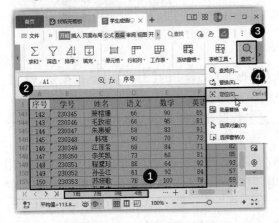

图 7-39　打开【定位】对话框

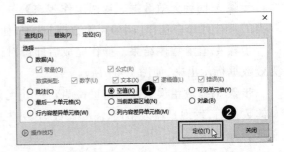

图 7-40　设置定位条件

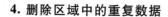

4. 删除区域中的重复数据

检查基础数据时,删除重复项数据是一项必做操作,否则就会影响后续的分析结果。如果数据项比较规范、简单,就可以让系统自动进行判断并删除工作表中的重复数据。

步骤 1:执行【删除重复项】命令。❶ 选择"年级成绩汇总"工作表中的任意单元格,❷ 单击【数据】选项卡中的【重复项】下拉按钮,❸ 在弹出的下拉菜单中选择【删除重复项】命令,如图 7-41 所示。

步骤 2:设置包含重复项检测的列。打开【删除重复项】对话框,❶ 在【列】列表框中选择需要进行重复项检查的列,这里选中除【序号】外的所有复选框,❷ 单击【删除重复项】按钮,如图 7-42 所示。

> **温馨提示:**【删除重复项】操作不支持合并单元格检测。所以需要在执行命令前,选择排除合并单元格外的单元格区域。

步骤 3:确认删除重复项。WPS 表格将对选中的列进行重复项检查,检查完成后会弹出提示对话框告知检查结果,单击【确定】按钮即可删除重复项,如图 7-43 所示。

步骤 4:检查被删除的信息。删除重复项会直接被操作,为了检查是什么地方有重复内容,可以想办法进行检验。这里:❶ 在 A 列前插入一列数据并填充序号,❷ 通过比对 A 列和 B 列两列数据序号即可发现是原来的第 173 条数据记录被删除了,如图 7-44 所示。

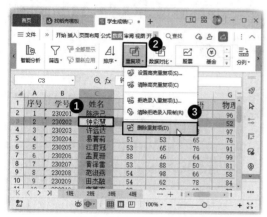

图 7-41　执行【删除重复项】命令

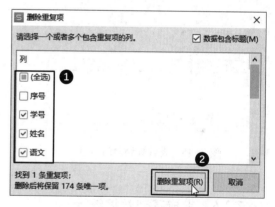

图 7-42　设置包含重复项检测的列

图 7-43　确认删除重复项

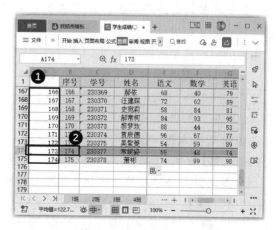

图 7-44　检查被删除的信息

步骤 5：查看被删除的信息。通过学号得知是 4 班的一个学生信息重复了，切换到"4 班"工作表，查看被删除的基础信息，并复制该学生姓名，如图 7-45 所示。

步骤 6：查找被保留的重复信息。❶ 切换到"年级成绩汇总"工作表，❷ 通过查找复制的姓名，找到被保留的重复信息，如图 7-46 所示。

步骤 7：删除多余数据。通过比对和事实考察得知这名学生已经从 4 班调到 2 班，所以应该删除在 4 班中的信息。切换到"4 班"工作表，删除第 42 行数据，并重新填充 A 列的序号。

步骤 8：重新填充序号。切换到"年级成绩汇总"工作表，重新填充 B 列的序号，并删除用于辅助的 A 列数据。

> **技能拓展：**检查基础数据中是否存在一些不符合逻辑的数据时，除了通过一些技术手段来检查外，最终可能还是需要逐一核对数据，在这个过程中也可以灵活使用公式、条件格式等方法来实现快速判断，这里就不展开介绍了。

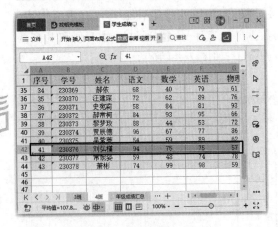

图 7-45　查看被删除的信息

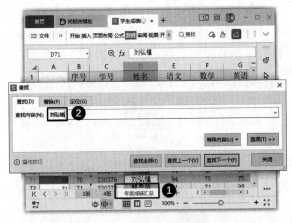

图 7-46　查找被保留的重复信息

⨠⨠⨠ 7.3.6　完成基础数据统计

归集和整理好新的基础数据后，根据年级成绩分析需求，还需要补充完善相关的基础数据，如各学生的平均成绩、成绩等级和年级排名。另外，可以对数据进行简单统计，这样不仅可以增加用于分析的基础数据项，还可以通过这些简单数据汇总发现一些浅显的数据规律。

步骤 1：计算各学生的年级排名。❶ 在 M1 单元格中输入"年级排名"，❷ 在 M2 单元格中输入公式"＝RANK(K2,K \$2:K \$175)"，❸ 向下填充公式，计算出各学生的年级排名，并应用表格中其他列相同的格式，如图 7-47 所示。

步骤 2：插入列。❶ 选择 L 列单元格，并在其上单击鼠标右键，❷ 在弹出的快捷菜单中【在左侧插入列】命令右侧的文本框中输入"2"，❸ 选择【在左侧插入列】命令，如图 7-48 所示。

步骤 3：计算各学生的平均分。在原 L 列左侧插入两列空白单元格，❶ 在 L1 单元格中输入"平均分"，❷ 在 L2 单元格中输入公式"＝AVERAGE(D2:J2)"，❸ 向下填充公式，计算出各学生的平均分，❹ 单击【减少小数位数】按钮，让平均分显示为两位小数，如图 7-49 所示。

步骤 4：制作等级标准区域。在 R1:S5 单元格区域根据要划分学生成绩等级的标准输入如

图 7-50 所示的内容,并为 S 列的成绩数据自定义单元格格式,让成绩分数后面显示出"分"。

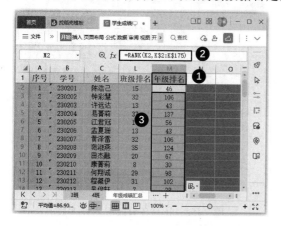

图 7-47　计算各学生的年级排名

图 7-48　插入列

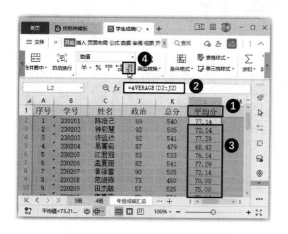

图 7-49　计算各学生的平均分

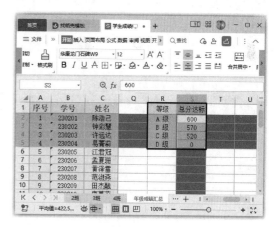

图 7-50　制作等级标准区域

步骤 5:计算各学生的等级。❶ 在 M1 单元格中输入"等级",❷ 在 M2 单元格中输入公式 "=IF(C2="","",XLOOKUP(K2,$S$2:$S$5,$R$2:$R$5,"",-1))",❸ 向下填充公式,计算出各学生的等级,如图 7-51 所示。

步骤 6:计算各等级的达标人数。❶ 复制"年级成绩汇总"工作表,并重命名为"成绩分析", ❷ 在 T1 和 U1 单元格中分别输入"达标人数"和"占比",❸ 在 T2 单元格中输入公式 "=SUMPRODUCT(($C$2:$C$20000<>"")*($K$2:$K$20000>=S2)*1)",❹ 向下填充公式,计算出各等级的达标人数,如图 7-52 所示。

步骤 7:计算各等级的达标人数占比。❶ 在 U2 单元格中输入公式"=IFERROR(T2/SUM ($T$2:$T$5),"")",❷ 向下填充公式,计算出各等级的达标人数占比,❸ 单击【百分比样式】按钮,让占比数显示为百分比样式,如图 7-53 所示。

步骤 8:计算各学科的及格人数。❶ 在 R7 单元格开始制作各学科要统计的数据区域,❷ 在 T8 单元格中输入公式"=COUNTIF($D$2:$D$20000,">="&S8)",❸ 向下填充公式,如图 7-54 所示。

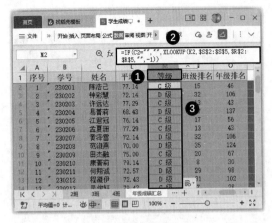

图 7-51　计算各学生的等级

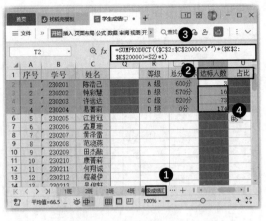

图 7-52　计算各等级的达标人数

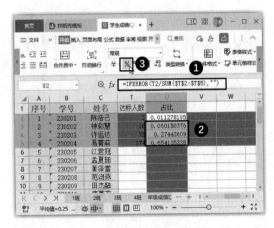

图 7-53　计算各等级的达标人数占比

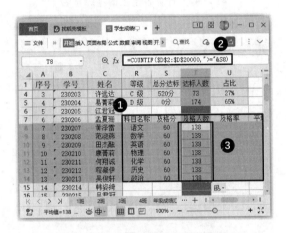

图 7-54　计算各学科的及格人数

步骤 9：修改公式。将 T9:T14 单元格区域中的公式根据各个科目所在的列进行修改，计算出各学科的及格人数，如图 7-55 所示。

步骤 10：计算各学科的及格率。❶ 在 U8 单元格中输入公式"= T8/SUM（$T $2:$T $5）"，❷ 向下填充公式，计算出各学科的及格率，❸ 单击【百分比样式】按钮，让及格率显示为百分比样式，如图 7-56 所示。

步骤 11：计算各学科的平均分。在 V8 单元格中输入公式"= AVERAGE（$D $2:$D $200）"，向下填充公式，计算出各学科的平均分。

步骤 12：计算各学科的最高分。在 W8 单元格中输入公式"= MAX（$D $2:$D $200）"，向下填充公式，计算出各学科的最高分。

步骤 13：计算各学科的最低分。在 X8 单元格中输入公式"= MIN（$D $2:$D $200）"，向下填充公式，计算出各学科的最低分。

步骤 14：修改公式。将 V9:X14 单元格区域中的公式根据各个学科所在的列进行修改，计算出各学科的平均分、最高分、最低分。

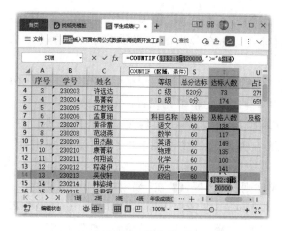

图 7-55　修改公式

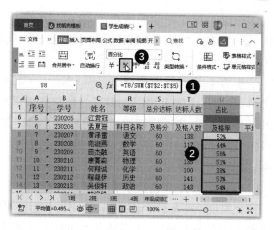

图 7-56　计算各学科的及格率

步骤 15：设置单元格格式。❶ 选择 V8：V14 单元格区域，❷ 单击【减少小数位数】按钮，让平均分显示为两位小数，如图 7-57 所示。

⋙ 7.3.7　简单分析学生成绩

想要快速掌握一组数据的一些基础特征，除了使用函数进行常规统计外，还可以通过条件格式来进行分析。下面就对各学科成绩进行简单分析。

步骤 1：标记语文成绩前 8 名。❶ 选择 D2：D175 单元格区域，❷ 单击【开始】选项卡中的【条件格式】下拉按钮，❸ 在弹出的下拉菜单中选择【项目选取规则】命令，❹ 在弹出的下级子菜单中选择【前 10 项】命令，如图 7-58 所示。

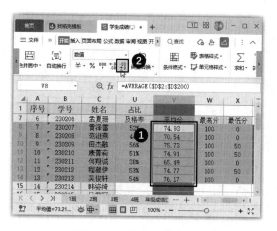

图 7-57　设置单元格格式

步骤 2：设置选取规则。打开【前 10 项】对话框，❶ 设置条件和单元格标记样式如图 7-59 所示，❷ 单击【确定】按钮，即可为语文成绩最高的前 8 名所在单元格填充设置的效果。

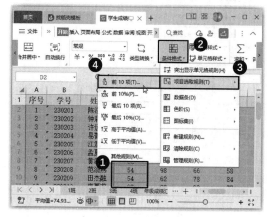

图 7-58　选择【项目选取规则】命令

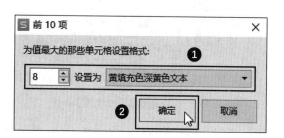

图 7-59　设置选取规则

步骤 3：标记数学成绩最后 10%。❶ 选择 E2：E175 单元格区域，❷ 单击【条件格式】下拉按钮，❸ 在弹出的下拉菜单中选择【项目选取规则】命令，❹ 在弹出的下级子菜单中选择【最后10%】命令，如图 7-60 所示。

步骤 4：设置选取规则。打开【最后 10%】对话框，❶ 设置条件和单元格标记样式如图 7-61所示，❷ 单击【确定】按钮，即可为数学成绩最后 10%所在单元格填充设置的效果。

步骤 5：为英语成绩添加色阶标识。❶ 选择 F2：F175 单元格区域，❷ 单击【条件格式】下拉按钮，❸ 在弹出的下拉菜单中选择【色阶】命令，❹ 在弹出的下级子菜单中选择【其他规则】命令，如图 7-62 所示。

步骤 6：自定义色阶条件规则。打开【新建格式规则】对话框，❶ 在【编辑规则说明】栏的【格式样式】下拉列表框中选择【三色刻度】选项，❷ 在【中间值】参数框中输入"70"，以 70 分为分界线划分为 3 个等级，并为不同等级的单元格设置填充颜色，❸ 单击【确定】按钮，如图 7-63 所示。返回工作表中即可看到英语成绩列根据设置的规则填充了不同的单元格颜色。

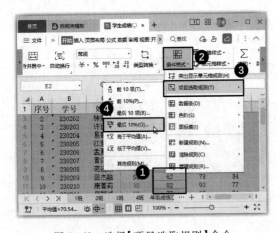

图 7-60　选择【项目选取规则】命令

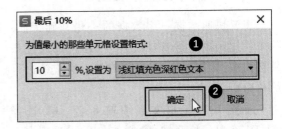

图 7-61　设置选取规则

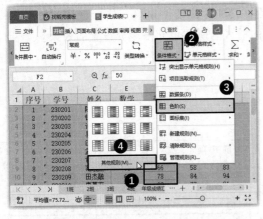

图 7-62　选择【其他规则】命令

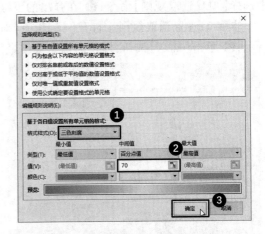

图 7-63　自定义色阶条件规则

步骤 7：为其他学科成绩添加数据条。❶ 选择 G2：J175 单元格区域，❷ 单击【条件格式】下拉按钮,❸ 在弹出的下拉菜单中选择【数据条】命令,❹ 在弹出的下级子菜单中选择需要的数据条样式,如图 7-64 所示,即可根据其他学科的成绩高低为所在单元格添加长短不一的数据条效果。

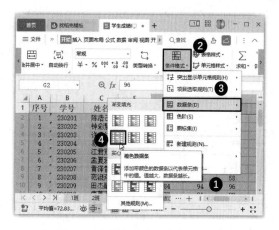

图 7-64　为其他学科成绩添加数据条

7.3.8　对语文成绩进行降序排列

最基本的数据分析方法就是对数据进行排序。实际使用中经常会按要求排序数据,从而能直观地查看有规律的信息。排序时尽量在复制的表格副本中进行操作,具体的排序设置就根据自己想要的排序效果来设置即可。下面对语文成绩进行降序排列。

步骤 1:隐藏不需要的数据。复制"年级成绩汇总"工作表,并重命名为"成绩排序",选择并隐藏 R、S 列单元格。

步骤 2:选择【降序】命令。❶ 选择"语文"列中的任意单元格,❷ 单击【数据】选项卡中的【排序】下拉按钮,❸ 在弹出的下拉菜单中选择【降序】命令,如图 7-65 所示。此时"语文"列的数据就变为降序排序,但是遇到相同成绩时是按照排序前的先后顺序进行处理的。

步骤 3:选择【自定义排序】命令。❶ 再次单击【排序】下拉按钮,❷ 在弹出的下拉菜单中选择【自定义排序】命令,如图 7-66 所示。

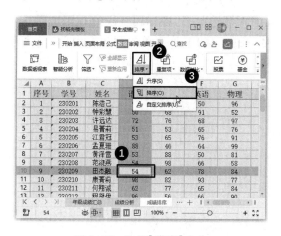

图 7-65　选择【降序】命令

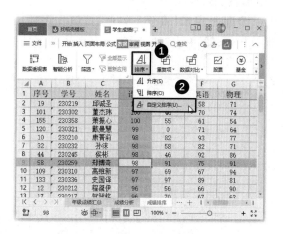

图 7-66　选择【自定义排序】命令

步骤 4:设置排序规则。打开【排序】对话框,❶ 设置排序的主要关键字为【语文】,次序为【降序】,❷ 单击【添加条件】按钮,❸ 设置排序的次要关键字为【总分】,次序为【降序】,❹ 单击【确定】按钮,如图 7-67 所示。

步骤 5:查看排序效果。此时表格中的数据便按照语文成绩从高到低进行排序,当语文成绩相同时,再按总分成绩从高到低进行排序,如图 7-68 所示。

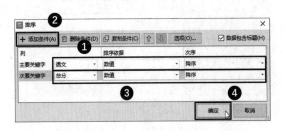

图 7-67　设置排序规则

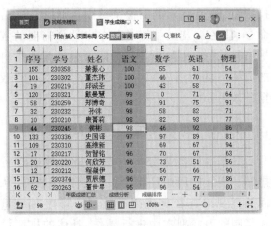

图 7-68　查看排序效果

7.3.9　筛选成绩优异的学生信息

筛选数据也是一个易于操作且经常使用的数据分析实用技巧。实际使用中经常会按要求筛选数据,从而获取并只查看符合条件的数据。例如,要筛选出成绩优异的学生信息。

步骤 1:隐藏不需要的数据。复制"年级成绩汇总"工作表,并重命名为"选优",选择并隐藏 R、S 列单元格。

步骤 2:单击【筛选】按钮。❶ 选择数据区域中的任意单元格,❷ 单击【数据】选项卡中的【筛选】按钮,如图 7-69 所示。

步骤 3:单击【高于平均值】按钮。此时,工作表进入筛选状态,各标题字段的右侧出现一个下拉按钮,❶ 单击"数学"字段名旁边的下拉按钮,❷ 在弹出的下拉菜单的列表框中单击【高于平均值】按钮,如图 7-70 所示。

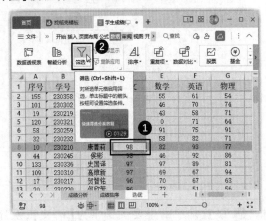

图 7-69　单击【筛选】按钮

图 7-70　单击【高于平均值】按钮

步骤 4:查看筛选结果。此时所有数学成绩高于平均值的相关数据便被筛选出来了,效果如图 7-71 所示。

步骤 5:选择【大于或等于】命令。❶ 单击"英语"字段名旁边的下拉按钮,❷ 在弹出的下拉菜单中单击【数字筛选】按钮,❸ 在弹出的下拉菜单中选择【大于或等于】命令,如图 7-72 所示。

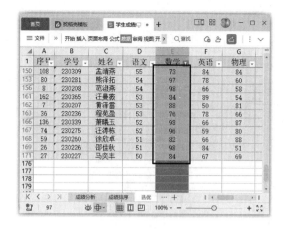

图 7-71 查看筛选结果

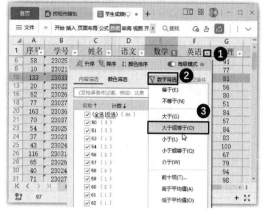

图 7-72 选择【大于或等于】命令

步骤 6：设置筛选规则。 打开【自定义自动筛选方式】对话框，❶ 在第一个列表框中输入数据依据"75"，❷ 单击【确定】按钮，如图 7-73 所示。

步骤 7：恢复筛选前的数据效果。 此时将在上次筛选结果的基础上，将所有英语成绩大于或等于 75 的数据筛选出来。单击【数据】选项卡中的【全部显示】按钮，恢复筛选前的数据效果，如图 7-74 所示。

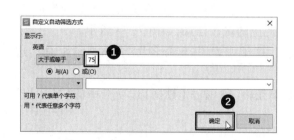

图 7-73 设置筛选规则

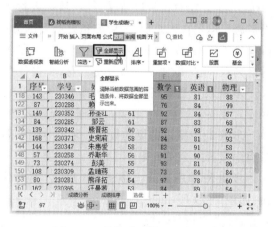

图 7-74 恢复筛选前的数据效果

步骤 8：选择【高级筛选】命令。 ❶ 在空白处输入如图 7-75 所示的筛选条件，❷ 单击【数据】选项卡中的【筛选】下拉按钮，❸ 在弹出的下拉菜单中选择【高级筛选】命令。

步骤 9：设置筛选参数。 打开【高级筛选】对话框，❶ 在【方式】栏中保持默认设置，在【列表区域】参数框中设置为表格中的所有数据区域，❷ 在【条件区域】参数框中设置为事先输入的条件区域，❸ 单击【确定】按钮，如图 7-76 所示。

步骤 10：查看筛选结果。 此时表格中，总分超过 570，且语文、数学、英语成绩都超过 75 的数据便被筛选出来了，如图 7-77 所示。

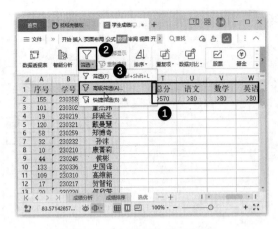

图 7-75　选择【高级筛选】命令

图 7-76　设置筛选参数

➤➤➤ 7.3.10　按班级分类汇总成绩

成绩汇总表中记录了各个班级的成绩，如果在分析时要以班为单位进行汇总分析各班的情况，为了方便对比各班情况，可以按班进行分

图 7-77　查看筛选结果

类汇总。但是在汇总前，需要准备好必要的分析字段。例如，本例中就缺少班级字段，所以在分析前还需要添加相关字段。数据分类汇总之前，还需要先将汇总的字段进行排序，让同类型的数据排列在一起，以便于进行分类汇总，否则数据就是散落在各处的，汇总的结果也不正确。

步骤 1：补充班级字段。❶ 选择"年级成绩汇总"工作表，❷ 在 B 列前插入一列空白单元格，并输入表头字段名称"班级"，根据情况输入各学生对应的班级信息，如图 7-78 所示。

步骤 2：隐藏不需要的数据。复制"年级成绩汇总"工作表，并重命名为"各班成绩汇总"，选择并隐藏 S、T 列单元格。

步骤 3：排序数据。❶ 选择"班级"列的任意单元格，❷ 单击【数据】选项卡中的【排序】按钮，如图 7-79 所示。

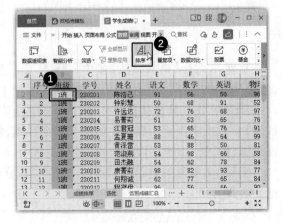

图 7-78　补充班级字段　　　　　　　　　　　　　　　图 7-79　排序数据

步骤 4：单击【分类汇总】按钮。单击【数据】选项卡中的【分类汇总】按钮，如图 7-80 所示。

步骤 5：设置分类汇总方式。打开【分类汇总】对话框，❶ 设置分类字段为【班级】，❷ 在【汇总方式】下拉列表框中选择【平均值】选项，❸ 在【选定汇总项】列表框中选中各学科名称和【总分】复选框，❹ 单击【确定】按钮，如图 7-81 所示。

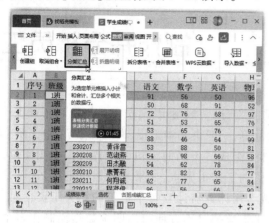

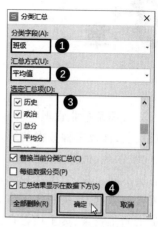

图 7-80　单击【分类汇总】按钮

图 7-81　设置分类汇总方式

步骤 6：查看分类汇总结果。经过上步操作，即可看到分类汇总后的数据，默认会显示出所有明细数据，这里按照不同班级的成绩汇总了平均分。单击汇总区域左上角的数字按钮【2】，如图 7-82 所示。

步骤 7：折叠汇总明细数据。此时即可查看第 2 级汇总结果，如图 7-83 所示。

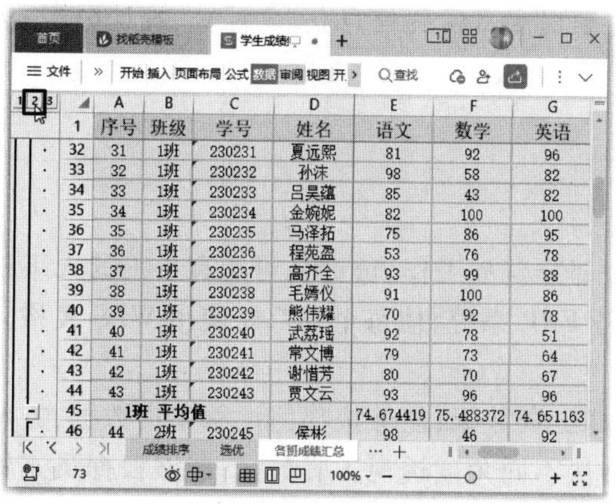

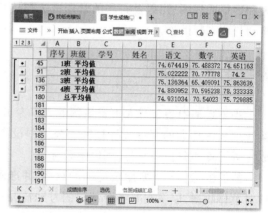

图 7-82　查看分类汇总结果

图 7-83　折叠汇总明细数据

温馨提示：单击汇总区域左侧显示的【+】按钮，可以展开所选汇总项的明细数据。单击【-】按钮，可以折叠所选汇总项的明细数据。

技能拓展：WPS 表格中的数据分析汇总是可以叠加的，即在一层汇总基础上再次根据其他字段汇总数据。这里汇总操作之前，需要先根据汇总的层叠次序进行排序，保证排序的关键字主次关系和嵌套汇总的主次关系相同。

第 **8** 章 制作并分析员工工资

员工工资管理是企业管理中的一个重要部分,一般情况下,员工的工资是按月统计的。但工资的构成很复杂,涉及多种数据的统计和计算,一般由基本工资、岗位补贴、工龄工资、考勤工资、绩效工资、代缴保险、代缴个人所得税等部分组成。不同的公司、不同部门、不同职位,工资的组成情况会有所不同。总之,统计和管理工资的工作很繁重,如果不掌握一定技巧,还是从各个表格中查找需要的数据,从头制作工作表,或者用计算器计算每个员工的相关工资信息,手动制作发给每位员工的工资条,员工核查自己的工资数据时不方便给出明细数据而制作多个不同用户查看的表格……好吧,这项工作可以无限放大成为一项工程呢。

所有人事专员、财务人员都来学习用 WPS 表格完成员工工资管理工作吧,其实这项工作也并不那么巨量、繁杂。作为普通员工,你也应该知道自己的工资是如何计算出来的,了解一下个人所得税如何计算,明明白白拿工资!

本案例将利用 WPS 表格完成一份员工工资表的制作和分析,其中涵盖了表格数据调用、图表和数据透视图表,以及打印的常用方法与技巧,对于提高日常的信息获取、计算、统计分析、浏览和打印有帮助。

8.1 任务目标

小王是某中型公司人力资源部的人事专员兼顾部分财务工作,负责公司所有员工的人事档案管理和每月末的工资统计核算。公司并没有配备 ERP 系统,他每个月都要使用 WPS 表格完成工资计算和分析,希望达到以下目标:

能够汇总各种工资组成明细的数据,并准确计算工资数据;能够按部门汇总工资数据,方便核对整体数据,以及观察各个部门的考勤情况;能够从不同角度透视工资数据;能够根据员工编号快速查询对应的工资明细数据;能够打印工资条和按需打印工资数据。

本案例最终完成的员工工资表及相关表格如图 8-1~图 8-5 所示。实例最终效果见"结果文件\第 8 章\员工工资表.xlsx"文件。

本案例涉及如下知识点:

- 获取不同来源的数据
- 通过混合引用汇总数据
- 通过公式构建复杂的条件格式
- 计算个人所得税
- 创建常规图表,直观可视化展示数据

	A	B	C	D	E	F	G	H	I	J	K	L	M	N	O	P
1	员工编号	姓名	部门	职务	基本工资	岗位补贴	工龄工资	提成工资	加班工资	考勤扣款	全勤奖	应发工资	代缴社保	代缴公积金	代缴个税	实发工资
2	SH_001	黎珂熙	生产部	经理	6000	1500	400	0	0	60	0	7840	815.36	392	60.74	6571.9
3	SH_002	文雅婷	市场部	主管	6000	1000	400	0	0	10	0	7390	768.56	369.5	48.64	6203.3
4	SH_003	贾靖春	人事行政部	经理	5000	1500	350	0	0	10	0	6840	711.36	342	33.86	5752.78
5	SH_004	苏翰欧	销售部	主管	5500	1000	350	3509	0	70	0	10289	1070.056	514.45	211.89	8492.604
6	SH_005	熊凝香	销售部	销售代表	3000	500	350	1019	0	20	0	4849	504.296	242.45	0	4102.254
7	SH_006	杨翼云	销售部	销售代表	3000	500	350	2350	270	10	0	6460	671.84	323	23.64	5441.52
8	SH_007	曾文	生产部	主管	6500	1000	300	0	0	20	0	7780	809.12	389	59.13	6522.75
9	SH_008	易瀚辰	市场部	经理	5000	1500	300	0	459	0	200	7459	775.736	372.95	50.5	6259.814
10	SH_009	袁彬实	生产部	技术人员	6000	500	250	0	0	50	0	6700	696.8	335	30.1	5638.1
11	SH_010	魏浩善	销售部	销售代表	3000	500	250	1213	0	70	0	4893	508.872	244.65	0	4139.478
12	SH_011	邱葵	销售部	销售代表	3000	500	250	4068	0	60	0	7758	806.832	387.9	58.54	6504.728
13	SH_012	易文翰	销售部	销售代表	3000	500	250	2305	0	50	0	6005	624.52	300.25	11.41	5068.82
14	SH_013	邓夏娇	销售部	经理	5000	1500	200	1150	0	0	200	8050	837.2	402.5	66.38	6743.92
15	SH_014	郑瀚祥	财务部	出纳	4500	500	200	0	0	20	0	5180	538.72	259	0	4382.28
16	SH_015	熊豪卓	销售部	销售代表	3500	500	150	1523	0	10	0	5663	588.952	283.15	2.22	4788.678
17	SH_016	龚福玮	财务部	主管	6000	1000	150	0	0	0	200	7350	764.4	367.5	47.57	6170.53
18	SH_017	金言政	人事行政部	招聘专员	4000	500	150	0	0	10	0	4640	482.56	232	0	3925.44
19	SH_018	魏语雅	销售部	销售代表	3000	500	150	2168	0	0	200	6018	625.872	300.9	11.76	5079.468
20	SH_019	许泽辉	人事行政部	行政文员	3800	500	100	0	0	20	0	4380	455.52	219	0	3705.48
21	SH_020	林秀楷	市场部	市场专员	3500	500	100	0	0	10	0	4090	425.36	204.5	0	3460.14
22	SH_021	傅怡瑞	人事行政部	人事专员	4000	500	100	0	0	160	0	4440	461.76	222	0	3756.24
23	SH_022	武尉任	销售部	销售代表	3000	500	100	2300	459	20	0	6339	659.256	316.95	20.39	5342.404
24	SH_023	赖知遥	生产部	技术人员	5000	500	100	0	0	20	0	5580	580.32	279	0	4720.68
25	SH_024	郝婉荷	人事行政部	行政前台	3800	500	50	0	459	0	200	5009	520.936	250.45	0	4237.614
26	SH_025	黄蓝雅	生产部	技术人员	4000	500	50	0	355.5	200	0	4705.5	489.372	235.275	0	3980.853
27	SH_026	顾愉潇	生产部	质检员	4000	500	50	0	0	0	200	4750	494	237.5	0	4018.5
28	SH_027	武梓妍	财务部	会计	5500	500	0	0	121.5	0	200	6321.5	657.436	316.075	19.92	5328.069

图 8-1　制作完成的员工工资表

	A	B	C	D	E	F	G	H	I	J	K	L	M	N
1	部门	人数	基本工资	岗位补贴	工龄工资	提成工资	加班工资	考勤扣款	全勤奖	应发工资	代缴社保	代缴公积金	代缴个税	实发工资
2	生产部	11	51500	7000	1150	0	859.5	660	400	60249.5	6265.948	3012.475	149.97	50821.11
3	市场部	4	18000	3500	800	0	711	20	400	23391	2432.664	1169.55	99.14	19689.65
4	人事行政部	5	20600	3500	750	0	459	200	200	25309	2632.136	1265.45	33.86	21377.55
5	销售部	15	50000	9000	2400	32513	1017	420	1000	95510	9933.04	4775.5	481.52	80319.94
6	财务部	3	16000	2000	350	0	121.5	20	400	18851.5	1960.556	942.575	67.49	15880.88

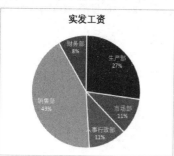
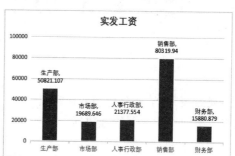
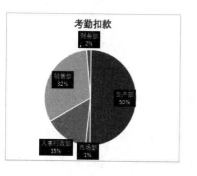
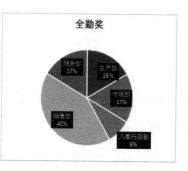

图 8-2　按部门分析工资数据

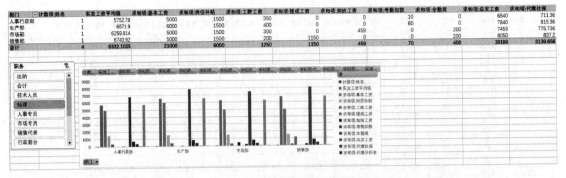

图 8-3　透视工资数据

工资查询表	
员工编号	SH_004
姓名	苏翰歆
部门	销售部
职务	主管
基本工资	5500
岗位补贴	1000
工龄工资	350
提成工资	3509
加班工资	0
考勤扣款	70
全勤奖	0
应发工资	10289
代缴社保	1070.056
代缴公积金	514.45
代缴个税	211.89
实发工资	8492.604

图 8-4　制作完成的
工资查询表

员工编号	姓名	部门	职务	基本工资	岗位补贴	工龄工资	提成工资	加班工资	考勤扣款	全勤奖	应发工资	代缴社保	代缴公积金	代缴个税	实发工资
SH_001	黎珂熙	生产部	经理	6000	1500	400		加班费	60	全勤奖	7840	815.36	392	60.74	6571.9
SH_002	文婧婷	市场部	主管	6000	1000	400		加班费	10	全勤奖	7390	768.56	369.5	48.64	6203.3
SH_003	贾靖春	人事行政部	经理	5000	1500	350		加班费	10	全勤奖	6840	711.36	342	33.86	5752.78
SH_004	苏翰歆	销售部	主管	5500	1000	350	3509	加班费	70	全勤奖	10289	1070.056	514.45	211.89	8492.604
SH_005	燕媛菲	销售部	销售代表	3000	500	350	1019	加班费	20	全勤奖	4849	504.296	242.45	0	4102.254
SH_006	杨夏云	销售部	销售代表	3000	500	350	2350	加班费	10	全勤奖	6190	643.76	309.5	16.39	5220.35
SH_007	晏文	生产部	主管	6500	1000	300		加班费	20	全勤奖	7780	809.12	389	59.13	6522.75
SH_008	易旭辰	市场部	经理	5000	1500	300		加班费	0	全勤奖	7000	728	350	38.16	5883.84
SH_009	袁彬实	生产部	技术人员	6000	1500	300		加班费	50	全勤奖	6700	696.8	335	30.1	5638.1
SH_010	魏浩楠	销售部	销售代表	3000	500	350	1213	加班费	70	全勤奖	4893	508.872	244.65	0	4139.478
SH_011	邵莘	销售部	销售代表	3000	500	350	4068	加班费	60	全勤奖	7758	806.832	387.9	58.54	6504.728
SH_012	易文翰	销售部	销售代表	3000	500	350	2305	加班费	50	全勤奖	6005	624.52	300.25	11.41	5068.82
SH_013	刘嘉婷	销售部	经理	5000	1500	200	1150	加班费	0	全勤奖	8312	837.2	402.5	66.38	6743.92
SH_014	邓瀚梓	财务部	出纳	4500	500	200		加班费	20	全勤奖	5180	538.72	259	0	4382.28

图 8-5　工资条

- 创建数据透视图表,科学地分析和处理数据
- 在数据透视表中使用切片器管理数据
- 创建查询
- 通过排序批量生成工资条
- 设置打印区域

8.2 ▶ 相关知识

下面的知识与本案例或同类型案例密切相关,有助于更好地制作和管理工作表。

8.2.1　社会保险的计算规则

社会保险是指国家通过立法,多渠道筹集,对劳动者因年老、失业、工伤、生育而减少劳动收入时给予经济补偿,使他们能够享有基本生活保障的一项社会保障制度。

目前,国家要求企业必须为在职员工购买社会保险,要足额定期向社会保险管理机构缴纳社会保险费用。社会保险费用由用人单位和职工共同缴纳,具体金额是根据职工的上年度月平均工资和缴费基数确定的。

社会保险包含养老保险、医疗保险、失业保险、工伤保险、生育保险。各地缴纳比例略有不同,具体按照当地的政策缴纳。各项保险的缴费比例大致为:养老保险的缴费比例是28%(企业20%、个人8%),医疗保险的缴费比例是10%(企业8%、个人2%),失业保险的缴费比例是3%(企业2%、个人1%),工伤和生育保险按工资总额的一定比例由企业全额缴纳(根据地区、行业不同缴纳比例不同,但比例不超过1%)。

养老保险费用=企业缴纳+员工缴纳

　　　　　=本人上年度月平均工资×(企业缴费比例+员工缴费比例)

　　　　　=本人上年度月平均工资×(20%+8%)

医疗保险费用=企业缴纳+员工缴纳

　　　　　=本人上年度月平均工资×(企业缴费比例+员工缴费比例)

　　　　　=本人上年度月平均工资×(8%+2%)

失业保险费用=企业缴纳+员工缴纳

　　　　　=本人上年度月平均工资×(企业缴费比例+员工缴费比例)

　　　　　=本人上年度月平均工资×(2%+1%)

工伤保险费用=企业缴纳=缴费基数×企业缴费比例

生育保险费用=企业缴纳=缴费基数×企业缴费比例

社会保险费用由企业统一向社会保险管理机构缴纳,员工应缴纳的社会保险费用由企业在职工应发工资中代扣代缴。

▶▶▶ 8.2.2　住房公积金的计算规则

住房公积金是员工福利的重要内容,是指企业与员工对等缴存,为员工提供的长期住房储蓄。住房公积金由两部分组成,一部分由企业缴存,另一部分由员工个人缴存。员工个人缴存部分由企业代扣后,连同企业缴存部分一并缴存到住房公积金个人账户内。

《住房公积金管理条例》规定,员工和单位住房公积金的缴存比例均不得低于职工上一年度月平均工资的5%,不得高于职工上一年度月平均工资的12%。例如,员工上年度月平均工资为8000元,公积金缴存比例为5%,则员工和企业分别缴存金额=8000×5%=400元,缴存总额为800元。

住房公积金实行专款专用,存储期间只能按规定用于购房、建房、大修自住住房或者用于交纳房租。职工只有在离退休、死亡、完全丧失劳动能力并与单位终止劳动关系或户口迁出原居住城市时,才可提取本人账户内的住房公积金。

▶▶▶ 8.2.3　个人所得税的计算规则

在缴纳个人所得税的时候,都是根据税率来进行计算的。个人所得税率是个人所得税税额与应纳税所得额之间的比例。个人所得税率是由国家相应的法律法规规定的,根据个人的收入计算。

我国自2019年1月起,采用综合与分类相结合的混合所得税制。在混合税制下,综合所得与分类所得采用不同的计税方法与税率,主要分为以下4类。

● **综合所得**:居民个人的综合所得包括工资薪金、劳务报酬、稿酬和特许权使用费4项。这4项综合所得按纳税年度合并计算个人所得税,以每一纳税年度的收入额减除费用6万元以及专项扣除(如社保)、专项附加扣除(如子女教育、赡养老人等)和依法确定的其他扣除后的余额,为应纳税所得额。劳务报酬所得、稿酬所得、特许权使用费所得以收入减除 20% 的费用后的余额为收入额。稿酬所得的收入额减按 70% 计算。综合所得适用如表 8-1 所示的 3%～45% 的 7 级超额累进税率表。

表 8-1 3%～45% 的 7 级超额累进税率表

级数	全年应纳税所得额	税率(%)
1	不超过 36000 元的	3
2	超过 36000 元至 144000 元的部分	10
3	超过 144000 元至 300000 元的部分	20
4	超过 300000 元至 420000 元的部分	25
5	超过 420000 元至 660000 元的部分	30
6	超过 660000 元至 960000 元的部分	35
7	超过 960000 元的部分	45

● **经营所得**:包括个体工商户的生产、经营所得,个人对企事业单位的承包经营、承租经营所得,个人独资企业和合伙企业投资者的生产、经营所得,个人依法从事办学、医疗、咨询以及其他有偿服务活动的所得。经营所得以每一纳税年度的收入总额减除成本、费用以及损失后的余额,为应纳税所得额。经营所得适用 5%～35% 的 5 级超额累进税率。

● **其他分项所得**:包括居民个人取得的利息、股息、红利所得,财产租赁所得,财产转让所得和偶然所得,这些所得分项、分次分别计算个人所得税。其中,财产租赁所得,每次收入不超过 4000 元的,减除费用 800 元;4000 元以上的,减除 20% 的费用,其余额为应纳税所得额;财产转让所得,以转让财产的收入额减除财产原值和合理费用后的余额,为应纳税所得额;利息、股息、红利所得和偶然所得,以每次收入额为应纳税所得额。分项所得均适用比例税率,税率为 20%。

● **工资薪金的个税计算**:居民个人取得工资薪金,个人所得税按年计算、按"累计预扣法"由任职单位按月预扣预缴(其他综合所得需要采用不同预扣方式计算,这里不再涉及)。当个人从不同渠道取得多项综合收入时,应由本人在取得所得的次年 3 月 1 日至 6 月 30 日内办理汇算清缴。

综上所述,假设某人仅有工资收入,那么他获取的工资中每年有 6 万元是不用交税的,平均每月减除费用 5000 元(目前的个人所得税的起征点为 5000 元,也就是说低于 5000 元时,是不需要缴纳个人所得税的),那么其 4 月份工资的个人所得税按"累计预扣法"计算如表 8-2 所示。

表 8-2 工资薪金按月预缴时依据的预扣率表

级数	全年应纳税所得额	税率(%)	速算扣除数
1	不超过 36000 元的	3	0
2	超过 36000 元至 144000 元的部分	10	2520
3	超过 144000 元至 300000 元的部分	20	16920
4	超过 300000 元至 420000 元的部分	25	31920
5	超过 420000 元至 660000 元的部分	30	52920

续表

级数	全年应纳税所得额	税率(%)	速算扣除数
6	超过 660000 元至 960000 元的部分	35	85920
7	超过 960000 元的部分	45	181920

> **温馨提示**：速算扣除数也是根据交税者的应纳所得税额不同，而得到的不同扣除数额，不同的应纳所得税额等级对应不同的速算扣除数，这部分钱将不会扣税。

1~4 月累计应纳税所得额＝1~4 月累计全部工资收入－1~4 月累计专项扣除－减除费用 5000×4

1-4 月累计个人所得税＝1~4 月累计应纳税所得额×对应税率－对应速算扣除数

4 月份应缴个人所得税＝1~4 月累计个人所得税－1~3 月已缴个人所得税

例如，某人每月工资 20000 元，假设没有专项扣除，前 3 个月已预缴个税 1284 元。其截至 4 月份累计应纳税所得额＝20000×4－5000×4＝60000（元），在预扣率表中查找对应税率为 10%、速算扣除数为 2520，则其 4 月份应预缴个人所得税 60000×10%－2520－1284＝2196（元）。

为了便于按月统计的工资当月计算出个人所得税，将表 8-2 折算成每月的速算表就如表 8-3 所示。这样就可以每月先统计一个确切的缴费额度，后期再进行年度统算。可以简单理解为，工资的个人所得税计算公式为：应纳税额＝（工资薪金所得－"五险一金"－扣除数）× 适用税率－速算扣除数。

表 8-3　工资薪金按月预缴时每月缴费依据的预扣率表

级数	全月应纳税所得额	税率(%)	速算扣除数
1	不超过 3000 元的	3	0
2	超过 3000 元至 12000 元的部分	10	210
3	超过 12000 元至 25000 元的部分	20	1410
4	超过 25000 元至 35000 元的部分	25	2660
5	超过 35000 元至 55000 元的部分	30	4410
6	超过 55000 元至 80000 元的部分	35	7160
7	超过 80000 元的部分	45	15160

➤➤➤ 8.2.4　选择合适的图表类型

图表是数据的图形化表现形式，也是数据分析的重要工具之一，在数据呈现方面独具优势。相较于文字描述和表格数据而言，可视化图表可以更加清晰和直观地反映数据信息，帮助用户更好地了解数据间的对比差异、比例关系及变化趋势。

WPS 表格中的图表是由各基本组成元素构成的，下面以簇状柱形图为例，介绍常见的图表构成元素，如图 8-6 所示，其中各组成部分的功能介绍如表 8-4 所示。

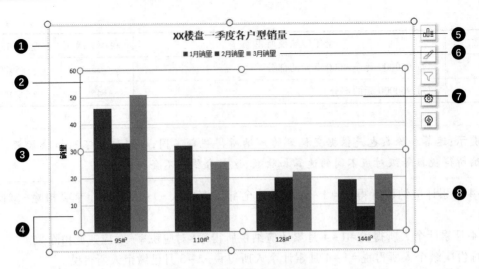

图 8-6   图表的基本组成元素

表 8-4   图表主要构成部分功能介绍

❶ 图表区	包含整个图表及其全部元素。通常在图表中的空白处单击即可选定整个图表区。选定图表区后,可以快速统一设置图表中字符的字体、字号和颜色
❷ 绘图区	图表中的图形区域,即以坐标轴界定的矩形区域
❸ 坐标轴标题	显示在坐标轴外侧的类文本框,用于对坐标轴的内容进行标识
❹ 坐标轴	分为主要横坐标轴(默认显示)、主要纵坐标轴(默认显示)、次要横坐标轴和次要纵坐标轴4 种,坐标轴上有刻度线、刻度标签等
❺ 图表标题	显示在绘图区上方的类文本框,用于对图表要展示的核心思想进行说明。默认使用系列名称作为图表标题,可根据需要修改
❻ 图例	标明图表中图形代表的数据系列,当图表中只有一个数据系列时,默认不显示图例
❼ 网格线	有水平网格线和垂直网格线两种,分别与横坐标轴(X 轴)和纵坐标轴(Y 轴)上的刻度线对应,是用于比较数值大小的参考线
❽ 数据系列	根据源数据绘制的点、线、面等图形,用以生动形象地反映数据,是图表的关键部分

此外,WPS 表格还为用户提供了一些数据分析中很实用的图表元素,如数据标签可以标识数据系列中数据点的详细值,选定图表时会在右上方自动显示快捷按钮组,【图表元素】按钮可以快速添加、删除或更改图表元素(如标题、图例、网格线和数据标签),【图表样式】按钮可以快速设置图表样式和配色方案,【图表筛选器】按钮可以快速选择要在图表上显示哪些数据点和名称,【设置图表区域格式】按钮可以快速显示出【属性】任务窗格以微调所选图表元素的格式。除此之外,在不同类型的图表中还可以添加趋势线、误差线、线条以及涨跌柱线等元素。默认情况下,某类图表可能只显示其中的部分元素,用户可以根据需要添加或删除图表元素。

> **温馨提示**:通常在保证完整展示数据的前提下,应该对图表中的元素进行必要的精简,使图表看起来更加简洁。例如,如果在柱形图中添加了数据标签,则可以考虑删除垂直轴标签。

WPS 表格中内置了大量的图表类型,如果用户对要选择的图表类型很熟悉,可以在选择数据后,单击【插入】选项卡中图表类型对应的按钮,然后直接选择需要的图表子类型。如果对图表类型选择没有把握,可以单击【插入】选项卡中的【全部图表】按钮,打开【插入图表】对话框,在其中选择不同的图表类型,通过预览图表效果来进行选择。

WPS 表格提供了 8 大类标准图表类型,每个大类下又扩展出若干个子类型,下面简单介绍。

- **柱形图**:WPS 表格中的默认图表类型。柱形图通常沿横坐标轴组织类别,沿纵坐标轴组织数值。常用于描述不同时期数据的变化情况,或者显示不同类别数据的对比差异,也可以同时描述不同时期、不同类别数据的变化和差异。

- **条形图**:类似于水平的柱形图,沿纵坐标轴组织类别,沿横坐标轴组织数值,如图 8-7 所示。条形图主要用于比较不同类别数据之间的差异,可以显示持续时间或使用较长的分类标签。

- **折线图**:折线图可以显示数据随时间或类别的变化趋势,如图 8-8 所示。折线图可以清晰地反映出数据的增减趋势、增减速率、增减规律(周期性)以及峰值谷值等特征信息。

- **面积图**:面积图实际上是折线图的另一种表达形式,使用折线和分类轴组成的面积及两条折线之间的面积来显示数据系列的值,如图 8-9 所示。面积图除了显示数据随时间或类别的变化趋势之外,还可以分析局部与整体的关系。当数据系列较多时,不同系列之间可能会互相遮挡。

- **饼图(环形图)**:饼图通常用于描述构成及其比例,如图 8-10 所示。饼图通常只有一个数据系列作为源数据,将一个圆划分为若干个扇形,每个扇形代表数据系列中的一个数据点,扇形大小用于表示相应数据点占数据系列总和的比例值。饼图中的数据点一般不要超过 6 个,否则会显得较为杂乱。圆环图是饼图的扩展类型,可以包含多个数据系列,显示为多个同心圆环。

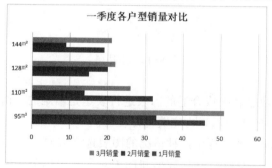

图 8-7　条形图

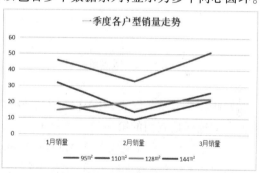

图 8-8　折线图

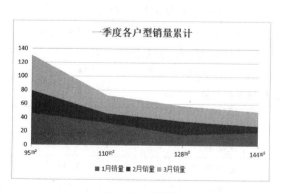

图 8-9　面积图

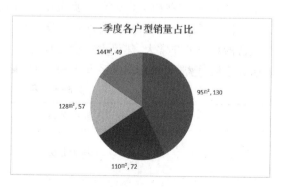

图 8-10　饼图

- **XY 散点图(气泡图):** XY 散点图显示了数据的不规则间隔,不仅可以用线段,还可以用一系列的点来描述数据。XY 散点图可以显示若干数据系列中各数值间的关系,或者将两组数据绘制为 XY 坐标系中的一个数据系列。XY 散点图通常用于描述数据集之间的关系,例如几组数据之间的相关性、数据的集中程度或离散程度等,一般适用于科学数据、统计数据和工程数据。气泡图是 XY 散点图的扩展类型,相当于在 XY 散点图的基础上增加了第三个变量,即气泡的尺寸,可以用于分析更加复杂的数据关系。如图 8-11 所示为用散点图分析某年级学生身高体重分布情况。

- **股价图:** 股价图通常用来显示股价的波动,也可用于其他科学数据,例如用于指示温度的变化。需要注意的是必须以正确的顺序来组织数据才能创建股价图。

- **雷达图:** 雷达图用于比较几个数据系列的聚合值,不同分类各自使用独立的由中心点向外辐射的数值轴,通过折线连接同一数据系列中的数据点。雷达图对于采用多项指标全面分析目标情况有着重要的作用,在经营分析等活动中可以直观发现一些问题短板。如图 8-12 所示为 HR 使用雷达图对员工能力进行综合分析的效果。

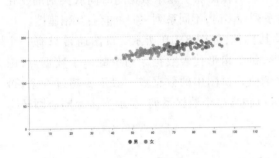

图 8-11　散点图

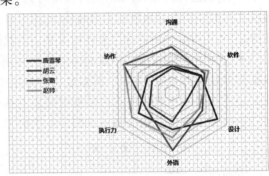

图 8-12　雷达图

如此种类丰富的图表,对于很多人来说,要把数据转换成合适的图表进行表达是困难的。而图表类型选择是制图的第一步。第一步出错,后面的工作做得再完美也是徒劳。

图 8-13 所示为可视化专家 Andrew Abela 整理出来的基于四种情况的图表选择方向。

通过图 8-13 大致能够知道,无论数据总量和复杂程度如何,数据间的关系大多可以分为四类:比较、分布、构成、联系。所以,图表类型的选择主要基于要展示什么样的数据,这些数据之间存在什么关系,这些内容也是在数据分析阶段就已经厘清了的,所以说图表制作离不开数据分析。选择好大的方向,再从需要展示的字段数量上来进一步判断更为合适的图表类型。图 8-13 中包含的数据量非常大,建议大家反复查看。为了方便大家理解,作者基于此图表制作了一套图表速查手册,把常用的数据关系和图表类型进行了归纳,如表 8-5 所示。

表 8-5　图表类型选择速查手册表

数据关系			图表类型
比较	基于分类	少量系列	柱形图
		多个系列	条形图
	基于时间	循环	雷达图
		非循环	折线图

续表

数据关系			图表类型
构成	静态	占总体比例	饼图
	动态	少数周期	堆积柱形图
		多个周期	堆积面积图
联系		少变量	散点图
		3个变量	气泡图

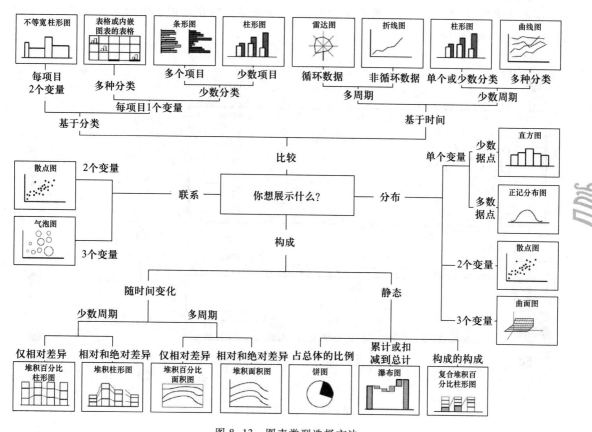

图 8-13　图表类型选择方法

总之,选择合适的图表类型要分三步走,一看数据类型,二看数据维度,三看要表达的内容。

8.2.5　插入数据透视表/图

当要分析的数据比较多,又想从多个角度去查看数据时,就要用到数据透视功能了。WPS表格中提供了数据透视表和数据透视图两种数据透视方式,其透视的原理都是相同的,只是一个以报表的形式进行展示,另一个以图表的形式进行展示。

数据透视功能有机地综合了数据排序、筛选、分类汇总等数据分析的优点,可以从源数据列表中快速汇总大量数据并提取有效信息,最终以交互式的报表或图表展示出来。在这个过程中会随着设置的透视方式不同,立即改变汇总的结果,能够帮助用户从不同角度分析和比较数据,从大量看似无关的数据中找寻背后的联系,从而将纷繁的数据转化为有价值的信息,以供研究和决策所用。

　　在 WPS 表格中,选定目标区域中的任意单元格,其周围连续区域将被自动定义为数据源。在【插入】或【数据】选项卡中单击【数据透视表】按钮,将打开【创建数据透视表】对话框。而单击【插入】选项卡中的【数据透视图】按钮,将打开【创建数据透视图】对话框。这两个对话框中主要需要设置创建数据透视表/图的具体位置,其他保持默认设置即可。关键步骤是在创建好数据透视表/图后,如何在显示出的【数据透视表】/【数据透视图】任务窗格中对字段进行布局。

　　使用数据透视表/图之前,先要了解数据透视表/图中的相关术语。下面以数据透视表为例(数据透视图类似)进行介绍,如图 8-14 所示。表 8-6 结合数据透视表中的显示效果介绍了数据透视表各组成部分的作用。

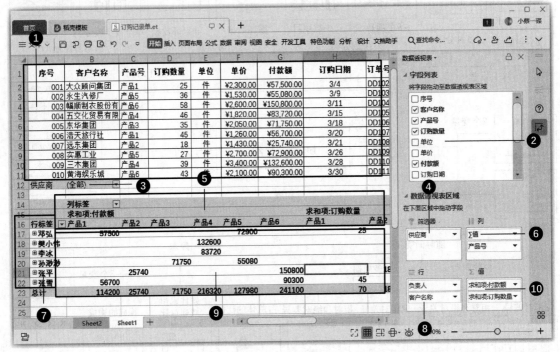

图 8-14　常见数据透视表

表 8-6　数据透视表各组成部分及其作用

❶ 数据库	也称为数据源,是用于创建数据透视表的数据清单或多维数据集
❷【字段列表】列表框	字段列表中包含了数据透视表中所需要数据的字段(也称为列)。在该列表框中选中或取消选中字段标题对应的复选框,可以对数据透视表进行透视
❸ 报表筛选字段	又称为页字段,用于筛选表格中需要保留的项。项是组成字段的成员
❹【筛选器】列表框	移动到该列表框中的字段即为报表筛选字段,将在数据透视表的报表筛选区域显示
❺ 列字段	信息的种类,等价于数据清单中的列
❻【列】列表框	移动到该列表框中的字段即为列字段,将在数据透视表的列字段区域显示
❼ 行字段	信息的种类,等价于数据清单中的行

续表

❽【行】列表框	移动到该列表框中的字段即为行字段,将在数据透视表的行字段区域显示
❾ 值字段	根据设置的求值函数,对选择的字段项进行求值。数值和文本的默认汇总函数分别是 SUM(求和)和 COUNT(计数)
❿【值】列表框	移动到该列表框中的字段即为值字段,将在数据透视表的求值项区域显示

灵活透视数据的关键就是控制【数据透视表】【数据透视图】任务窗格中显示的字段和将字段放置在不同的列表框中。很多人在创建数据透视表时,不知道应该先添加什么字段,在什么字段框中添加什么字段。的确,如果添加的字段先后顺序、位置不合理,那么显示出来的汇总表将没有任何意义。所以,在创建数据透视表时,必须要清楚各字段之间的关系,以及字段的主次顺序,这样才能得出合理规范的数据透视表。

如图 8-15 所示的汇总表,是以"招聘职位"为行字段,统计不同招聘岗位每月招聘所报到的人数。而同样的数据源,如果以"招聘月份"和"招聘职位"为行字段,统计每月各招聘岗位预计招聘的人数和报到的人数,将得到如图 8-16 所示的效果。

行标签	1	2	3	4	5	6	7	8	9	10	11	12	总计
仓库管理员				1						1			2
操作员								1					1
成本会计								1					1
促销推广员							1				1		2
公关人员			1										1
技术人员				1									1
检验专员							1						1
理货专员	1												1
培训专员	1												1
生产主任					1								1
市场策划员								1		1			2
市场调研员					1		1						2
司机									1				1
销售代表							1	1		1			3
行政前台	1												1
招聘专员		1					1						2
总计	3	2	1	1	1	1	3	2	2	2	1		23

图 8-15 按"招聘职位"透视招聘数据

图 8-16 以"招聘月份"和"招聘职位"透视招聘数据

温馨提示:用于进行数据透视的数据源在组织时必须符合一定规范要求:每列一个属性、每行一条记录、首行为标题行,且标题行中不能有空白单元格或者合并单元格,否则将弹出【数据透视表字段名无效】警告。

数据透视表/图中融合了排序、筛选和分类汇总功能,只是排序功能相对简单,通常进行升序或降序排列即可。筛选功能与普通数据表中的一样,并且能对筛选的数据进行汇总。汇总功能则比普通数据表更强大,提供的汇总方式主要有行汇总、列汇总、交叉汇总、交叉分类汇总 4 种,在透视数据时可以根据当前需求来选择不同的汇总方式。当只需汇总分析一个字段时,采取行汇总和列汇总;当需要汇总分析两个字段时,采取交叉汇总;当需要汇总分析 3 个或 3 个以上字段时,采取交叉分类汇总。

数据透视功能中还提供了交互工具——切片器,以便动态地查看数据,如图 8-17 所示,选择需要查看的条件(按住【Ctrl】键同时选择市场部的相关职位),就能快速显示出符合条件的数据。

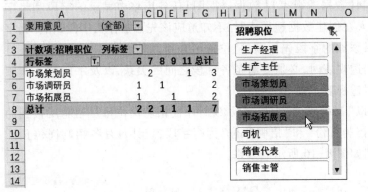

图 8-17　通过切片器筛选数据

技能拓展:通过在切片器内设置数据透视表连接使切片器共享,可以使多个数据透视表进行联动。例如:筛选共享切片器内的一个字段项,使依据同一个数据源创建的不同分析角度的多个数据透视表同时刷新。

8.3　任务实施

本案例实施的基本流程如下所示。

引用基本工资数据　计算工资账目　按部门汇总工资数据　插入图表分析各部门工资情况　插入图表分析考勤情况　插入数据透视图表汇总工资数据　制作员工工资表数据查询表　为每位员工生成工资条　打印工资数据

8.3.1　引用基本工资数据

工资表用于对公司员工的工资进行统计。由于企业体制的不同,工资表的组成结构各不相同,所以,在设计工资表时企业需要结合实际情况对其进行设计。因为工资表中包含的表字段较多,其中涉及的很多工资数据明细基本上又在其他表格中已经计算好的,可以通过引用其他相关表格中的数据或计算得来。所以,在制作工资表时,可以先设计好与工资表配套的表格内容,然后在已建好的相关表格上进行复制修改,提高工作表的制作效率。

本案例中为了后期进行数据调用,已经提前根据工资表制作过程中要用到的数据收集好相关的工作表到同一个工作簿中了。下面将使用 VLOOKUP 函数通过"员工编号"来查找引用其他工作表中的数据。

步骤 1:复制工作表。打开"素材文件\第 8 章\员工工资表.xlsx"文件,复制"基本工资"工作表,并重命名为"2 月工资表"。

步骤 2:删除多余数据。在"2 月工资表"工作表中,选择并删除 E 列单元格,删除 B2:E39 单元格区域中的数据。

步骤 3：制作表头。 根据要设计的工资表框架在第 1 行单元格中输入各字段名称，如图 8-18 所示。

步骤 4：冻结窗格。 ❶ 选择 C2 单元格，❷ 单击【视图】选项卡中的【冻结窗格】按钮，❸ 在弹出的下拉列表中选择【冻结至第 1 行 8 列】选项，如图 8-19 所示。

图 8-18　制作表头

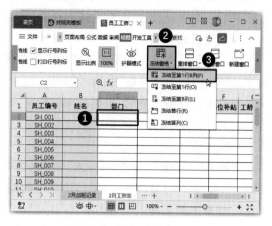

图 8-19　冻结窗格

步骤 5：输入并复制公式。 ❶ 在 B2 单元格中输入公式"＝VLOOKUP($A2,基本工资! $A$1:$F$39,2,0)"，❷ 向右拖动填充控制柄复制公式至 E2 单元格，如图 8-20 所示。

步骤 6：修改公式。 依次将 C2、D2、E2 单元格公式 VLOOKUP 函数的第 3 个参数更改为"3""4"和"6"，计算出正确的结果，如图 8-21 所示。

图 8-20　输入并复制公式

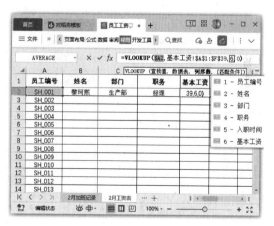

图 8-21　修改公式

> **温馨提示：** 公式"＝VLOOKUP($A2,基本工资! $A$1:$F$39,2,0)"表示根据"2 月工资表"工作表中的 A2 单元格中的员工编号在"基本工资"工作表中的 A1:F39 单元格区域中进行查找，返回的 A1:F39 单元格区域第 2 列中符合条件的数值。

8.3.2　计算工资账目

完成工资表基础数据的调用后,就可以对工资各组成项目进行计算了。由于工资表中的各项数据直接会影响工资条和汇总各部门的工资数据,所以,在计算工资表数据时,一定要注意计算结果的准确性,最好用函数来进行计算,这样如果出错,修改起来也比较方便。

1. 判断岗位补贴

岗位补贴是为了保证职工工资水平不受物价上涨而导致影响的一种福利性工资,主要包括车补、话费补贴、餐费补贴、住房补贴等。每个公司补贴标准不一样,有些是根据职位来补贴的,有些则是单项补贴分开的,根据公司的规定来进行计算。

本例将使用 IF 函数来根据职位判断岗位补贴的多少。经理补贴 1500,主管补贴 1000,其他员工补贴 500。

步骤:输入公式。在 F2 单元格中输入公式" =IF(D2="经理",1500,IF(D2="主管",1000,500))",按【Enter】键,判断出第一位员工的岗位补贴,如图 8-22 所示。

2. 计算工龄工资

很多企业都会设计工龄工资,作为对于长期服务于公司的老员工进行奖励。本例假设员工的工龄满一年便增加 50 元的工龄工资。可以先根据当前时间和入职时间计算出员工的工龄,然后做乘法得到工龄工资。

步骤:输入公式。在 G2 单元格中输入公式" =DATEDIF(VLOOKUP(A2,基本工资!$A\$1:\$E\$39,5,0),TODAY(),"Y")*50",按【Enter】键,计算出第一位员工的工龄工资,如图 8-23 所示。

图 8-22　判断岗位补贴　　　　　　　　　　图 8-23　计算工龄工资

3. 计算提成工资

对于很多企业来说,提成工资只有销售部才有,那么,在使用 VLOOKUP 函数查找员工的提成工资时,查找不到的就会返回错误值,此时,需要使用 IFERROR 函数对返回的错误值进行处理,否则引用该单元格的公式就可能返回错误值。下面使用 IFERROR 函数嵌套 VLOOKUP 函数计算员工的提成工资。

步骤:输入公式。在 H2 单元格中输入公式" =IFERROR(VLOOKUP(A2,'2 月销售提成'!

$A$1:$F$16,6,0),0)",按【Enter】键,计算出第一位员工的提成工资,如图8-24所示。

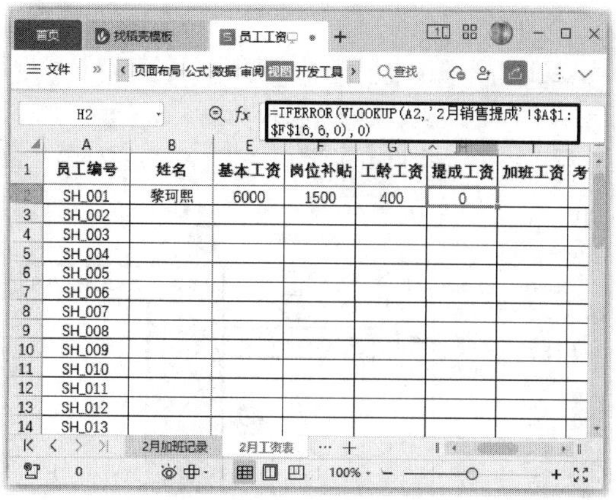

图8-24 计算提成工资

温馨提示:公式"=IFERROR(VLOOKUP(A2,'2月销售提成'!$A$1:$F$16,6,0),0)"表示如果"VLOOKUP(A2,'2月销售提成'!$A$1:$F$16,6,0"返回的结果是错误值,就返回"0",如果不是错误值,就返回公式计算的结果。

4. 计算加班工资

企业在经营过程中难免会遇到一些不确定的因素,需要员工在标准工作时间之外继续工作,特别是对于生产型企业来说,这种情况不可避免,这就涉及加班费的计算。

每个公司的加班管理制度不同,只需要按照具体的规章制度来编写加班工资计算公式即可。由于需要对员工的加班费进行计算和核对,而且涉及加班时长统计,一般情况下不会将加班表与考勤表制作在一起,这样也有利于简化后期的公式编写。

本案例提供的素材文件中已经记录了员工的加班起止时间,还需要对员工每天的加班时长进行计算和数据统计汇总。假设不同的加班类别,其加班费不同,主要分为工作日加班、休息日加班、节假日加班3种类型,分别对应1.5倍、2倍和3倍工资。所以,要计算员工当月总的加班费,需要分别统计出各加班类别的加班时间,假设正常的小时工资为18元。

步骤1:计算加班时长。❶ 选择"2月加班记录"工作表,❷ 在I1单元格中输入"加班时长",❸ 在I2单元格中输入公式"=(H2-G2)*24",❹ 双击填充控制柄向下复制公式至I15单元格,计算出各加班小时数,如图8-25所示。

步骤2:制作统计表框架。❶ 在K1:P1单元格区域中输入统计加班数据的列表区域表头字段,❷ 复制C2:C15单元格区域内容到K列,并保持选择状态,❸ 单击【数据】选项卡中的【重复项】按钮,❹ 在弹出的下拉列表中选择【删除重复项】选项,如图8-26所示。

温馨提示:计算加班小时数时,由于加班开始时间和结束时间中的数据是时间型数据,所以如果直接用公式"=H2-G2"来计算,得到的结果也就是时间型数据,即使将单元格的数字格式设置为【常规】也不会以小时数进行显示。而公式"=(H2-G2)*24"计算得到的结果才是小时数,公式中的24表示一天24个小时,将时间乘以24,就可以将时间转化为小时数。

步骤3:确定删除重复项区域。打开【删除重复项警告】对话框,❶ 选中【当前选定区域】单选按钮,确定本次删除操作不涉及其他未选定的区域,❷ 单击【删除重复项】按钮,如图8-27所示。

步骤4:设置要删除的重复项依据。打开【删除重复项】对话框,保持默认设置,单击【删除重复项】按钮。

步骤 5：删除重复项。打开提示对话框,提示删除的重复值个数和保留唯一项的个数,单击【确定】按钮关闭对话框,如图 8-28 所示。

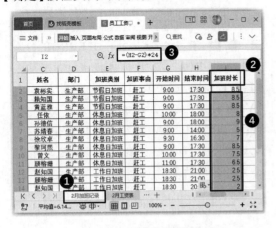

图 8-25　计算加班时长

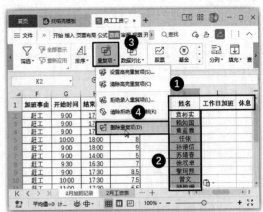

图 8-26　制作统计表框架

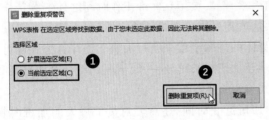

图 8-27　确定删除重复项区域

图 8-28　删除重复项

步骤 6：计算工作日加班时长。返回工作表中,可以看到统计区域的姓名不再有重复的内容。在 L2 单元格中输入公式"= SUMPRODUCT((\$C \$2：\$C \$15 = K2)*(\$E \$2：\$E \$15 = \$L \$1),\$I \$2：\$I \$15)",计算出第一位员工的工作日加班时长。

步骤 7：计算休息日加班时长。在 M2 单元格中输入公式"= SUMPRODUCT((\$C \$2：\$C \$15 = K2)*(\$E \$2：\$E \$15 = \$M \$1),\$I \$2：\$I \$15)",计算出第一位员工的休息日加班时长。

步骤 8：计算节假日加班时长。在 N2 单元格中输入公式"= SUMPRODUCT((\$C \$2：\$C \$15 = K2)*(\$E \$2：\$E \$15 = \$N \$1),\$I \$2：\$I \$15)",计算出第一位员工的节假日加班时长,如图 8-29 所示。

步骤 9：统计加班费。在 O2 单元格中输入公式"=(L2*18*1.5)+(M2*18*2)+(N2*18*3)",计算出第一位员工的加班费,如图 8-30 所示。

步骤 10：复制公式。❶ 选择 L2：O2 单元格区域,❷ 向下拖动填充控制柄复制公式到 O12 单元格,计算出各员工的加班时长和加班费,❸ 修改工作表名称为"2 月加班统计",如图 8-31 所示。

步骤 11：调用加班费数据。❶ 选择"2 月工资表"工作表,❷ 在 I2 单元格中输入公式"= IF-ERROR(VLOOKUP(B3,'2 月加班记录'! \$K \$1：\$P \$12,5,0),0)",返回第一个员工的加班费数据,如图 8-32 所示。

图 8-29 计算节假日加班时长

图 8-30 统计加班费

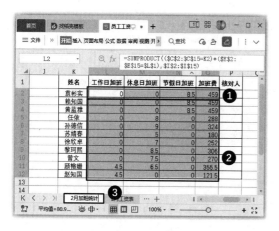

图 8-31 复制公式

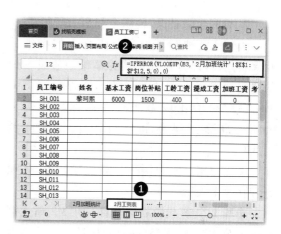

图 8-32 调用加班费数据

5.计算考勤工资

考勤工资包括考勤扣款和全勤奖两部分,全勤奖一般是指在公司规定的上班时间内未出现任何迟到、早退、请假、旷工等情况,公司给予的一种奖励。下面将使用 VLOOKUP 函数和 IF 函数计算考勤工资,如果没有任何考勤扣款则发放全勤奖 200 元。

步骤 1:计算考勤扣款。在 J2 单元格中输入公式" = VLOOKUP(A2,'2 月考勤'! $A $1: $H $39,8,0)",计算出第一个员工的考勤扣款,如图 8-33 所示。

步骤 2:计算全勤奖。在 K2 单元格中输入公式" = IF(J2 = 0,200,0)",判断第一个员工是否能获得全勤奖,如图 8-34 所示。

6.计算应发工资

应发工资,即根据劳动者付出的劳动,应当得到的工资待遇,也就是税前工资。应发工资为所有该发放的工资-需要罚扣的款项,一般来说,应发工资=基本工资+奖金+津补贴+加班工资+特殊情况下支付的工资-劳动者因个人原因缺勤或旷工造成的工资或者奖金减少的部分。

步骤:计算应发工资。在 L2 单元格中输入公式" = SUM(E2:I2)-J2+K2",计算出第一个员工的应发工资,如图 8-35 所示。

图 8-33　计算考勤扣款

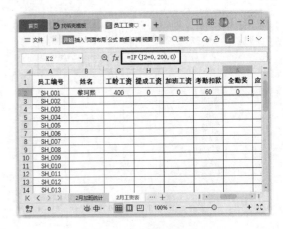

图 8-34　计算全勤奖

7. 计算代缴社保、公积金和个人所得税

本例中需要计算的是员工个人需缴纳的社保费用,这部分让公司代为缴纳。假设本地的社保规定个人缴纳部分的养老保险比例为8%,医疗保险比例为 2%,失业保险比例为0.4%。假设公积金由公司和个人各自负担 5%。

下面使用公式和函数计算代缴社保、公积金和代缴个人所得税。

步骤 1:计算代缴社保费用。在 M2 单元格中输入公式"=L2*(8%+2%+0.4%)",计算出第一个员工的代缴社保费用,如图 8-36 所示。

步骤 2:计算代缴公积金费用。在 N2 单元格中输入公式"=L2*5%",计算出第一个员工的代缴公积金费用,如图 8-37 所示。

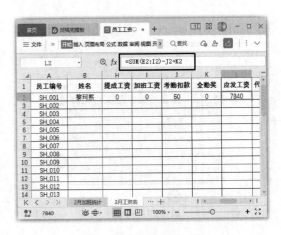

图 8-35　计算应发工资

图 8-36　计算代缴社保费用

图 8-37　计算代缴公积金费用

步骤3：计算代缴个人所得税费用。 在 O2 单元格中输入公式"= ROUND(MAX((L2-M2-5000)*{3,10,20,25,30,35,45}%-{0,210,1410,2660,4410,7160,15160},0),2)"，计算出第一个员工的代缴个人所得税费用，如图 8-38 所示。

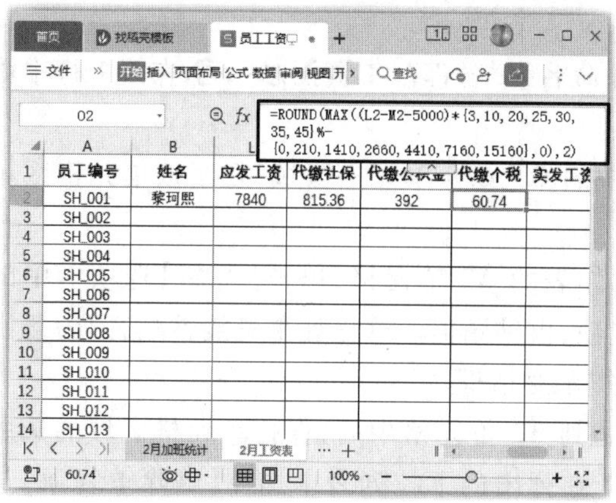

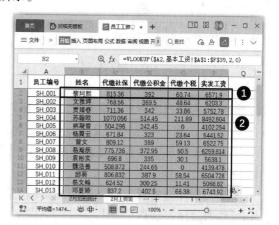

图 8-38 计算代缴个人所得税费用

> **温馨提示：** 公式"= ROUND(MAX((L2-M2-5000)*{3,10,20,25,30,35,45}%-{0,210,1410,2660,4410,7160,15160},0),2)"表示(L2-M2-5000)计算结果与相应税级百分数(3%，10%，20%，25%，30%，35%，45%)相乘，再用乘积减去税率所在级数对应的速算扣除数 0、210、1410……，得到的结果将与 0 进行比较，返回最大值，然后使用 ROUND 函数将返回的最大值四舍五入保留两位小数。

8. 计算实发工资

实发工资，即用人单位应当实际支付给劳动者的工资报酬。实发工资＝应发工资-五险一金个人缴纳部分-应缴个人所得税。

步骤1：计算实发工资。 在 P2 单元格中输入公式"=L2-SUM(M2:O2)"，计算出第一个员工的实发工资，如图 8-39 所示。

步骤2：复制公式。 ❶ 选择 B2:P2 单元格区域，❷ 向下拖动填充控制柄复制公式至 P39 单元格，计算出各员工的工资明细数据，如图 8-40 所示。

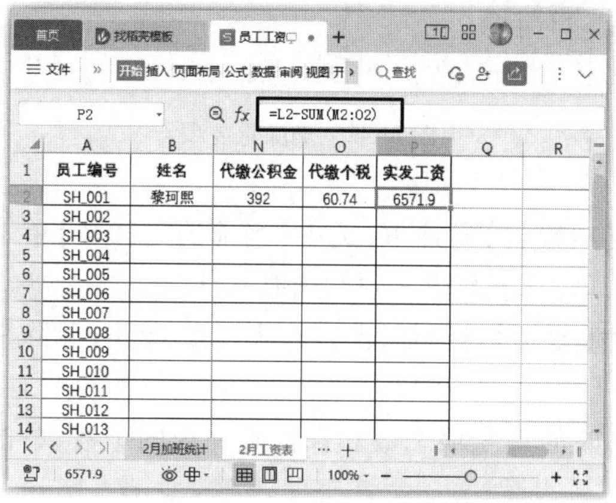

图 8-39 计算实发工资

图 8-40 复制公式

8.3.3 按部门汇总工资数据

统计好员工当月的工资数据后，通常还需要对工资数据进行分析，以便对整体情况进行掌握。对工资进行分析时，并不一定要对所有员工的工资单独进行分析，可以根据实际情况来分析。本案例按部门汇总分析工资情况,首先需要汇总各部门的工资数据。

1. 创建汇总表框架

部门工资汇总表中的各数据项与工资统计表中的相同,只是需要对部门相同的内容进行合并汇总。

步骤 1:建立表格框架。❶ 新建一张工作表,并命名为"各部门工资汇总",❷ 在第 1 行中输入如图 8-41 所示的表头名称。

步骤 2:复制数据。选择"2 月工资表"工作表中的 C2:C39 单元格区域,复制该单元格区域内容。

步骤 3:粘贴数据。选择"各部门工资汇总"工作表的 A2 单元格,单击【开始】选项卡中的【粘贴】下拉按钮,在弹出的下拉列表中选择【值】选项,仅粘贴值。这里如果直接粘贴,因为复制的内容是通过公式返回的数据,再进行复制会弹出提示对话框。

步骤 4:删除重复项。将复制的单元格内容粘贴到 A2 单元格中后,保持单元格区域的选中状态,❶ 单击【数据】选项卡中的【重复项】按钮,❷ 在弹出的下拉列表中选择【删除重复项】选项,如图 8-42 所示。

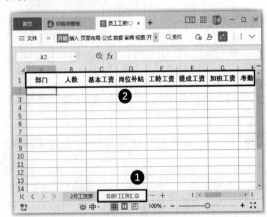

图 8-41　建立表格框架

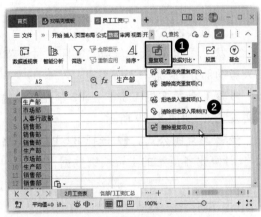

图 8-42　删除重复项

步骤 5:确定删除重复项区域。打开【删除重复项警告】对话框,选中【当前选定区域】单选按钮,确定本次删除操作不涉及其他未选定的区域,单击【删除重复项】按钮。

步骤 6:设置要删除的重复项依据。打开【删除重复项】对话框,保持默认设置,单击【删除重复项】按钮。

步骤 7:删除重复项。打开提示对话框,提示删除的重复项个数和保留唯一项的个数,单击【确定】按钮关闭对话框。

2. 汇总各部门工资数据

按部门汇总工资数据可以查阅每个部门的工资明细,本案例在汇总部门的工资数据时主要使用了 SUMIF 函数。

步骤 1:统计生产部人数。在 B2 单元格中输入公式"=COUNTIF('2 月工资表'! \$C \$2:\$C \$39,A2)",统计出生产部的人数,如图 8-43 所示。

步骤 2:统计生产部基本工资总和。在 C2 单元格中输入公式"=SUMIF('2 月工资表'!

$C $2:$C $39,$A2,'2 月工资表'! E $2:E $39)",统计出生产部的基本工资总和,如图 8-44
所示。

图 8-43　统计生产部人数

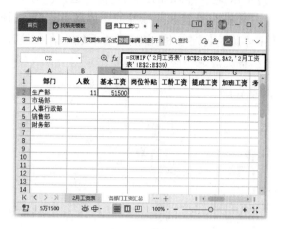

图 8-44　统计生产部基本工资总和

步骤 3:向右复制公式。选择 C2 单元格,向右拖动填充控制柄至 N2 单元格,分别统计出该
部门的各项工资数据,如图 8-45 所示。

步骤 4:向下复制公式。选择 C2:N2 单元格区域,向下拖动填充控制柄至 N6 单元格,分别
统计出其他部门的各项工资数据,如图 8-46 所示。

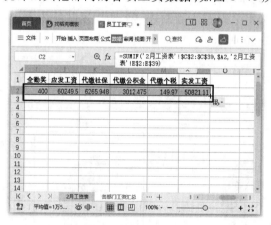

图 8-45　向右复制公式

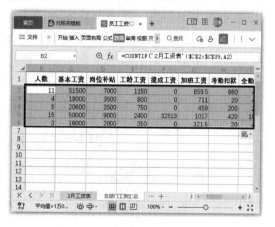

图 8-46　向下复制公式

▶▶▶ 8.3.4　插入图表分析各部门工资情况

使用图表对各部门员工工资进行分析,可以更加直观地看出各部门当月的工资情况。在选
择创建图表的数据区域时,根据需要可以选择整个数据区域,也可以只选择部分数据区域(可以
是连续的,也可以是不连续的)。

步骤 1:选择图表类型。❶ 按住【Ctrl】键,同时选择 A1:A6 和 N1:N6 单元格区域,❷ 单击
【插入】选项卡中的【插入饼图或圆环图】按钮 ,❸ 在弹出的下拉列表中选择【饼图】选项,如
图 8-47 所示。

步骤 2:选择图表布局类型。❶ 选择插入的图表,❷ 单击【图表工具】选项卡中的【快速布局】按钮,❸ 在弹出的下拉列表中选择【布局 1】选项,如图 8-48 所示。

步骤 3:设置数据标签的字体颜色。❶ 选择图表中的数据标签,❷ 单击【开始】选项卡中的【字体颜色】按钮,❸ 在弹出的下拉列表中设置字体颜色为白色,如图 8-49 所示,这样能让数据显示得更清楚一些。

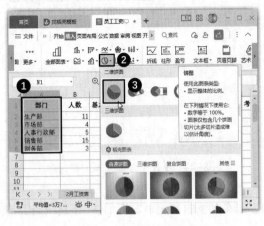

图 8-47　选择图表类型

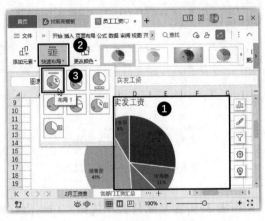

图 8-48　选择图表布局类型

步骤 4:美化图表。为图表标题进行加粗显示,调整图表大小到合适。

步骤 5:复制图表。❶ 按住【Ctrl+Shift】组合键,水平向右复制图表,❷ 选择复制的图表,单击【图表工具】选项卡中的【更改类型】按钮,如图 8-50 所示。

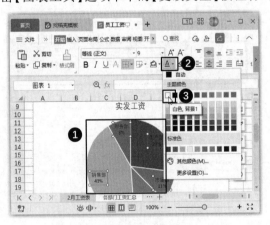

图 8-49　设置数据标签的字体颜色

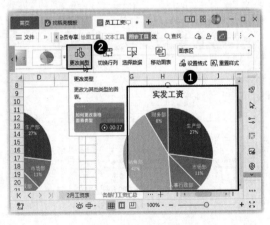

图 8-50　复制图表

步骤 6:更改图表类型。打开【更改图表类型】对话框,❶ 在左侧选择需要的图表类型,如【柱形图】,❷ 在右侧选择需要的图表样式,❸ 单击【确定】按钮,如图 8-51 所示。

步骤 7:设置数据标签位置。❶ 选择图表,❷ 单击右侧显示的【图表元素】按钮 ,❸ 在弹出的下拉列表的【图表元素】选项卡下选择【数据标签】命令,❹ 在弹出的下级子菜单中选择【数据标签外】命令,如图 8-52 所示。

步骤 8:设置坐标轴格式。❶ 选择并双击纵坐标轴,❷ 在显示出的【属性】任务窗格中,在

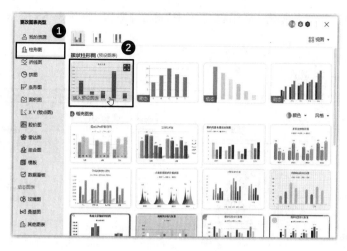

图 8-51　更改图表类型

【坐标轴选项】选项卡下单击【坐标轴】按钮，❸ 在【坐标轴选项】栏中的单位【主要】文本框中输入"20000"，在单位【次要】文本框中输入"5000"，如图 8-53 所示。

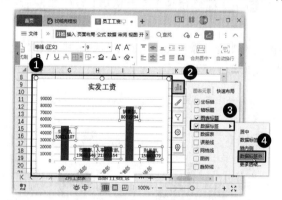

图 8-52　设置数据标签位置

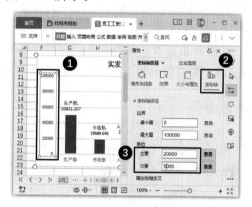

图 8-53　设置坐标轴格式

技能拓展：在 WPS 表格中，默认的图表类型为簇状柱形图，选中用来创建图表的数据区域，然后按【Alt+F1】组合键，即可快速插入柱形图表。

≫≫ 8.3.5　插入图表分析考勤情况

对工资数据进行分析时，其中的考勤扣款和全勤奖还能分析出考勤情况。下面插入图表对各部门的考勤进行简单直观地分析。

步骤 1：复制工作表。❶ 水平向下复制刚刚制作的饼图图表，❷ 选择复制得到的图表，单击【图表工具】选项卡中的【选择数据】按钮，如图 8-54 所示。

步骤 2：更改图表数据来源。打开【编辑数据源】对话框，❶ 单击【图表数据区域】文本框后的【折叠】按钮，返回工作表中重新选择创建图表的数据所在单元格区域，这里选择【各部门工资汇总】工作表中的 A1：A6 和 H1：H6 单元格区域，然后在【编辑数据源】对话框中单击【展开】按钮![image],❷ 返回【编辑数据源】对话框后单击【确定】按钮,如图 8-55 所示。

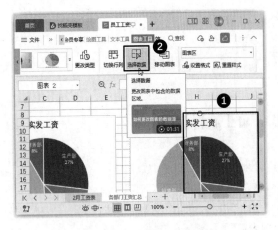

图 8-54　复制工作表

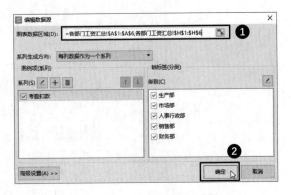

图 8-55　更改图表数据来源

步骤 3：设置数据标签位置。❶ 选择并双击图表中的数据标签,❷ 在显示出的【属性】任务窗格中,在【标签选项】选项卡下单击【标签】按钮,❸ 在【标签位置】栏中选中【最佳匹配】单选按钮,如图 8-56 所示。

步骤 4：设置数据标签颜色。保持数据标签的选中状态,❶ 单击【开始】选项卡中的【填充颜色】按钮,❷ 在弹出的下拉列表中设置颜色为黑色,如图 8-57 所示。

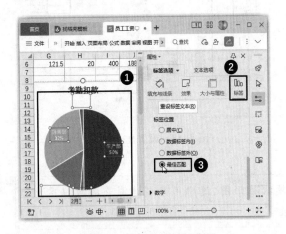

图 8-56　设置数据标签位置

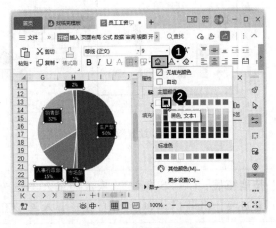

图 8-57　设置数据标签颜色

步骤 5：调整绘图区大小。选择图表中的绘图区,拖动鼠标调整该区域的显示大小,使数据标签不至于遮挡住图表标题。

步骤 6：修改图表数据。水平向右复制刚刚制作的饼图图表,打开【编辑数据源】对话框,❶ 在【图表数据区域】文本框中重新选择创建图表的数据为"各部门工资汇总"工作表中的 A1：A6 和 I1：I6 单元格区域,❷ 单击【确定】按钮,如图 8-58 所示。返回工作表中即可看到修改数据源后的饼图效果,如图 8-59 所示。

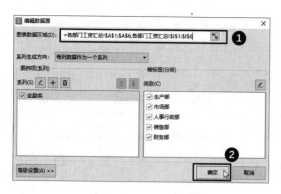

图 8-58 修改图表数据

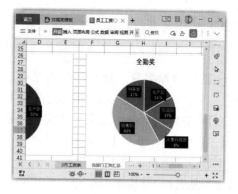

图 8-59 查看修改数据源后的图表效果

8.3.6 插入数据透视图表汇总工资数据

前面在按部门对工资数据进行统计分析时,首先统计出了部门相关的数据,然后用图表进行展示。如果需要变换其他角度进行分析,如以岗位类型进行汇总分析,则需要再次按岗位类型对数据进行统计,然后插入图表。这样做会很繁琐,一般情况下,可以制作成数据透视表来进行分析。数据透视表是一个强大的数据分析工具,它可以从不同角度、不同层次、不同方式在一拖一拽中生成汇总表,得到不同的汇总结果。

步骤 1:单击【数据透视表】按钮。❶ 选择"2月工资表"工作表中的任意数据单元格,❷ 单击【插入】选项卡中的【数据透视表】按钮,如图 8-60 所示。

步骤 2:设置创建数据透视表的位置。打开【创建数据透视表】对话框,❶ 此时在【请选择要分析的数据】栏选中【请选择单元格区域】中自动设置了所选单元格所处的整个数据区域。在【请选择放置数据透视表的位置】栏中选择数据表要放置的位置,这里选中【新工作表】单选按钮,❷ 单击【确定】按钮,如图 8-61 所示。

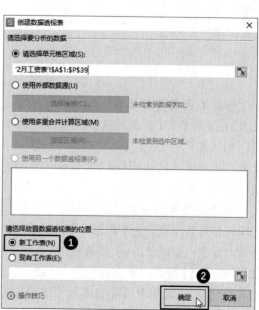

图 8-60 单击【数据透视表】按钮

图 8-61 设置创建数据透视表的位置

> **温馨提示**：若选择将数据透视表创建在数据源相同的工作表中,可在该对话框中选中【现有工作表】单选按钮,并在下方的参数框中设置放置数据透视表的起始单元格。

　　步骤 3：添加字段。此时将在新工作表中创建一个空白数据透视表,并自动打开【数据透视表】任务窗格。❶ 修改新工作簿的名称为"透视工资数据",❷ 在【字表列表】栏中的列表框中选择需要添加到报表的字段,选中某字段名称的复选框,所选字段就会自动添加到数据透视表中,此时系统会根据字段的名称和内容,判断将该字段以何种方式添加到数据透视表。这里,选中除【员工编号】和【职务】外的所有复选框,如图 8-62 所示。此时的数据透视表效果如图 8-63 所示。

图 8-62　添加字段

部门	姓名	求和项:基本工资	求和项:岗位补贴	求和项:工龄工资	求和项:提成工资	求和项:加班工资	求和项:考勤扣款	求和项:全勤奖	求和项:应发工资	求和项:代缴社保	求和项:代缴公积金	求和
⊟财务部		16000	2000	350	0	121.5	20	400	18851.5	1960.556	942.575	
	龚福玮	6000	1000	150	0	0	0	200	7350	764.4	367.5	
	武梓妍	5500	500	200	0	121.5	0	200	6321.5	657.436	316.075	
	郑瀚梓	4500	500	0	0	0	20	0	5180	538.72	259	
⊟人事行政部		20600	3500	750	0	459	200	200	25309	2632.136	1265.45	
	傅怡瑶	4000	500	100	0	0	160	0	4440	461.76	222	
	郝绮荷	3800	500	50	0	459	0	200	5009	520.936	250.45	
	贾靖春	5000	1500	300	0	0	10	0	6840	711.36	342	
	金言政	4000	500	150	0	0	10	0	4640	482.56	232	
	许泽辉	3800	500	100	0	0	20	0	4380	455.52	219	
⊟生产部		51500	7000	1150	0	859.5	660	400	60249.5	6265.948	3012.475	
	曾文	6500	1000	300	0	0	20	0	7780	809.12	389	
	顾榕姗	4000	500	50	0	0	0	200	4750	494	237.5	
	黄蓝雅	4000	500	50	0	355.5	200	0	4705.5	489.372	235.275	
	赖珂熙	5000	500	100	0	0	0	0	5580	580.32	279	
	黎珂熙	6000	1500	0	0	0	60	0	5024	522.496	251.2	
	任依	4000	500	0	324	0	0	200	4470	464.88	223.5	
	苏靖春	4000	500	0	180	0	30	0	4530	471.12	226.5	
	孙德信	4000	500	0	0	0	20	0	3980	413.92	199	
	徐欣卓	3500	500	0	0	0	50	0	6700	696.8	335	
	袁彬实	6000	500	250	0	0	110	0	4890	508.56	244.5	
	赵知圆	4500	500	0	0	711	20	400	23391	2432.664	1169.55	
⊟市场部		18000	3500	800	0	711	20	400	23391	2432.664	1169.55	
	林秀楷	3500	500	0	0	0	10	0	4090	425.36	204.5	
	魏莉	3500	500	0	252	0	0	200	4452	463.008	222.6	
	文雅婷	6000	1000	400	0	0	0	200	7390	768.56	369.5	
	易瀚辰	5000	1500	300	0	459	0	200	7459	775.736	372.95	

图 8-63　查看透视表效果

　　步骤 4：调整字段属性。❶ 展开【数据透视表】任务窗格的【数据透视表区域】栏,❷ 选择【行】列表框中的【姓名】字段选项,❸ 按住鼠标不放并将其拖到到【值】列表框中再释放鼠标左键,如图 8-64 所示。

　　步骤 5：查看透视表效果。即可将【姓名】字段调整为值字段,根据字段内容的类型系统会自动设置一个统计方式,如这里的【姓名】字段显示在【值】列表框中会自动以"计数"的方式进行统计,同时整个透视表的效果也会跟随改变,如图 8-65 所示。

　　步骤 6：单击【字段设置】按钮。❶ 选择

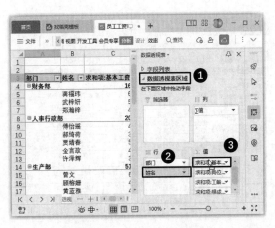

图 8-64　调整字段属性

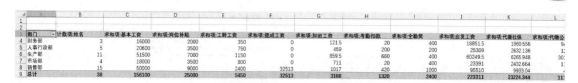

图 8-65　查看透视表效果

N3 单元格，❷ 单击【分析】选项卡中的【字段设置】按钮，如图 8-66 所示。

　　步骤 7：设置值字段。打开【值字段设置】对话框，❶ 单击【值显示方式】选项卡，❷ 在【值显示方式】下拉列表框中选择【列汇总的百分比】选项，❸ 在【自定义名称】文本框中输入字段名称"实发工资占比"，❹ 单击【确定】按钮，如图 8-67 所示。返回工作表中可以看到，【实发工资占比】字段列中的数据将以百分比进行显示。

　　步骤 8：添加字段。在【数据透视表】任务窗格的【数据透视表区域】栏中选择【实发工资】选项并将其拖动到【数据透视表区域】栏的【值】列表框中第一个字段选项的下方，如图 8-68 所示。

　　步骤 9：设置值字段。即可在数据透视表中的第 1 个值字段后方添加【求和项：实发工资】字段。选择 C2 单元格，使用前面介绍的方法打开【值字段设置】对话框，❶ 在【值汇总方式】选项卡的【计算类型】列表框中选择【平均值】选项，❷ 将【自定义名称】更改为"实发工资平均值"，❸ 单击【确定】按钮，如图 8-69 所示。

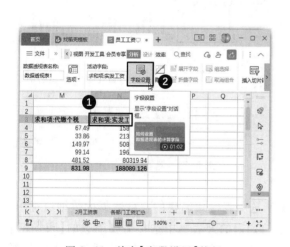

图 8-66　单击【字段设置】按钮

图 8-67　设置值字段

　　温馨提示：在【值字段设置】对话框中设置值汇总方式或值显示方式的同时自定义值字段名称，则需要先设置值汇总方式或值显示方式，再设置自定义名称，否则需要多次设置值字段名称。

　　步骤 10：单击【数据透视图】按钮。❶ 选择数据透视表中的任意单元格，❷ 单击【分析】组中的【数据透视图】按钮，如图 8-70 所示。

　　步骤 11：选择透视图表类型。打开【图表】对话框，❶ 选择需要的图表类型，这里选择【柱形图】选项，❷ 在右侧选择需要的图表样式，❸ 单击【插入】按钮，如图 8-71 所示。

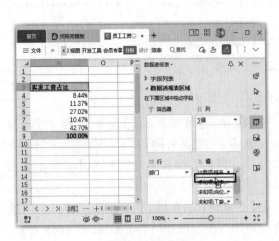

图 8-68　添加字段

图 8-69　设置值字段

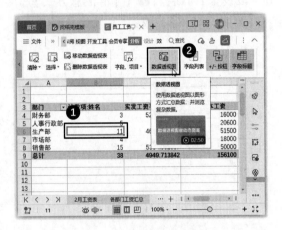

图 8-70　单击【数据透视图】按钮

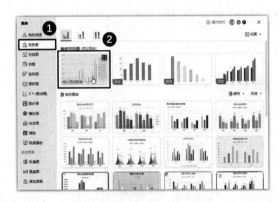

图 8-71　选择透视图表类型

步骤 12：筛选数据。返回工作表，可看到根据所选图表样式创建的包含数据的数据透视图。❶ 单击图表中的【部门】下拉按钮，❷ 在弹出的下拉列表的列表框中选择需要筛选的【市场部】字段后的【仅筛选此项】选项，如图 8-72 所示。就可以看到数据透视表和数据透视图中都仅显示了市场部的相关数据，如图 8-73 所示。

步骤 13：清除筛选效果。❶ 单击数据透视表中 A3 单元格右侧的下拉按钮，❷ 在弹出的下拉列表中选择【清空条件】选项，如图 8-74 所示。又可以清除筛选效果，显示出所有数据。

步骤 14：单击【插入切片器】按钮。❶ 选择数据透视表中的任意单元格，❷ 单击【分析】选项卡中的【插入切片器】按钮，如图 8-75 所示。

步骤 15：选择要插入的切片器。打开【插入切片器】对话框，❶ 在列表框中选择需要筛选的关键字，这里选中【职务】复选框，❷ 单击【确定】按钮，如图 8-76 所示。

步骤 16：通过切片器筛选数据。返回工作表中可查看到已经插入了【职务】切片器，❶ 按住鼠标左键将其拖动到空白位置。❷ 在切片器中选择需要查看的字段选项，如【经理】（要多选时要先按住【Ctrl】键再选择）。即可看到按切片器中的设置筛选出的数据效果，如图 8-77 所示。

图 8-72 筛选数据

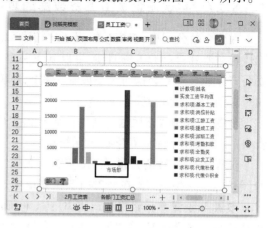

图 8-73 查看筛选效果

图 8-74 清除筛选效果

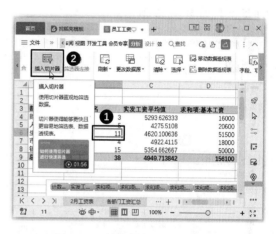

图 8-75 单击【插入切片器】按钮

图 8-76 选择要插入的切片器

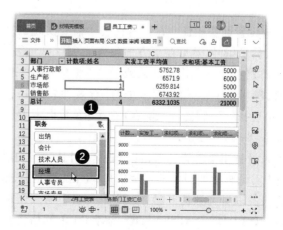

图 8-77 通过切片器筛选数据

8.3.7　实现任意员工工资数据的查询

在大多数公司中,工资数据属于比较隐私的部分,一般员工只能查看自己的工资。为方便员工快速查看到自己的工资明细,可以制作一个工资查询表。要实现工资明细的快速查询,需要建立公式让各项工资数据与某一项唯一数据关联。本案例中需要根据员工编号显示出员工的姓名和对应的工资组成情况。

步骤 1:复制表格数据。新建一张空白工作表,并命名为"工资查询表",选择并复制"2 月工资表"工作表中的第一行字段单元格区域。

步骤 2:行列转换。❶ 在"工资查询表"工作表中选择 B2 单元格,❷ 单击【开始】选项卡中的【粘贴】下拉按钮,❸ 在弹出的下拉菜单中选择【转置】命令,如图 8-78 所示。

步骤 3:设置单元格格式。将 B1:C1 单元格区域合并为一个单元格,在其中输入表格标题,并对其格式进行设置,为 B2:C17 单元格区域设置合适的边框效果,并使内容水平居中显示。

步骤 4:设置货币格式。❶ 选择 C6:C17 单元格区域,❷ 在【开始】选项卡中设置数字格式为【货币】,如图 8-79 所示。

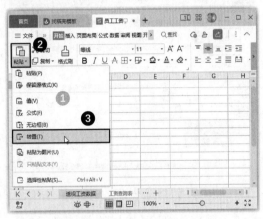

图 8-78　行列转换

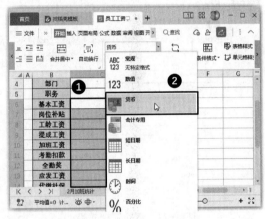

图 8-79　设置货币格式

步骤 5:设置数据验证。在该查询表中需要实现的功能是:用户在【员工编号】对应的 C2 单元格中输入员工编号,然后在下方的各查询项目单元格中显示出查询结果,故在 C2 单元格中可设置数据有效性,仅允许用户输入或选择"基本工资管理表"工作表中存在的员工编号。❶ 选择 C2 单元格,❷ 单击【数据】选项卡中的【有效性】按钮,打开【数据有效性】对话框,❸ 在【允许】下拉列表中选择【序列】选项,❹ 在【来源】参数框中引用"2 月工资表"工作表中的 A2:A39 单元格区域,如图 8-80 所示。

步骤 6:设置出错警告。单击【出错警告】选项卡,在【样式】下拉列表中选择【停止】选项,设置出错警告对话框中要显示的提示信息,单击【确定】按钮。

步骤 7:关联查询数据。❶ 在 C3 单元格中输入公式"=VLOOKUP($C$2,'2 月工资表'!$A$1:$P$39,ROW(A2),FALSE)",❷ 选择 C3 单元格,向下拖动填充控制柄至 C17 单元格,即可复制公式到这些单元格,依次返回工资的各项明细数据,如图 8-81 所示。

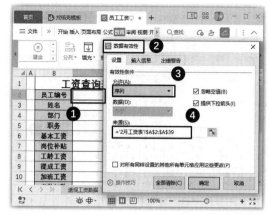

图 8-80 设置数据验证

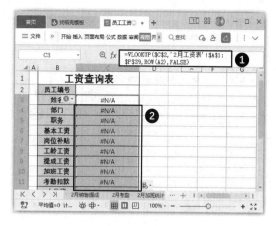

图 8-81 关联查询数据

步骤 8：查询员工工资数据。 在 C2 单元格中输入合适的员工编号，即可在下方的单元格中查看到工资中各项组成部分的具体数值。

8.3.8 为每位员工生成工资条

制作完工资表后，还要根据工资表中的数据制作员工工资条，以便反馈给每个员工当月工资的发放情况。工资条的制作方法比较多，下面通过输入序列号，对序列号按从小到大的顺序进行排列来生成工资条。

步骤 1：复制需要重复显示的表头数据。 复制"2月工资表"工作表，并重命名为"工资条"，选择并复制 A2:P2 单元格区域。

步骤 2：粘贴多行表头。 选择 A40:P80 单元格区域，单击【开始】选项卡中的【粘贴】按钮，或按【Ctrl+V】组合键将复制的内容粘贴到 A40:P80 单元格区域。

步骤 3：填充序列数据。❶ 在 Q2 单元格中输入"1"，双击填充控制柄，向下填充数据，此时的数据会以"1、2、3……"序列的形式进行填充，❷ 在复制的第一行表头对应的 Q 列（即 Q40 单元格）中输入"1"，❸ 双击填充控制柄，向下填充数据，重新以该单元格为起始从"1"开始填充序列，如图 8-82 所示。

步骤 4：排序数据。❶ 选择 Q 列中的任意非空单元格，❷ 单击【数据】选项卡中的【排序】下拉按钮，❸ 在弹出的下拉列表中选择【升序】选项，如图 8-83 所示。

步骤 5：删除多余数据。 根据 Q 列数据的大小进行排序后，可以看到表格中的数据已经按照从低到高的顺序进行了排列，同时生成了完整的工资条。选择并删除作为辅助的 Q 列单元格，选中工资条最下方多余的表头内容。

8.3.9 打印工资数据

工资直接关系着员工的切身利益，所以需要对工资数据进行核对以及与当事人核对明细，确保计算和发放的工资是正确的。一般情况下会将工资相关的表格打印成纸质的进行核对。

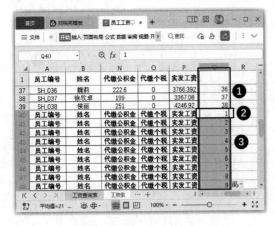

图 8-82 填充序列数据

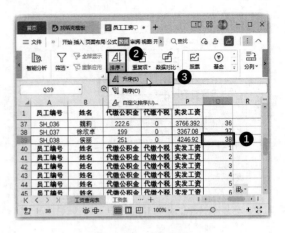

图 8-83 排序数据

1. 调整打印内容到一页纸上

工资条制作好以后,可以打印输出并进行裁剪后发给对应的员工。在打印工资条时要保证同一个员工的工资信息打印在完整的页面行中。

步骤 1:设置纸张方向。 ❶ 选择"工资条"工作表,❷ 单击【页面布局】选项卡中的【纸张方向】按钮,❸ 在弹出的下拉列表中选择【横向】选项,如图 8-84 所示。

步骤 2:选择【打印预览】选项。 ❶ 在【文件】菜单中选择【打印】命令,❷ 在右侧选择【打印预览】选项,如图 8-85 所示。

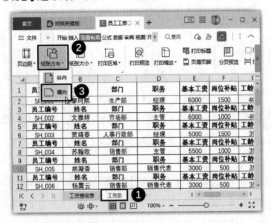

图 8-84 设置纸张方向

图 8-85 选择【打印预览】选项

步骤 3:预览打印效果。 在打印预览界面看到同一行的数据已经显示在一页中了,单击【打印预览】选项卡中的【关闭】按钮,退出打印预览模式,如图 8-86 所示。

2. 设置打印区域

有些工资数据也需要统一打印出来进行核对,但是工资类的数据比较敏感,打印输出时要注意信息的保密,不相关的数据尽量不打印。例如,要打印计算好的加班工资数据方便员工核对,具体操作步骤如下。

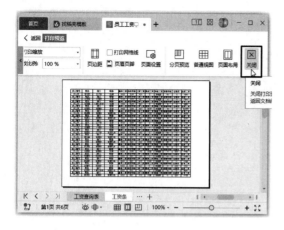

图 8-86　预览打印效果

温馨提示：如果在打印预览界面看到同一行的数据并没有显示在一页中，还可以对单元格列宽、打印参数（如纸张大小、页边距、缩放打印）等进行手动设置。

步骤 1：设置打印区域。❶ 选择"2 月加班记录"工作表，❷ 选择需要打印的 K1:P12 单元格区域，❸ 单击【页面布局】选项卡中的【打印区域】下拉按钮，❹ 在弹出的下拉列表中选择【设置打印区域】选项，如图 8-87 所示，即可将当前选择的单元格区域设置为打印区域。

步骤 2：打印表格。❶ 使用前面介绍的方法进入打印预览界面，在其中可预览打印效果，❷ 确认无误后，在【打印预览】选项卡的【份数】数值框中输入要打印的份数，这里输入"1"，❸ 单击【直接打印】按钮进行打印即可，如图 8-88 所示。

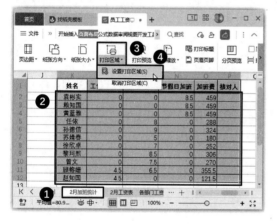

图 8-87　设置打印区域

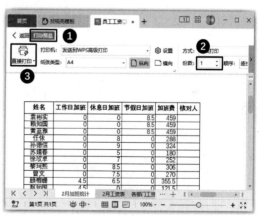

图 8-88　打印表格

第三篇 使用 WPS 轻松制作演示文稿

　　演示文稿是一种常见的工具,用于向观众展示关于特定主题或问题的信息。在现代生活中,演示文稿已经成为教育、商业、娱乐等领域的必备工具。WPS Office 是一个功能强大的办公软件套件,其中包括 WPS 演示软件,可以轻松地制作演示文稿。

　　WPS 演示软件的使用非常方便,可以通过选择现有的模板来快速创建漂亮的演示文稿,也可以选择从头开始创建演示文稿。每个幻灯片都可以包含各种类型的内容,如文字、图片、表格、图表等,以及多媒体元素,如音频和视频。

　　WPS 演示软件还提供了各种编辑工具和格式选项,可以轻松地创建和编辑演示文稿。例如,可以使用格式刷和对齐工具来快速调整幻灯片的格式和样式,也可以使用幻灯片转换功能来更改幻灯片之间的顺序。

　　在创建和编辑演示文稿之后,WPS 演示软件还提供了各种导出和分享选项。可以将演示文稿保存为 WPS 格式,以便以后进行编辑和修改。还可以将演示文稿导出为其他格式,如 PPT、PDF、JPG 等,以便与他人分享和使用。

　　本篇以 WPS Office 个人版为蓝本,采用实用案例解读的方式,通过完成日常生活和工作中常见的演示文稿来介绍如何通过使用 WPS 演示软件来更高效地完成任务。

第9章 制作产品销售宣传演示文稿

随着市场的竞争越来越激烈,企业需要不断推出新产品、提高服务质量、降低成本等手段来保持竞争优势。而销售宣传则是企业获取更多潜在客户的重要手段之一。一个好的销售宣传策略可以让企业的产品和服务得到更多曝光和关注,从而提高客户对企业的信任和忠诚度,进而增加企业的销售额和利润。

演示文稿可以清晰地展示产品的特点和优势,使客户容易理解产品的价值,从而提高产品的认可度,并提高企业的专业度和形象,从而增强客户的信任和忠诚度。

本案例将利用 WPS 演示制作一份产品销售宣传演示文稿,其中涵盖了制作演示文稿的基本操作、版面设计、设计动画切换、排练计时、设置放映方式等操作。

9.1 ▶ 任务目标

小王是一位刚刚加入销售部的新手,他迫切地想要证明自己的价值。然而,在面对产品介绍时,他总是束手无策,无法直观地向客户展示产品的优势,因此销售业绩一直处于低迷状态。为了解决这个难题,小王决定制作一份演示文稿,把产品的特点和功能以更直观的方式呈现给客户。

在构思演示文稿时,他不仅需要考虑幻灯片的布局和图文设计,让产品得到更好的展示,还要添加一些绚丽的切换效果,吸引客户的眼球。

本案例最终完成的销售宣传演示文稿如图 9-1 所示。实例最终效果见"结果文件\第 9 章\新产品推广演示文稿.pptx"文件。

本案例涉及如下知识点:

- 新建演示文稿,添加和删除演示文稿,保存演示文稿
- 设置换片方式
- 插入图片,使用图片作为背景
- 插入表格
- 绘制图形
- 插入文本框
- 添加切换效果
- 为对象添加动画
- 设置排练计时

图 9-1　制作完成的产品销售宣传演示文稿

9.2 相关知识

下面的知识与本案例或同类型案例密切相关,有助于更好地设计和制作演示文稿。

9.2.1 创建演示文稿

在今天的商业和学术环境中,演示文稿已经成为了沟通和展示信息的重要工具。无论是向客户推销产品,还是向同事展示业绩报告,演示文稿都是展示想法和理念的有效方式。制作演示文稿的第一步,可以新建空白演示文稿,也可以通过模板创建演示文稿,用户可以根据自己的使用习惯和需求,选择合适的方式。

1. 新建空白演示文稿

创建空白演示文稿是日常工作中最常用的创建方法,可以使用以下的方法来创建。

(1) 通过首页新建:启动 WPS Office,❶ 在【开始】页面单击【新建】按钮,如图 9-2 所示。❷ 进入【新建】界面,在左侧选择【新建演示】选项卡,然后在右侧单击【新建空白演示】按钮,如图 9-3 所示。

> **温馨提示:**新建演示文稿时,默认为以【灰色渐变】为背景色新建空白演示,但是在按钮下方可以根据需求,分别选择"以白色为背景色新建空白演示""以【灰色渐变】为背景色新建空白演示""以【黑色】为背景色新建空白演示"。

(2) 通过【新建标签】按钮新建:在打开的 WPS Office 中,单击文件标签右侧的【新建标签】按钮 ，如图 9-4 所示。操作完成后即可进入【新建】页面,单击【新建空白演示】按钮创建演示文稿。

(3) 通过【文件】菜单新建:启动 WPS Office,并打开任意文件,❶ 单击【文件】下拉按钮,❷ 在弹出的下拉菜单中选择【新建】命令,❸ 在弹出的下级子菜单中选择【新建】命令,如图 9-5 所示。操作完成后即可进入【新建】页面,单击【新建空白演示】按钮创建演示文稿。

(4) 通过快捷键新建:在演示文稿工作界面中,按【Ctrl+N】组合键,可以快速创建一个同类型的文件标签。

图 9-2　单击【新建】按钮

图 9-3　单击【新建空白演示】按钮

图 9-4　通过【新建标签】按钮新建

图 9-5　通过【文件】菜单新建

2. 使用模板新建演示文稿

WPS 演示提供了多种模板类型,利用这些模板,用户可快速创建专业的演示文稿。根据模板创建演示文稿的具体操作步骤如下。

步骤 1:选择新建方式。❶ 在【文件】选项卡中选择【新建】选项,❷ 在弹出的下一级子菜单中选择【本机上的模板】命令,如图 9-6 所示。

步骤 2:选择模板。打开【模板】对话框,❶ 在【通用】选项卡选择需要的模板后,❷ 单击【确定】按钮,即可根据该模板新建演示文稿,如图 9-7 所示。

图 9-6　选择新建方式

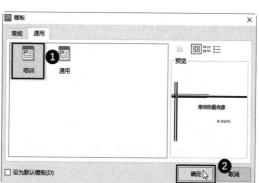

图 9-7　选择模板

9.2.2　添加和删除总结演示文稿中的幻灯片

默认情况下,在新建的空白演示文稿中只有一张幻灯片,而一篇演示文稿通常需要使用多张幻灯片来表达需要演示的内容,这时就需要在演示文稿中添加新的幻灯片。而在演示文稿编辑完成后,如果后期检查中发现有多余的幻灯片,也需要将其删除掉。

1. 添加幻灯片

添加幻灯片,主要有以下几种方法。

（1）在【幻灯片视图】窗格中选择某张幻灯片后按下【Enter】键,可快速在该幻灯片的后面添加一张幻灯片。

（2）在【幻灯片视图】窗格中选择某张幻灯片后,在【开始】选项卡中单击【新建幻灯片】按钮,可在该幻灯片的后面添一张幻灯片,如图 9-8 所示。

（3）在【幻灯片视图】窗格中选择某张幻灯片后,在【插入】选项卡中直接单击【新建幻灯片】按钮,可在该幻灯片的后面添一张幻灯片,如图 9-9 所示。

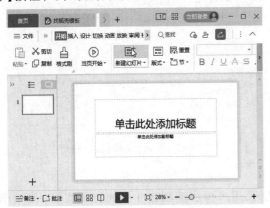

图 9-8　在【开始】选项卡新建　　　　　　图 9-9　在【插入】选项卡新建

（4）在【幻灯片视图】窗格中使用鼠标右击某张幻灯片,在弹出的快捷菜单中选择【新建幻灯片】命令,即可在当前幻灯片的后面添一张幻灯片,如图 9-10 所示。

（5）将鼠标移动到【幻灯片视图】窗格的幻灯片缩略图中,单击【新建幻灯片】按钮➕,即可在该幻灯片的后面添加一张幻灯片,如图 9-11 所示。

> **温馨提示:** 在新建幻灯片时,如果选择的是【标题】版式幻灯片,则会默认创建一张【标题和内容】版式幻灯片,如果是其他版式的幻灯片,则会创建一张与该幻灯片同样版式的幻灯片。

（6）在【幻灯片视图】窗格的底部单击【新建幻灯片】按钮➕,可在当前幻灯片的后面添一张幻灯片,如图 9-12 所示。

（7）单击【开始】选项卡中的【新建幻灯片】下拉按钮,在弹出的下拉列表中选择【新建】选项,在右侧的【母版版式】中选择一种幻灯片版式即可新建一张幻灯片,如图 9-13 所示。

2. 删除幻灯片

在编辑演示文稿的过程中,对于多余的幻灯片,可将其删除,操作方法如下。

（1）选中需要删除的幻灯片,单击鼠标右键,在弹出的快捷菜单中单击【删除幻灯片】命令,如图9-14所示。

图9-10 在【幻灯片视图】窗格创建

图9-11 通过按钮＋创建

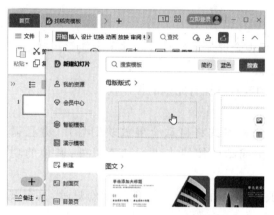

图9-12 通过【新建幻灯片】按钮＋创建

图9-13 通过【新建幻灯片】下拉菜单创建

图9-14 选择【删除幻灯片】命令

（2）选中要删除的幻灯片，然后按下【Delete】键即可删除幻灯片。

9.2.3 设置幻灯片的换片方式

演示文稿的放映类型主要包括演讲者放映（全屏幕）和展台自动循环放映（全屏幕）两种。

在放映幻灯片时,用户可以根据不同的场所设置不同的放映方式,如图9-15所示。

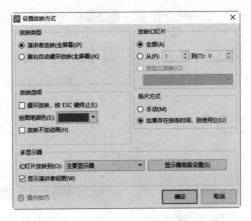

图9-15 设置放映方式

1. 演讲者放映(全屏幕)

演讲者放映是最常用的放映方式,在放映过程中全屏显示幻灯片。演示者能够控制幻灯片的放映、暂停演示文稿、添加会议细节、录制旁白等。

使用演讲者放映(全屏幕),演示者对幻灯片的放映过程有完全的控制权。

2. 展台自动循环放映(全屏幕)

展台自动循环放映是最简单的放映方式,这种方式将自动全屏放映幻灯片,并且循环放映演示文稿。在放映过程中,除了通过超链接或动作按钮来进行切换以外,其他的功能都不能使用。

设置了【展台自动循环放映(全屏幕)】放映幻灯片后,鼠标将不能控制幻灯片,只有按下【Esc】键退出放映状态。

9.3 ▶ 任务实施

本案例实施的基本流程如下所示。

新建演示文稿 ▶ 设置背景样式 ▶ 插入编辑表格 ▶ 插入编辑图片 ▶ 设置切换效果 ▶ 设置动画效果 ▶ 排练计时 ▶ 设置放映方式

≫ 9.3.1 新建与保存演示文稿

在制作演示文稿之前,需要先整体构思幻灯片的内容,然后再新建幻灯片,并保存在文档中。

步骤1:新建空白演示。启动 WPS Office 软件后,❶ 单击【新建标签】按钮 ╋,❷ 在新界面中单击【新建演示】选项卡,❸ 在右侧单击【新建空白演示】按钮,如图9-16所示。

步骤2:保存演示文稿。在新建的空白工作簿中,单击快速访问工具栏中的【保存】按钮 ▢,如图9-17所示。

步骤3:设置保存路径。打开【另存文件】对话框,❶ 在【文件名】文本框中输入演示文稿的名称,❷ 确定好演示文稿要保存的位置,❸ 单击【保存】按钮,如图 9-18 所示。

图 9-16　新建空白演示　　　　　　　　图 9-17　单击【保存】按钮

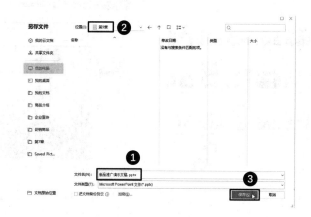

图 9-18　设置保存路径

9.3.2　设计演示文稿内容

在现代社会中,演示文稿已成为表达思想、传达信息和展示成果的重要工具。通过精心设计的演示文稿,可以让观众更加清晰地了解我们的观点和想法。然而,设计一个有效的演示文稿并不容易,需要充分考虑观众的需求和兴趣,以及演示文稿的结构、内容和视觉效果。

1. 设置背景图片

在制作幻灯片时,经常会使用图片作为背景,以增加幻灯片的渲染力,吸引客户的眼球。

步骤 1:单击【背景】按钮。单击【设计】选项卡中的【背景】按钮,如图 9-19 所示。

步骤 2:选择【本地文件】选项。打开【对象属性】窗格,❶ 选择【图片或纹理填充】单选按钮,❷ 在【图片填充】下拉列表中选择【本地文件】选项,如图 9-20 所示。

步骤 3:选择图片。❶ 打开【选择纹理】对话框,选择"素材文件\第 9 章\新产品推介\背景.jpg"文件,❷ 单击【打开】按钮,如图 9-21 所示。

步骤 4:设置标题文本。❶ 在标题和副标题文本框中输入文本,❷ 在【开始】选项卡中分别设置字体样式,如图 9-22 所示。

图 9-19　单击【背景】按钮

图 9-20　选择【本地文件】选项

图 9-21　选择图片

图 9-22　设置标题文本

2. 插入形状

形状是幻灯片中经常使用的元素之一,虽然只是简单的点、线、面,但经过不同的设置之后,简单的形状也会焕发新的光彩。

步骤 1:选择形状工具。 ❶ 单击【插入】选项卡中的【形状】下拉按钮,❷ 在弹出的下拉菜单中选择【椭圆】形状〇,如图 9-23 所示。

步骤 2:绘制形状。 按住【Shift】键不放,拖动鼠标,绘制一个正圆形,如图 9-24 所示。

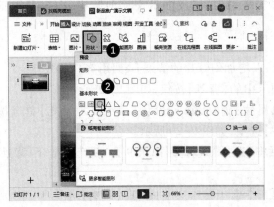

图 9-23　选择形状工具

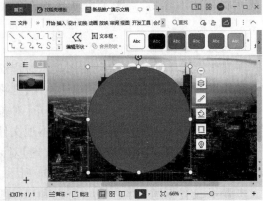

图 9-24　绘制形状

　　步骤3：设置形状填充。❶选择绘制的形状，❷单击【绘图工具】选项卡中的【填充】下拉按钮，❸在弹出的下拉列表中选择【无填充颜色】选项，如图9-25所示。

　　步骤4：设置形状轮廓。❶单击【绘图工具】选项卡中的【轮廓】下拉按钮，❷在弹出的下拉列表中选择【白色，背景1】选项，如图9-26所示。

图9-25　设置形状填充

图9-26　设置形状轮廓

　　步骤5：设置线条粗细。❶再次单击【轮廓】下拉按钮，❷在弹出的下拉列表中选择【线型】选项，❸在弹出的下一级子菜单中选择【1.5磅】选项，如图9-27所示。

　　步骤6：选择图片工具。❶单击【插入】选项卡中的【形状】下拉按钮，❷在弹出的下拉列表中选择【弧形】选项，如图9-28所示。

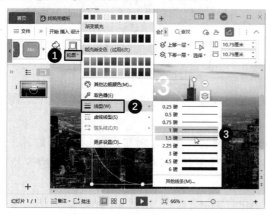

图9-27　设置线条粗细

图9-28　选择图片工具

　　步骤7：绘制弧线。按住【Shift】键绘制一条弧线，如图9-29所示。

　　步骤8：调整弧线长度。拖动弧线的黄色控制点，调整弧线的长度，如图9-30所示。

　　步骤9：设置弧线轮廓。设置弧线的轮廓颜色为"白色，背景色1，线型为1.5磅"。

　　步骤10：设置【虚线线型】。复制弧线，并调整弧线的大小，选择复制的弧线，❶单击【轮廓】下拉按钮，❷在弹出的下拉菜单中选择【虚线线型】选项，❸在弹出的下一级子菜单中选择【圆点】形状，如图9-31所示。

　　步骤11：绘制圆形。❶在圆形的下方绘制一个无轮廓，白色填充的实心圆形，❷在弧线的一端绘制一个白色轮廓，无填充的空心圆形，如图9-32所示。

图 9-29   绘制弧线

图 9-30   调整弧线长度

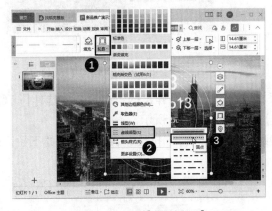

图 9-31   设置【虚线线型】

图 9-32   绘制圆形

3. 插入图片并设置边框

图片作为幻灯片中的主要元素之一,平铺直叙的插入总会有一些单调,可以利用图片工具对图片进行调整,让图片看起来更加美观。

步骤 1:新建幻灯片。选择标题幻灯片,按【Enter】键新建一张【标题和内容】版式幻灯片。

步骤 2:更改幻灯片版式。❶ 单击【开始】选项卡中的【版式】下拉按钮,❷ 在弹出的下拉列表中选择【空白】版式幻灯片,如图 9-33 所示。

步骤 3:单击【图片】按钮。单击【插入】选项卡中的【图片】按钮,如图 9-34 所示。

步骤 4:选择图片。打开【插入图片】对话框,选择"素材文件\第 9 章\新产品推介\背景. jpg"文件,单击【打开】按钮。

步骤 5:选择裁剪形状。选择图片,❶ 单击【图片工具】选项卡中的【裁剪】下拉按钮,❷ 在弹出的下拉列表中选择【裁剪】选项,❸ 在弹出的下一级子菜单中选择【圆角矩形】选项 ▢,如图 9-35 所示。

步骤 6:设置图片边框。直接按【Enter】键应用圆角矩形裁剪工具,❶ 单击【图片工具】选项卡中的【边框】下拉按钮,❷ 在弹出的下拉列表中选择【黑色,文本 1】选项,如图 9-36 所示。

步骤 7:设置边框大小。❶ 再次单击【边框】下拉按钮,❷ 在弹出的下拉菜单中选择【线型】选项,❸ 在弹出的下一级子菜单中选择【6 磅】选项,如图 9-37 所示。

图 9-33　更改幻灯片版式

图 9-34　单击【图片】按钮

图 9-35　选择裁剪形状

图 9-36　设置图片边框

步骤 8:旋转图片。拖动图片上方的旋转按钮,将图片倾斜摆放,如图 9-38 所示。

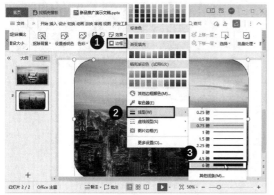

图 9-37　设置边框大小

图 9-38　旋转图片

4. 组合形状

在幻灯片中,经常绘制多个形状叠加使用,在移动这些叠加的形状时,无论是选中或者拖动都不太方便,此时可以将形状组合为一体。

步骤 1:绘制圆形。在图片的下方边框处绘制一个白色填充、无轮廓的正圆形,如图 9-39

所示。

步骤 2: 绘制六边形。在正圆形的中间绘制一个黄色填充、无轮廓的正六边形,如图 9-40 所示。

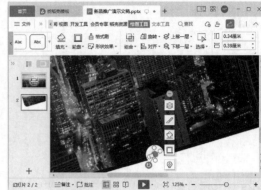

图 9-39 绘制圆形　　　　　　　　　　　　图 9-40 绘制六边形

温馨提示:在绘制形状时,按住【Shift】键可以绘制出规则的图形,例如,选择【椭圆】工具时,可以绘制出正圆形;选择【矩形】工具时,可以绘制出正方形;选择【直线】工具时,可以绘制出水平的直线。

步骤 3: 组合形状。❶ 按住【Ctrl】键不放,选中圆形和六边形,❷ 单击【绘图工具】选项卡中的【组合】下拉按钮,❸ 在弹出的下拉列表中选择【组合】选项,如图 9-41 所示。

步骤 4: 添加文本框。在组合图形的下方插入文本框,输入文本,并设置文本样式,如图 9-42 所示。

图 9-41 组合形状　　　　　　　　　　　　图 9-42 添加文本框

步骤 5: 复制形状。将组合图形复制到图片边框的其他位置,并添加文本框,输入相应的文本,并设置文本样式,如图 9-43 所示。

步骤 6: 添加文本框。在图片中添加文本框,输入相应的文本,并设置文本样式,如图 9-44 所示。

5. 裁剪图片

裁剪图片时,可以自由裁剪,可以选择按原比例裁剪,也可以选择按形状裁剪,根据不同的用途,选择不同的裁剪方法。

图 9-43 复制形状

图 9-44 添加文本框

步骤 1:插入图片。新建一张空白幻灯片,插入"素材文件\第 9 章\商品介绍\背景.jpg"文件。

步骤 2:选择裁剪工具。选择图片,❶ 单击【图片工具】选项卡中的【裁剪】下拉按钮,❷ 在弹出的下拉菜单中选择【裁剪】选项,❸ 在弹出的下一级子菜单中选择【正五边形】选项,如图9-45所示。

步骤 3:裁剪图片。拖动图片四周的裁剪控制点裁剪图片,调整好裁剪区域后按【Enter】键确认裁剪,如图 9-46 所示。

图 9-45 选择裁剪工具

图 9-46 裁剪图片

6. 设置线条样式

线条是最简单的形状,可以通过设置不同样式,并辅以适当的组合,绘制出个性化的线条图形。

步骤 1:绘制直线。使用直线工具绘制一条直线,右击直线,在弹出的快捷菜单中选择【设置对象格式】选项,如图 9-47 所示。

步骤 2:选择线条颜色。打开【对象属性】对话框,在【颜色】下拉列表中选择一种线条的颜色,如图 9-48 所示。

步骤 3:设置箭头。在【前端箭头】和【末端箭头】下拉列表中选择【圆形箭头】选项,如图9-49所示。

步骤 4: 复制线条。复制线条,粘贴到下方,并调整角度和长度,使线条相接,如图 9-50 所示。

图 9-47 绘制直线　　　　　　图 9-48 选择线条颜色

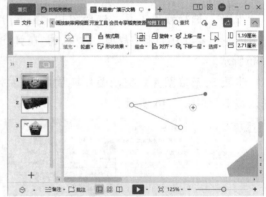

图 9-49 设置箭头　　　　　　图 9-50 复制线条

步骤 5: 绘制折线。通过不断的复制、粘贴线条,绘制不规则的折线,如图 9-51 所示。

步骤 6: 绘制圆形。绘制一个与线条颜色相同的正圆形,放置在长线条的中间位置,如图 9-52 所示。

图 9-51 绘制折线　　　　　　图 9-52 绘制圆形

步骤7：组合形状。将正圆形复制到其他长线条的中间，❶ 按住【Ctrl】键不放，选中所有线条和正圆形，右击，❷ 在弹出的快捷菜单中选择【组合】命令，如图9-53所示。

步骤8：复制形状。复制组合的图形，粘贴到图片的右侧，并通过旋转按钮旋转图片，如图9-54所示。

图 9-53　组合形状

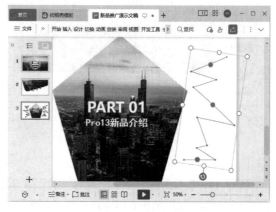

图 9-54　复制形状

> **技能拓展**：如果不再需要组合图形，可以在图形上右击，在弹出的快捷菜单中选择【组合】命令右侧的【取消组合】按钮即可取消组合。

步骤9：单击【裁剪】按钮。新建一张空白幻灯片，插入"素材文件\第9章\新产品推介\背景.jpg"文件，单击【裁剪】按钮，如图9-55所示。

步骤10：裁剪图片。将图片的中间部分裁剪后，调整图片宽度与幻灯片相同，然后把图片移动到幻灯片的顶端，如图9-56所示。

图 9-55　单击【裁剪】按钮

图 9-56　裁剪图片

步骤11：插入手机图片。插入"素材文件\第9章\新产品推介\手机.jpg"文件，并将其移动到背景图片的左侧，如图9-57所示。

步骤12：添加文本框。添加文本框，输入产品个性化设置文本，并分别设置文本的字体样式，如图9-58所示。

步骤13：绘制圆形。绘制一个正圆形，设置【填充】为【无】，【轮廓】为【巧克力黄】，【线型】

为【6 磅】。

图 9-57　插入手机图片　　　　　　　　　　图 9-58　添加文本框

步骤 14：插入图片。插入"素材文件\第 9 章\新产品推介\图标 1.jpg"文件，并调整图片的大小，将其移动到正圆形的中间，如图 9-59 所示。

步骤 15：制作其他元素。在下方添加文本框，输入介绍文本，并使用相同的方法制作其他介绍元素，如图 9-60 所示。

图 9-59　插入图片　　　　　　　　　　图 9-60　制作其他元素

7. 设置形状的透明度

绘制的形状透明度默认为 100%，为形状设置透明度后，可以隐约显示出形状下方的图片，制作出各种风格的幻灯片。

步骤 1：新建幻灯片。新建一张幻灯片，插入"素材文件\第 9 章\新产品推介\背景 2.jpg"文件，调整图片大小与幻灯片一致。

步骤 2：绘制矩形。绘制一个矩形，右击，在弹出的快捷菜单中选择【设置对象格式】命令，如图 9-61 所示。

步骤 3：设置透明度。打开【对象属性】窗格，❶ 在【颜色】下拉列表中设置矩形的颜色，❷ 拖动【透明度】滑块到【20%】，如图 9-62 所示。

步骤 4：选择编辑文字命令。右击形状，在弹出的快捷菜单中选择【编辑文字】命令，如图 9-63所示。

步骤 5：输入文本。在矩形中输入文本，并分别设置文本样式，如图 9-64 所示。

图 9-61　绘制矩形

图 9-62　设置透明度

图 9-63　选择【编辑文字】命令

图 9-64　输入文本

步骤6:设置对齐方式。❶ 选中矩形中的文本,❷ 单击【文本工具】选项卡中的【左对齐】按钮 三,如图 9-65 所示。

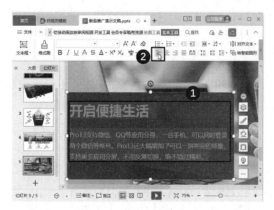

图 9-65　设置对齐方式

8.复制和移动幻灯片

在制作幻灯片时,有时候会遇到两张幻灯片的格式相仿的情况,此时,可以复制幻灯片,稍加修改,即可得到另一张幻灯片。

步骤1:复制幻灯片。❶ 右击第 3 张幻灯片,❷ 在弹出的快捷菜单中选择【复制幻灯片】命令,如图9-66所示。

图9-66　复制幻灯片

步骤2:移动幻灯片。将在第3张幻灯片下方复制一张相同的幻灯片,在第4张幻灯片上按下鼠标左键不放,将其拖动到第6张幻灯片的下方,如图9-67所示。

步骤3:更改文本。更改文本框中的文本即可,如图9-68所示。

图9-67　移动幻灯片

图9-68　更改文本

9. 设置渐变填充

渐变填充是一种在形状内部使用平滑颜色过渡的效果,用户可以使用不同类型的渐变,例如线性渐变、径向渐变或角度渐变,并可以调整颜色的数量和位置。

步骤1:绘制正圆形。新建一张幻灯片,使用【椭圆】工具绘制一个正圆形,右击圆形,在弹出的快捷菜单中选择【设置对象格式】命令。

步骤2:选择渐变样式。打开【对象格式】窗格,❶ 选择【渐变填充】单选按钮,❷ 在【渐变样式】下拉列表中选择【中心辐射】选项,如图9-69所示。

步骤3:设置色标颜色。❶ 选中色标,按【Delete】键删除多余的色标,只保留两个色标,并分别选择色标设置颜色,❷ 拖动第1个色标到合适的位置,如图9-70所示。

步骤4:选择【编辑文字】命令。在圆形上右击,在弹出的快捷菜单中选择【编辑文字】命令,在圆形中输入文本,并设置文本样式。

步骤5:插入文本框。在圆形右侧插入文本框,输入文本,并设置文本样式。

步骤6:裁剪图片。插入"素材文件\第9章\新产品推介\会议.jpg"文件,裁剪图片为正方形,并调整图片的大小。

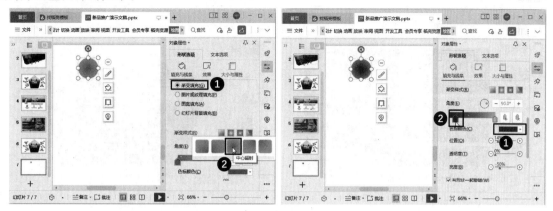

图 9-69　选择渐变样式　　　　　　　图 9-70　设置色标颜色

步骤 7:绘制矩形。在图片右侧绘制一个矩形,并设置填充颜色。

步骤 8:插入文本框。在矩形上绘制文本框,输入文本,并设置文本样式,如图 9-71 所示。

步骤 9:制作其他元素。使用相同的方法插入图片、形状和文本框,并设置样式,如图 9-72 所示。

图 9-71　插入文本框　　　　　　　图 9-72　制作其他元素

步骤 10:新建幻灯片。新建幻灯片,将第 7 张幻灯片中的形状和标题复制到第 8 张幻灯片,更改其中的文本内容。

步骤 11:插入图片。插入"素材文件\第 9 章\新产品推介"文件夹中的风景 1~风景 9 图片,通过调整大小、裁剪等操作将图片排列到幻灯片中,如图 9-73 所示。

步骤 12:复制幻灯片。复制第 6 张幻灯片到末尾,并更改文本框中的文本,如图 9-74 所示。

10. 插入表格

表格是数据记录的好帮手,在排版幻灯片时,可以利用表格将图片排列整齐。

步骤 1:复制幻灯片。新建幻灯片,将第 8 张幻灯片中的形状和标题复制到第 10 张幻灯片,更改其中的文本内容。

步骤 2:插入表格。❶ 单击【插入】选项卡中的【表格】下拉按钮,❷ 在弹出的下拉列表中选择【2 行×4 列】的表格,如图 9-75 所示。

步骤 3:调整表格大小。拖动表格四周的控制点,调整表格的大小,如图 9-76 所示。

图 9-73　插入图片

图 9-74　复制幻灯片

图 9-75　插入表格

图 9-76　调整表格大小

步骤 4：合并单元格。❶ 选中最后一列的单元格区域，❷ 单击【表格工具】选项卡中的【合并单元格】按钮，如图 9-77 所示。

步骤 5：选择【设置对象格式】命令。右击表格，在弹出的快捷菜单中选择【设置对象格式】命令，如图 9-78 所示。

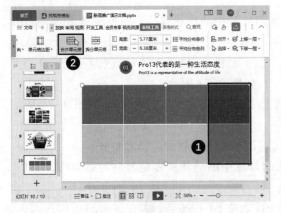

图 9-77　合并单元格

图 9-78　选择【设置对象格式】命令

步骤 6：设置单元格填充。❶ 将光标定位到第 1 行的第 1 个单元格中，❷ 在【对象属性】窗格中设置填充颜色,如图9-79所示。

步骤7:选择图片填充。❶选择第1行的第2个单元格,❷在【对象属性】窗格中选择【图片或纹理】单选按钮,❸在【图片填充】下拉列表中选择【本地文件】选项,如图9-80所示。

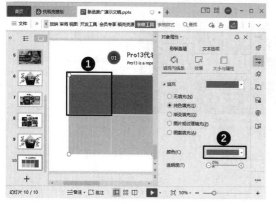

图9-79 设置单元格填充

图9-80 选择图片填充

步骤8:设置其他单元格。使用相同的方法为表格的其他单元格设置颜色填充和图片填充,如图9-81所示。

步骤9:新建幻灯片。新建第10张幻灯片,将第8张幻灯片中的形状和标题复制到第10张幻灯片,更改其中的文本内容。

步骤10:插入图片和文本框。插入相关的图片,并添加文本框,输入文本,完成本页的制作,如图9-82所示。

图9-81 设置其他单元格

图9-82 插入图片和文本框

步骤11:制作结束页。复制第1张幻灯片,粘贴到末尾,更改标题文本框中的文本,即可完成制作,如图9-83所示。

9.3.3 添加切换和动画效果

在幻灯片中添加切换和动画效果,可以使幻灯片更加生动和吸引人。通过添加这些效果,能提高幻灯片的视觉吸引力和信息传达效果,让观众更加专注幻灯片内容。

图 9-83　制作结束页

1. 为幻灯片添加切换效果

正确选择和实现适当的切换效果可以突出幻灯片中的重点内容,并提高观众的参与度和理解力。

步骤 1:选择切换样式。在【切换】选项卡中选择一种切换样式,如图 9-84 所示。

步骤 2:单击【应用到全部】按钮。单击【切换】选项卡中的【应用到全部】按钮,如图 9-85 所示。

> **温馨提示:**在设置切换效果时,可以为所有幻灯片设置同样的切换效果,也可以为每一张幻灯片分别设置不同的切换效果。

图 9-84　选择切换样式

图 9-85　单击【应用到全部】按钮

2. 为对象添加动画

适当的动画效果可以突出幻灯片中的内容,并帮助观众更好地理解其中的信息和观点。为对象添加动画的方法都相同,本例以表格为例添加动画,其他对象自行添加即可。

步骤 1:设置动画效果。❶ 选择表格,❷ 在动画选项卡中选择一种动画效果,如图 9-86 所示。

步骤 2:设置动画属性。❶ 单击【动画】选项卡中的【动画属性】按钮,❷ 在弹出的下拉列表中选择一种属性样式,如【自左侧】选项,如图 9-87 所示。其他对象的动画设置方法相同,根据实际情况为其他对象设置动画即可。

图 9-86 设置动画效果　　　　　　　图 9-87 设置动画属性

⫸ 9.3.4 设置排练计时

无论是在重要的商务演示、学术讲座还是其他场合中,准确的时间控制都将有助于提高演示效果和信任度,为演示成功加分。在播放幻灯片之前,设置排练计时可以帮助用户更好地掌握演示的时间,提高演示的效果和准确性。

步骤1:单击【排练计时】按钮。单击【放映】选项卡中的【排练计时】按钮,如图 9-88 所示。

步骤2:设置排练计时。出现幻灯片放映视图,同时出现【预演】工具栏,当放映时间达到需要的时间后,单击【下一项】按钮 ,切换到下一张幻灯片,并重复此操作,如图 9-89 所示。

图 9-88 单击【排练计时】按钮　　　　　图 9-89 设置排练计时

步骤3:保留排练计时。到达幻灯片末尾时,出现信息提示框,单击【是】按钮,以保留排练时间,下次播放时将按照记录的时间自动播放幻灯片,如图 9-90 所示。

⫸ 9.3.5 设置放映方式为展台方式

不同的放映方式适用于不同的场景和观众,所以在放映幻灯片之前,需要先选择合适的放映方式,以确保演示能够以最佳的效果展现出来。

图 9-90　保留排练计时

步骤 1：单击【放映设置】按钮。单击【放映】选项卡中的【放映设置】按钮，如图 9-91 所示。

步骤 2：选择放映方式。打开【设置放映方式】对话框，❶ 在【放映类型】栏选择【展台自动循环放映（全屏幕）】单选按钮，❷ 单击【确定】按钮，即可完成放映方式的设置，如图 9-92 所示。

图 9-91　单击【放映设置】按钮

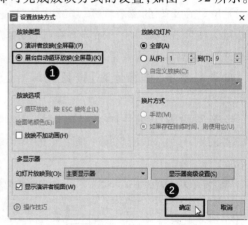

图 9-92　选择放映方式

第**10**章　制作工作汇报演示文稿

在职场中,有效的沟通和交流是成功的关键之一。无论是向领导汇报工作进展,还是向同事介绍新的项目或想法,一个好的演示文稿都能够起到事半功倍的效果。

在汇报工作时,通过演示文稿能够将复杂的信息和数据以简单易懂的方式呈现出来,提高观众的注意力和理解度。制作一份好的演示文稿,需要对工作内容进行深入了解和总结,提高自己的逻辑思维和表达能力,同时也能够拓展自己的技能和视野。

本案例将使用 WPS 演示为大家介绍如何制作一份清晰、简洁、有条理的工作汇报演示文稿,包括演示文稿的母版设计、制作流程和注意事项等。

10.1　任务目标

小李是一名市场营销经理,经常需要向公司高层汇报最近的市场营销策略和结果。但空泛的数据总是让人雾里看花,所以,他需要设计一个演示文稿,以清晰、简洁、有条理的方式呈现出市场营销的进展和效果,同时吸引观众的注意力,展示出团队的工作成果。

本案例最终完成的销售宣传演示文稿如图 10-1 所示。实例最终效果见"结果文件\第 10 章\工作汇报演示文稿.pptx"文件。

图 10-1　制作完成的工作汇报演示文稿

本案例涉及如下知识点：

- 应用幻灯片主题
- 将演示文稿保存为模板
- 为幻灯片添加节
- 制作幻灯片母版
- 使用母版创建幻灯片
- 设置播放动画
- 添加演讲备注
- 设置自定义放映

10.2 相关知识

下面的知识与本案例或同类型案例密切相关，有助于更好地设计和制作演示文稿。

10.2.1 为幻灯片母版应用主题

WPS 演示在幻灯片母版中为用户提供了多种主题，在创建幻灯片母版时，可以使用主题快速美化幻灯片母版。

步骤 1：单击【幻灯片母版】按钮。单击【视图】选项卡中的【幻灯片母版】按钮，如图 10-2 所示。

步骤 2：选择主题。进入【幻灯片母版】视图，❶ 单击【主题】下拉按钮，❷ 在弹出的下拉菜单中选择一种主题样式，如图 10-3 所示。

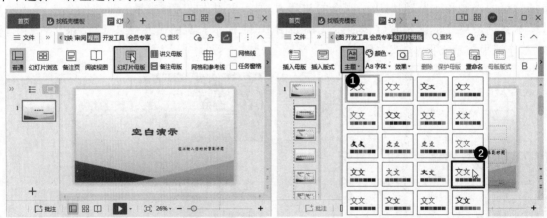

图 10-2 单击【幻灯片母版】按钮　　　　　图 10-3 选择主题样式

步骤 3：查看效果。选择完成之后，可以查看到已经应用了所选主题样式，如图 10-4 所示。

10.2.2 将设计的幻灯片母版保存为模板

在为演示文稿设计了母版之后，为了更方便地调用该母版，可以将其保存为模板，在创建演示文稿时，就可以用该母版新建演示文稿。

图 10-4   查看所选主题样式

1. 将演示文稿保存为模板

母版是演示文稿中的一个预设页面,它可以让演示文稿看起来更统一、更专业。保存设计了母版的演示文稿为模板,可以为创建演示文稿省去很多时间和精力。

步骤1:选择保存为模板。打开要保存为模板的演示文稿,❶ 单击【文件】下拉按钮,❷ 在弹出的下拉菜单中选择【另存为】选项,❸ 在弹出的子菜单中选择【WPS 演示模板文件(∗.dpt)】选项,如图 10-5 所示。

步骤2:保存演示文稿。打开【另存文件】对话框,❶ 更改文件名称(也可保持默认),其他设置保持为默认,❷ 单击【保存】按钮即可保存,如图 10-6 所示。

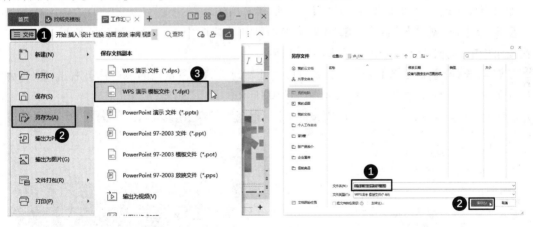

图 10-5   选择保存为模板   图 10-6   保存演示文稿

2. 使用保存的模板创建演示文稿

将演示文稿保存为模板之后,再次创建新演示文稿时,使用此模板创建,设计的元素将完全应用于新的演示文稿中。

步骤1:选择【本机上的模板】选项。❶ 在 WPS 演示工作界面中单击【文件】按钮,❷ 在弹出的下拉列表中选择【新建】选项,❸ 在弹出的下一级子菜单中选择【本机上的模板】选项,如图10-7 所示。

步骤2:选择模板。打开【模板】对话框,❶ 在【常规】选项卡中可以查看到保存的模板,选择该模板，❷ 单击【确定】按钮，即可使用该模板创建演示文稿，如图 10-8 所示。

图 10-7　选择【本机上的模板】选项

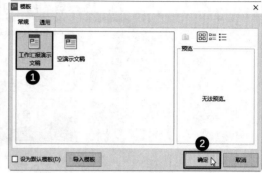

图 10-8　选择模板

> **技能拓展**：在【模板】对话框中，勾选【设为默认模板】复选框，可以将该模板设置为默认模板。

10.2.3　将幻灯片组织成节的形式

在制作幻灯片时，虽然已经将幻灯片分成几个板块，但是在查找幻灯片时，仍然比较麻烦。此时可以将一份幻灯片分成多个节，每个节中包含一个或多个幻灯片，以便于组织和管理幻灯片，使其更加条理清晰。

1. 为幻灯片添加节

如果想要为幻灯片添加节，可以通过以下步骤来操作。

步骤 1：选择【新增节】命令。 ❶ 在左侧的幻灯片缩略图中右击要添加节的位置，❷ 在弹出的快捷菜单中选择【新增节】命令，如图 10-9 所示。

步骤 2：选择【重命名节】命令。 从该幻灯片处新建节，❶ 在默认的节名称上右击，❷ 在弹出的快捷菜单中选择【重命名节】命令，如图 10-10 所示。

图 10-9　选择【新增节】命令

图 10-10　选择【重命名节】命令

步骤 3：重命名节。 打开【重命名】对话框，❶ 在【名称】文本框中输入节名称，❷ 单击【重命名】按钮，如图 10-11 所示。

步骤 4：创建其他节。 使用相同的方法创建其他节并重命名即可，如图 10-12 所示。

图 10-11　重命名节

图 10-12　创建其他节

2. 删除节

删除节的方法是:右击节名称,在弹出的快捷菜单中选择【删除节】命令,即可删除节,如图 10-13 所示。

图 10-13　删除节

> **温馨提示:** 如果选择【删除节和幻灯片】选项,将删除该节中的所有节和幻灯片,如果选择【删除所有节】选项,则将删除所有创建的节。

10.3　任务实施

本案例实施的基本流程如下所示。

| 设置背景
填充颜色 | 为文字设
置背景 | 在母版中
绘制形状 | 使用母版创
建幻灯片 | 为幻灯片
添加动画 | 为幻灯片
设置备注 | 设置自定
义放映 |

10.3.1　设置母版填充颜色

在设置演示文稿时,为了让幻灯片的风格统一,可以为所有幻灯片设置相同的填充颜色。要达到这样的效果,可以在幻灯片母版中为所有幻灯片填充背景色。

步骤 1:单击【幻灯片母版】按钮。新建一个 WPS 演示文稿,单击【视图】选项卡中的【幻灯片母版】按钮,如图 10-14 所示。

步骤 2:设置填充颜色。进入幻灯片母版编辑模式,❶ 选择【Office 主题母版】选项,❷ 单击【背景】按钮,打开【对象属性】窗格,❸ 在【填充】栏选择一种填充颜色,如图 10-15 所示。完成操作后,即可为所有幻灯片应用所选颜色作为背景填充色。

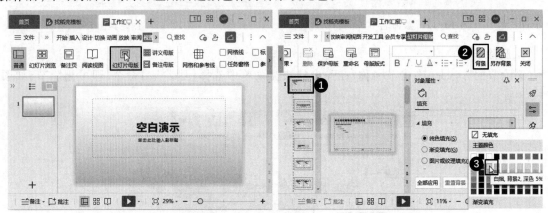

图 10-14　单击【幻灯片母版】按钮　　　　　图 10-15　设置填充颜色

> **温馨提示:**在【设计】选项卡中单击【编辑母版】按钮,也可以进入幻灯片母版编辑模式。

10.3.2　编辑母版版式

母版是演示文稿中重要的组成部分,使用母版可以使整个幻灯片具有统一的风格和样式,使用母版时,无须对幻灯片再进行设置,只需在相应的位置输入需要的内容,这样可以减少重复性工作,提高工作效率。

1. 制作标题页母版

演示文稿的标题页是映入眼帘的第一印象,需要具有简洁、醒目的特点,而标题页往往也和结尾页相似,以前后呼应。

步骤 1:选择形状工具。❶ 选择【标题幻灯片版式】选项,❷ 单击【插入】选项卡中的【形状】下拉按钮,❸ 在弹出的下拉菜单【基本形状】中选择【等腰三角形】△选项,如图 10-16 所示。

步骤 2:绘制形状。拖动鼠标,在幻灯片的顶端绘制一个等腰三角形,如图 10-17 所示。

步骤 3:选择【其他填充颜色】选项。❶ 单击【绘图工具】选项卡中的【填充】下拉按钮,❷ 在弹出的下拉菜单中选择【其他填充颜色】选项,如图 10-18 所示。

步骤 4:选择颜色。打开【颜色】对话框,❶ 在【自定义】选项卡中选择适合的颜色,❷ 单击【确定】按钮,如图 10-19 所示。

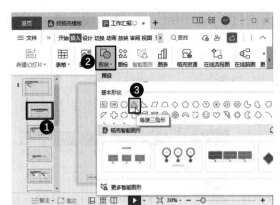

图 10-16　选择形状工具　　　　　　图 10-17　绘制形状

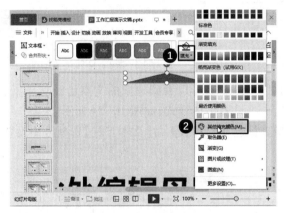

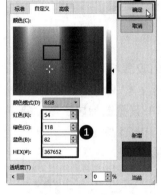

图 10-18　选择【其他填充颜色】选项　　　图 10-19　选择颜色

步骤 5：选择颜色。❶ 单击【轮廓】下拉按钮，❷ 在弹出的下拉列表中选择【最近使用颜色】中上一步选择的颜色，如图 10-20 所示。

步骤 6：设置垂直旋转。❶ 单击【绘图工具】选项卡中的【旋转】下拉按钮，❷ 在弹出的下拉列表中选择【垂直旋转】选项，如图 10-21 所示。

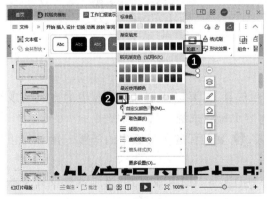

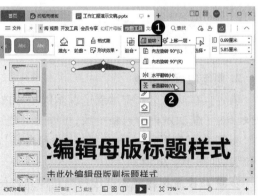

图 10-20　选择颜色　　　　　　图 10-21　设置垂直旋转

步骤 7：选择【本地图片】选项。❶ 选择标题文本框中的文本，❷ 单击【文本工具】选项卡中的【文本填充】下拉按钮,❸ 在弹出的下拉列表中选择【图片或纹理】选项,❹ 在弹出的下一级子菜单中选择【本地图片】选项,如图 10-22 所示。

步骤 8:选择素材图片。打开【选择纹理】对话框,❶ 选择"素材文件\第 10 章\个人工作总结\数字背景.jpg"文件,❷ 单击【打开】按钮,如图 10-23 所示。

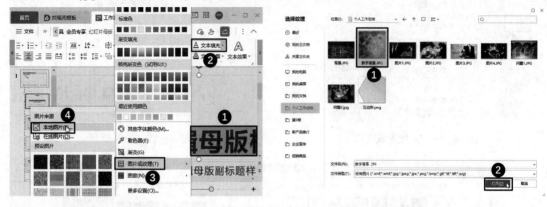

图 10-22　选择【本地图片】选项　　　　　　　图 10-23　选择素材图片

步骤 9:设置标题字体。❶ 返回幻灯片母版中,可以看到选中的文本已经填充了所选图片,删除多余的文本,❷ 在【文本工具】选项卡中设置字体样式,如图 10-24 所示。

步骤 10:设置副标题字体。❶ 选择副标题文本框,❷ 在【文本工具】选项卡中设置文本字体样式,如图 10-25 所示。

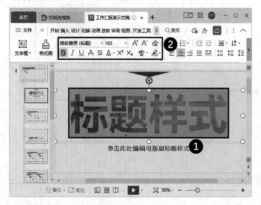
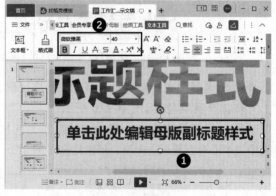

图 10-24　设置标题字体　　　　　　　　　图 10-25　设置副标题字体

2. 制作内容页母版

内容页在演示文稿中承载了演示的核心内容和信息,需要以清晰、简洁、易懂的方式呈现给观众。为了使演示内容风格一致,可以通过创建内容页母版来统一风格和版式。

步骤 1:复制形状。❶ 选择【标题和内容】版式,❷ 复制标题页母版中的等腰三角形到相同的位置,如图 10-26 所示。

步骤 2:设置标题样式。选择标题样式占位符中的文本,在【文本工具】选项卡中设置文本样式,并将其移动到等腰三角形的下方。

步骤 3:取消项目符号。❶ 选择内容占位符中的全部内容,❷ 单击【文本工具】选项卡中的【插入项目符号】按钮,取消项目符号的显示,如图 10-27 所示。

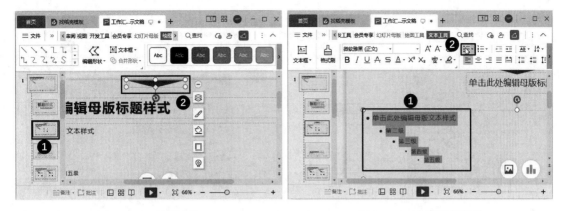

图 10-26 复制形状   图 10-27 取消项目符号

步骤 4:设置内容占位符样式。❶ 删除多余的占位符文本,在【文本工具】选项卡中设置内容占位符中的文本样式,❷ 将占位符移动到标题占位符的下方,如图 10-28 所示。

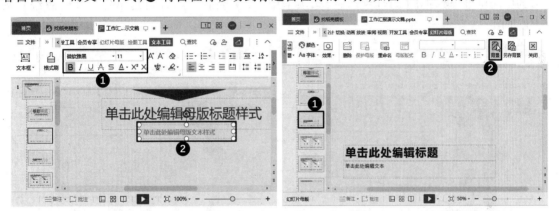

图 10-28 设置内容占位符样式   图 10-29 单击【背景】按钮

3. 制作节标题母版

在演示文稿中,节标题是组织内容的重要手段,它可以帮助观众快速了解内容的主旨和结构。一个清晰、有序的节标题可以让演示文稿更加易于理解和阅读。

步骤 1:单击【背景】按钮。❶ 选择【节标题版式】选项,❷ 单击【幻灯片母版】选项卡中的【背景】按钮,如图 10-29 所示。

步骤 2:选择【本地文件】选项。打开【对象属性】窗格,❶ 选择【图片或纹理填充】选项,❷ 在【图片填充】下拉列表中选择【本地文件】选项,如图 10-30 所示。

步骤 3:选择背景图片。打开【选择纹理】对话框,选择"素材文件\第 10 章\个人工作总结\背景.jpg"文件,单击【打开】按钮。

步骤 4:插入素材图片。单击【插入】选项卡中的【图片】按钮,打开【插入图片】对话框,选择"素材文件\第 10 章\个人工作总结\五边形.png"文件,单击【打开】按钮。

步骤 5:选择【置于底层】选项。❶ 调整五边形的大小,并移动到幻灯片的右下角,然后选中五边形,❷ 单击【图片工具】选项卡中的【下移一层】下拉按钮,❸ 在弹出的下拉列表中选择【置于底层】选项,如图 10-31 所示。

步骤 6:绘制直线。使用【直线】工具在五边形上绘制 4 条直线,如图 10-32 所示。

图 10-30　选择【本地文件】选项　　　　　图 10-31　选择【置于底层】选项

步骤 7:退出母版编辑页面。❶ 分别设置标题文本框和副标题的文本样式,并将其移动到五边形的中间位置,❷ 单击【幻灯片母版】选项卡中的【关闭】按钮,即可退出幻灯片母版编辑页面,如图 10-33 所示。

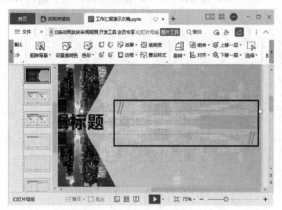

图 10-32　绘制直线

图 10-33　退出母版编辑页面

10.3.3　通过母版创建幻灯片

通过母版,可以快速创建幻灯片,并灵活地调整其格式和布局,以满足不同的需求和要求。

1. 创建标题幻灯片

标题幻灯片旨在为演示文稿提供视觉上的统一和专业性,而通过母版,可以快速创建并编辑标题幻灯片,可以满足不同的演示需求。

步骤 1:查看标题样式。返回幻灯片编辑页面后,随演示文稿一起创建的标题幻灯片已经应用了母版样式,如图 10-34 所示。

步骤 2:输入标题。将光标分别定位到标题文本框和副标题文本框中,输入需要的标题内容即可,如图 10-35 所示。

2. 创建目录幻灯片

目录幻灯片可以帮助观众快速了解演示的主题、结构和内容,为演示增加整体的逻辑性和连贯性。

图 10-34 查看标题样式

图 10-35 输入标题

步骤 1:输入标题和副标题。新建一张【标题和内容】幻灯片,输入标题和副标题的文本,并将占位符移动到幻灯片的左上角,如图 10-36 所示。

步骤 2:绘制圆。选择【椭圆】工具⬭,按【Shift】键绘制两个不同大小的圆,分别设置圆形的样式,将小圆重叠在大圆上,如图 10-37 所示。

图 10-36 输入标题和副标题

图 10-37 绘制圆

步骤 3:绘制箭头和文本框。❶ 使用【右箭头】工具⇨在圆的右侧绘制箭头,❷ 绘制文本框,输入目录文本,并设置文本样式,如图 10-38 所示。

步骤 4:制作其他目录。使用相同的方法制作其他目录,如图 10-39 所示。

图 10-38 绘制箭头和文本框

图 10-39 制作其他目录

3. 创建节标题幻灯片

节标题幻灯片是演示文稿中的一种幻灯片类型,通常用于介绍和概括演示文稿的主要内容结构和章节。它可以被视为一个演示文稿的"小目录",可以让观众更加清晰地了解演示文稿的整体结构和内容,从而更好地了解演示文稿的思路和逻辑。

步骤 1:选择节标题版式。❶ 选择第 2 张幻灯片,按【Enter】键新建一张幻灯片,❷ 单击【开始】选项卡中的【版式】下拉按钮,❸ 在弹出的下拉列表中选择【节标题】版式,如图 10-40 所示。

步骤 2:输入标题和副标题。在标题文本框和副标题文本框中输入文本,如图 10-41 所示。

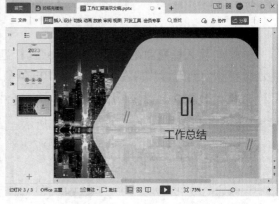

图 10-40　选择节标题版式　　　　图 10-41　输入标题和副标题

4. 创建内容幻灯片

与其他类型的幻灯片相比,内容幻灯片在演示文稿中的作用更为突出,它是演示文稿中最主要的内容呈现方式,通过清晰、简洁、直观地展示其主要内容和信息,让观众更容易理解和记忆演示文稿的核心内容。

步骤 1:新建幻灯片。新建一张标题和内容版式幻灯片,输入标题和副标题,如图 10-42 所示。

步骤 2:绘制圆。使用【椭圆】工具○绘制一个圆,然后在【绘图工具】选项卡中设置【填充】和【轮廓】样式,如图 10-43 所示。

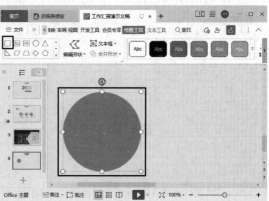

图 10-42　新建幻灯片　　　　图 10-43　绘制圆

步骤 3：绘制饼形。使用【饼形】图形工具 🕐 绘制一个饼形，大小与圆相同，并重叠在圆形上，拖动调整按钮调整饼形的大小，如图 10-44 所示。

步骤 4：设置饼形样式。在【绘图工具】选项卡中设置饼形的【填充】和【轮廓】样式，如图10-45所示。

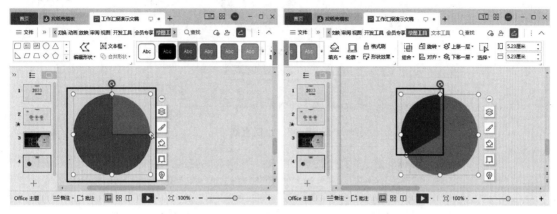

图 10-44　绘制饼形　　　　　　　　　　　图 10-45　设置饼形样式

步骤 5：设置阴影效果。❶ 在饼形上方绘制一个圆，在【绘图工具】选项卡中设置圆的【填充】与【轮廓】，❷ 单击【绘图工具】选项卡中的【形状效果】下拉按钮，❸ 在弹出的下拉列表中选择【阴影】选项，❹ 在弹出的下一级子菜单中选择【向右偏移】选项，如图 10-46 所示。

步骤 6：添加文本框。添加文本框，输入内容文本，如图 10-47 所示。

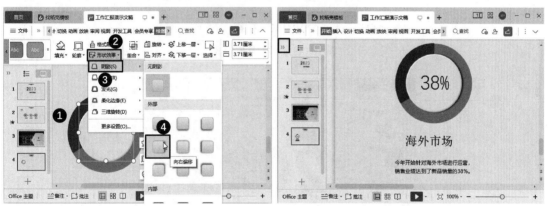

图 10-46　设置阴影效果　　　　　　　　　图 10-47　添加文本框

步骤 7：绘制直线。使用【直线】工具 ✏ 绘制一条直线，并为直线的两端设置圆形箭头，如图10-48 所示。

步骤 8：制作其他对象。使用相同的方法制作内容幻灯片的其他对象，如图 10-49 所示。

步骤 9：制作封底页。使用形状、图片、文本框等工具，制作其他幻灯片。新建一张标题幻灯片，在标题文本框和副标题文本框中输入结束语，即可完成封底页的制作，如图 10-50所示。

图 10-48　绘制直线

图 10-49　制作其他对象

图 10-50　制作封底页

◆◆◆ 10.3.4　设置动画效果

为幻灯片添加动画效果,可以使演示更加生动、有趣和引人注目,并能突出重点、加强信息传达、增强视觉吸引力并提高演示效果。

步骤 1:选择切换效果。❶ 在【切换】选项卡中选择一种切换效果,❷ 单击【效果选项】下拉按钮,❸ 在弹出的下拉菜单中选择效果样式,如图 10-51 所示。每一种切换效果,可以选择的效果样式并不相同,可以根据需要选择,也可以使用默认效果。

步骤 2:设置切换声音。❶ 在【声音】下拉列表中选择一种切换声音,❷ 单击【应用到全部】按钮,如图 10-52 所示。

图 10-51 选择切换效果

图 10-52 设置切换声音

步骤 3:设置动画样式。❶ 选择要设置动画的对象,❷ 在【动画】选项卡中选择一种动画样式,如图 10-53 所示。

步骤 4:放映幻灯片。使用相同的方法为其他幻灯片对象设置动画样式后,单击【放映】选项卡中的【从头开始】按钮查看效果,如图 10-54 所示。

图 10-53 设置动画样式

图 10-54 放映幻灯片

10.3.5 设置备注以助演讲

备注是幻灯片的一个隐藏文本区域,可以在演讲者模式下访问和查看,而不会在正常演示时显示在幻灯片上。为幻灯片设置备注,可以帮助演讲者更好地掌控演讲内容和表现方式。

步骤 1:单击【演讲备注】按钮。❶ 选择要添加备注的幻灯片,❷ 单击【放映】选项卡中的【演讲备注】按钮,如图 10-55 所示。

步骤 2:输入备注。打开【演讲者备注】对话框,❶ 在文本框中输入备注,❷ 单击【确定】按钮,如图 10-56 所示。

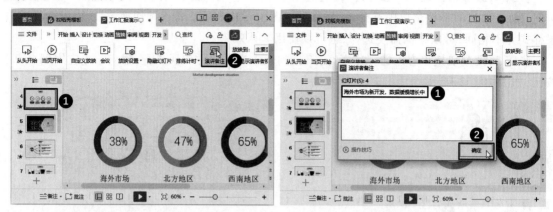

| 图 10-55　单击【演讲备注】按钮 | 图 10-56　输入备注 |

步骤 3:单击【备注】按钮。单击状态栏中的【备注】按钮,可以查看添加的备注,如图 10-57 所示。在放映幻灯片时,在演进者放映模式下,也可以看到备注信息,助力演讲。

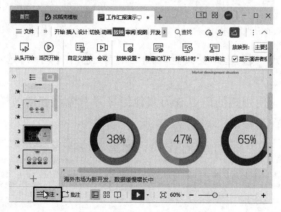

图 10-57　查看添加的备注

10.3.6　设置自定义放映

不同的场合,演示的内容可能会有所区别,如果只是放映演示文稿的一部分幻灯片,可以设置自定义放映。

步骤 1:单击【自定义放映】按钮。单击【放映】选项卡中的【自定义放映】按钮,如图 10-58 所示。

步骤 2:选择放映方式。打开【自定义放映】对话框,单击【新建】按钮,如图 10-59 所示。

步骤 3:添加幻灯片。打开【定义自定义放映】对话框,❶ 在【幻灯片放映名称】文本框中输入新建的自定义放映名称,❷ 在【在演示文稿中的幻灯片】列表框中选择需要放映的幻灯片,❸ 单击【添加】按钮,即可将幻灯片添加到【在自定义放映中的幻灯片】列表框中,❹ 单击【确定】按钮,如图 10-60 所示。

步骤 4:单击【关闭】按钮。返回【自定义放映】对话框,可以查看到设置的自定义放映项目,单击【关闭】按钮。

步骤 5:单击【放映设置】按钮。单击【放映】选项卡中的【放映设置】按钮,如图 10-61 所示。

<table>
<tr><td>图 10-58　单击【自定义放映】按钮</td><td>图 10-59　选择放映方式</td></tr>
</table>

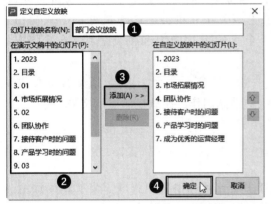

图 10-60　添加自定义放映幻灯片

图 10-61　单击【放映设置】按钮

步骤 6：选择【自定义放映】。 打开【设置放映方式】对话框，❶ 在【放映幻灯片】栏选择【自定义放映】单选按钮，❷ 在下方的列表框中选择刚才创建的自定义放映，❸ 单击【确定】按钮，如图 10-62 所示。

步骤 7：放映幻灯片。 单击【放映】选项卡中的【从头开始】按钮，即可放映自定义放映中添加的幻灯片，如图 10-63 所示。

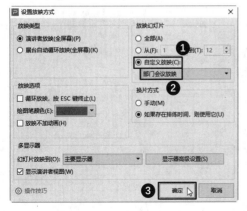

图 10-62　选择【自定义放映】

图 10-63　放映幻灯片

第11章　制作个人简历演示文稿

在现代职场中,个人简历是求职和职业发展的关键因素。一份好的个人简历演示文稿可以帮助求职者更好地展示其个人技能和特点,提高个人的竞争力和求职成功率。

一份好的个人简历演示文稿应该清晰、简洁、有条理,同时突出自己的亮点和优势,让招聘方快速了解求职者的背景和能力,从而给予更多关注和机会。制作良好的个人简历演示文稿不仅可以提高个人求职效率,还能够展示个人的表达能力和创新思维,给招聘方留下深刻印象。

本案例将使用 WPS 演示为大家介绍如何制作一份个人简历演示文稿,包括添加动画、插入视频和音频等内容,并提供一些有用的技巧和建议,帮助您制作出高质量的演示文稿。

11.1　任务目标

小李是一名应届毕业生,他在校期间表现优秀,在多个比赛和项目中获得了奖项。然而,当他开始找工作时,发现自己面对的竞争非常激烈,让他感到非常不安和无助。

他花费大量时间和精力制作了一份优秀的简历,但在求职过程中仍然没有得到太多机会。他想到可能需要在求职过程中通过其他方式突出自己的特点和优势,于是他决定利用演示文稿来呈现自己。

本案例最终完成的个人简历演示文稿如图 11-1 所示。实例最终效果见"结果文件\第11章\个人简历.pptx"文件。

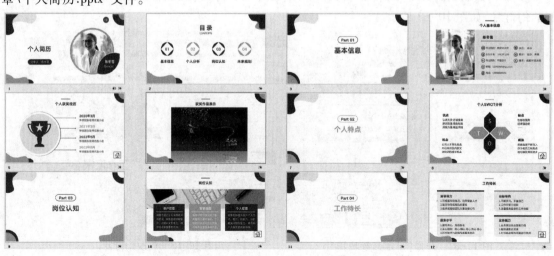

图 11-1 制作完成的个人简历演示文稿

本案例涉及如下知识点：
- 插入音频和视频文件
- 设置切换效果
- 设置动画效果
- 添加动作按钮
- 打包演示文稿

11.2 相关知识

下面的知识与本案例或同类型案例密切相关，有助于更好地设计和制作演示文稿。

11.2.1 WPS 演示文稿的动画效果

WPS 演示提供了多种动画效果，包括进入、强调、退出和动作路径，还有页面切换等多种形式的动画效果，为幻灯片添加这些动画效果，可以使幻灯片的演示绚丽多彩。

1. 进入动画

动画是演示文稿的精华，而动画的精华则是进入动画。进入动画可以实现多种对象从无到有、陆续展现的动画效果，主要包括【出现】【飞入】【渐入】【下降】【放大】【飞旋】【字幕式】等，如图 11-2 所示。

2. 强调动画

强调动画是通过放大、缩小、闪烁、陀螺旋等方式显示对象和组合的一种动画，主要包括【彩色波纹】【对比色】【闪动】【闪现】【爆炸】【波浪型】等数十种动画形式，如图 11-3 所示。

图 11-2 进入动画效果   图 11-3 强调动画效果

3. 退出动画

退出动画是让对象从有到无、逐渐消失的一种动画效果。退出动画实现了画面的连贯过渡，是不可或缺的动画效果，主要包括【擦除】【飞出】【轮子】【收缩】【渐出】【下沉】【旋转】【折叠】等数十种动画效果，如图 11-4 所示。

4. 动作路径动画

动作路径动画是让对象按照绘制的路径运动的一种高级动画效果，可以让幻灯片的动画效果千变万化，主要包括【菱形】【心形】【S 型曲线】【向下】【向下转】【心跳】【花生】【三角结】等。还可以使用自定义路径来绘制动画路径，主要包括【直线】【曲线】【任意多边形】【自由曲线】等数据十种动画路径，如图 11-5 所示。

图 11-4　退出动画效果　　　　　　　　　　图 11-5　动作路径动画

5. 页面切换动画

页面切换动画是幻灯片之间进行切换的一种动画效果。为页面添加了切换动画后，不仅可以轻松实现页画之间的自然切换，还可以使幻灯片真正动起来。页面切换动画主要包括【淡出】【擦除】【溶解】【轮辐】【百叶窗】【分割】【棋盘】等，如图 11-6 所示。

图 11-6　页面切换动画

11.2.2　调整动画的播放顺序

为对象设置了动画之后，如果要调整动画的顺序，可以在【动画窗格】中完成。

步骤 1：调整顺序。❶ 打开"素材文件\第 11 章\员工培训.pptx"文件，❷ 单击【动画】选项卡中的【动画窗格】按钮，打开【动画窗格】，❸ 在列表中选择要调整顺序的动画，❹ 单击【重新排序】右侧的 ⬆ 和 ⬇ 按钮，如图 11-7 所示。

步骤 2：查看调整结果。操作完成后，即可看到动画的顺序已经调整，如图 11-8 所示。

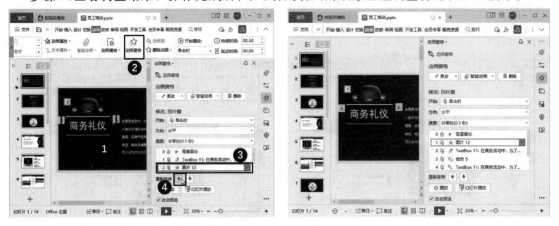

图 11-7　调整动画顺序　　　　　　　　图 11-8　查看调整结果

11.2.3　视频播放设置

在演示文稿中插入了视频之后，在播放到该幻灯片时，就可以通过视频向他人展示。在播放视频时，可以进行音量大小、播放位置、是否全屏等设置。插入视频的方法详见 11.3.2 节。

步骤 1：播放视频。选中视频后，在下方会出现播放控制条，单击【播放】按钮，即可开始播放视频，如图 11-9 所示。播放视频时，播放按钮将变为暂停按钮，单击该按钮可以暂停播放。

步骤 2：调整播放进度。单击【向前移动 0.25 秒】按钮或【向后移动 0.25 秒】按钮，可以调整视频的播放进度，如图 11-10 所示。

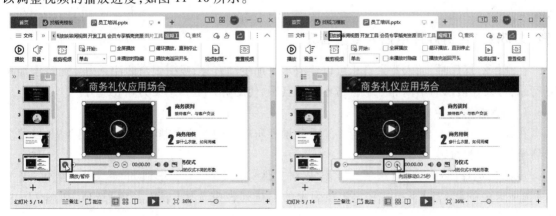

图 11-9　播放视频　　　　　　　　图 11-10　调整视频播放进度

步骤 3：调整音量。❶ 单击【视频工具】选项卡中的【音量】下拉按钮，❷ 在弹出的下拉菜单中可以选择音量的大小，如图 11-11 所示。

步骤 4：设置全屏播放。视频默认为原始大小播放，如果想要在播放视频时全屏显示，可以选择【视频工具】选项卡中的【全屏播放】复选框，如图 11-12 所示。

> **温馨提示**：单击播放控制条上的【音量】按钮 🔊，在弹出的音量控制条上拖动滑块，也可以调整音量的大小。

图 11-11   调整音量   图 11-12   设置全屏播放

11.3   任务实施

本案例实施的基本流程如下所示。

插入音频文件 → 更改音频图标 → 插入视频文件 → 设置视频效果 → 设置幻灯片切换 → 为对象设置动画 → 添加动作按钮 → 打包演示文稿

11.3.1   在幻灯片中插入背景音乐

在制作幻灯片时，加入背景音乐可以让演示更加生动有趣，吸引观众的注意力。通过添加背景音乐，可以在演示的不同部分中营造不同的氛围，使幻灯片更具感染力和表现力。

1. 插入音频文件

在为幻灯片插入音频文件时，应当注意背景音乐应与幻灯片主题和演讲内容相匹配，以营造出特定的氛围和情感。

步骤 1：选择【嵌入音频】选项。打开"素材文件\第 11 章\员工培训.pptx"文件，❶ 单击【插入】选项卡中的【音频】下拉按钮，❷ 在弹出的下拉列表中选择【嵌入音频】选项，如图 11-13 所示。

步骤 2：选择音频文件。打开【插入音频】对话框，❶ 选择"素材文件\第 11 章\渔舟唱晚.mp3"文件，❷ 单击【打开】按钮，如图 11-14 所示。

步骤 3：单击【设为背景音乐】按钮。返回幻灯片，即可看到音频文件已经插入，❶ 选中音频图标，❷ 单击【音频工具】选项卡中的【设为背景音乐】按钮，如图 11-15 所示。

2. 更改音频图标

插入音频文件后，会在幻灯片中默认插入一个音频图标，如果对默认的图标不喜欢，还可以更改音频图标。

图 11-13　选择【嵌入音频】选项　　　　　图 11-14　选择音频文件

步骤 1:选择【本地图片】选项。❶ 右击音频图标,❷ 在弹出的快捷菜单中选择【更改图片】选项,❸ 在弹出的下一级子菜单中选择【本地图片】选项,如图 11-16 所示。

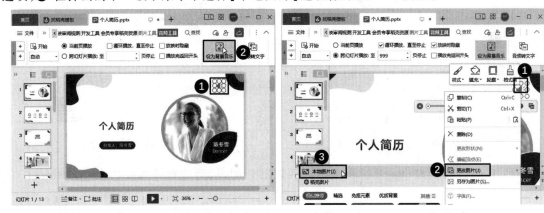

图 11-15　单击【设为背景音乐】按钮　　　　　图 11-16　选择【本地图片】选项

步骤 2:选择素材图片。打开【更改图片】对话框,选择"素材文件\第 11 章\按钮.jpg"文件,单击【打开】按钮。

步骤 3:查看效果。返回幻灯片页面,可以看到音频图标已经更改,如图 11-17 所示。

图 11-17　查看效果

11.3.2 插入并编辑视频文件

在这个信息爆炸的时代,如何吸引观众的注意力并让他们真正关注演示成了至关重要的问题。在这样的背景下,将视频嵌入幻灯片已经成为一种不可或缺的方式。

1. 插入视频

插入视频的方法与插入音频的方法基本相同。

步骤 1:选择【嵌入视频】选项。❶ 单击选择第 6 张幻灯片,❷ 单击【插入】选项卡中的【视频】下拉按钮,❸ 在弹出的下拉菜单中选择【嵌入视频】选项,如图 11-18 所示。

步骤 2:选择视频。打开【嵌入视频】对话框,❶ 选择"素材文件\第 11 章\广告设计.mp4"文件,❷ 单击【打开】按钮,如图 11-19 所示。

图 11-18 选择【嵌入视频】选项

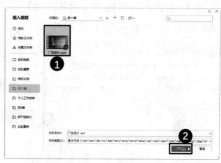

图 11-19 选择视频

步骤 3:调整视频大小。通过视频画面四周的控制点,调整视频画面的大小,如图 11-20 所示。

步骤 4:播放视频。单击视频控制条中的【播放】按钮 ⊙,可以播放视频,如图 11-21 所示。具体的播放设置,见 11.2.3 节所示。

图 11-20 调整视频画面的大小

图 11-21 播放视频

温馨提示：如果要将视频全屏播放，可以选中【视频工具】选项卡中的【全屏播放】复选框，当放映该幻灯片中的视频时，将自动全屏播放。

2. 设置视频边框样式

设置视频边框样式可以进一步提升幻灯片的外观和专业程度，使观众更容易关注要表达的重点。

步骤 1：选择【取色器】选项。❶ 选中视频，❷ 单击【图片工具】选项卡中的【边框】下拉按钮，❸ 在弹出的下拉菜单中选择【取色器】选项，如图 11-22 所示。

步骤 2：选取颜色。光标将变为吸管的形状，在需要取色的颜色上单击，如图 11-23 所示。操作完成后，即可将视频的边框设置为吸管选中的颜色。

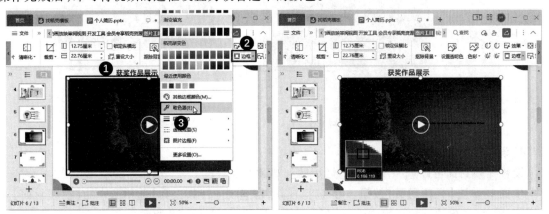

图 11-22　选择【取色器】选项　　　　图 11-23　选取颜色

步骤 3：选择线型。❶ 再次单击【边框】下拉按钮，❷ 在弹出的下拉列表中选择【线型】选项，❸ 在弹出的下一级子菜单中选择【6 磅】选项，如图 11-24 所示。

步骤 4：设置倒影。❶ 单击【图片工具】选项卡中的【效果】下拉按钮，❷ 在弹出的下拉列表中选择【倒影】选项，❸ 在弹出的下一级子菜单中选择一种倒影变体，如图 11-25 所示。

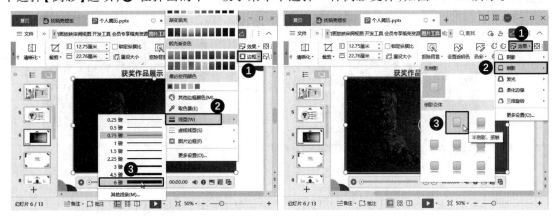

图 11-24　选择线型　　　　图 11-25　设置倒影

3. 裁剪视频

有时候可能需要对插入幻灯片中的视频进行裁剪，以便只展示视频中的特定部分，或将截取其中的一段视频。通过裁剪视频,可以更好地控制演示的节奏和内容。

步骤 1:单击【裁剪视频】按钮。 ❶ 选中视频,❷ 单击【视频工具】选项卡中的【裁剪视频】按钮,如图 11-26 所示。

步骤 2:设置裁剪时间。 打开【裁剪视频】对话框,❶ 分别拖动进度条两端的绿色和红色滑块来设置开始时间和结束时间,❷ 单击【确定】按钮,如图 11-27 所示。

图 11-26　单击【裁剪视频】按钮　　　　图 11-27　设置裁剪时间

4. 设置视频封面

设置视频封面可以进一步提升幻灯片的外观和专业程度。

步骤 1:单击【视频封面】按钮。 ❶ 选择视频,❷ 单击【视频工具】选项卡中的【视频封面】下拉按钮,❸ 在弹出的下拉列表中选择【来自文件】选项,如图 11-28 所示。

步骤 2:选择图片。 打开【选择图片文件】对话框,选择"素材文件\第 11 章\视频封面.jpg"文件,单击【打开】按钮。

步骤 3:查看封面效果。 返回幻灯片页面,即可看到视频的封面已经设置为所选图片,如图 11-29 所示。

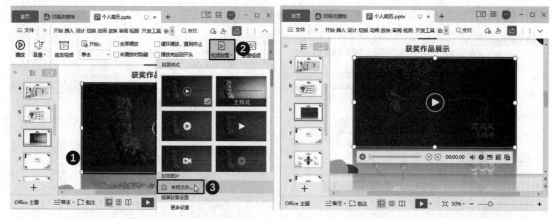

图 11-28　设置视频封面　　　　图 11-29　查看封面效果

11.3.3　添加切换和动画效果

添加切换和动画效果可以使幻灯片更具有视觉冲击力和吸引力。切换效果是指幻灯片之间的过渡方式,而动画效果则是指在幻灯片内部元素的运动方式。通过添加切换和动画效果,可以更好地展示演示文稿。

1. 为幻灯片添加切换效果

添加切换效果可以为幻灯片增添新颖的风格和视觉效果,使演示更加引人注目。

步骤 1:选择切换样式。在【切换】选项卡中选择一种切换样式,如图 11-30 所示。

步骤 2:选择切换效果。❶ 单击【切换】选项卡中的【效果选项】下拉按钮,❷ 在弹出的下拉列表中选择一种效果选项,如【左右展开】,如图 11-31 所示。

图 11-30　选择切换样式

图 11-31　选择切换效果

步骤 3:选择切换声音。在【切换】选项卡的【声音】下拉列表中选择一种切换声音,如图 11-32 所示。

步骤 4:单击【应用到全部】按钮。单击【切换】选项卡中的【应用到全部】按钮,将所设置的效果应用到全部幻灯片中,如图 11-33 所示。

图 11-32　选择切换声音

图 11-33　单击【应用到全部】按钮

2. 为对象添加动画

动画效果可以为幻灯片增添生动感和吸引力,可以让观众更好地理解和记住展示的信息。

步骤 1:设置动画效果。❶ 选择要设置动画的对象,❷ 在【动画】选项卡中选择一种动画样式,如图 11-34 所示。

步骤 2：设置动画属性。❶ 单击【动画】选项卡中的【动画属性】下拉按钮，❷ 在弹出的下拉列表中选择一种属性样式，如【自顶部】选项，如图 11-35 所示。

图 11-34　设置动画效果　　　　　　　　　　图 11-35　设置动画属性

步骤 3：设置动画效果。❶ 选择第二张幻灯片中要设置动画的对象，❷ 在【动画】选项卡中选择一种动画效果，如图 11-36 所示。

步骤 4：双击【动画刷】按钮。在【动画】选项卡中双击【动画刷】按钮，如图 11-37 所示。

图 11-36　设置动画效果　　　　　　　　　　图 11-37　双击【动画刷】按钮

步骤 5：复制动画。此时光标将变为刷子的形状 ，单击其他要应用该动画的对象，即可复制动画效果，如图 11-38 所示。

步骤 6：单击【从头开始】按钮。使用相同的方法为其他对象设置动画效果后，单击【放映】选项卡中的【从头开始】按钮，预览演示文稿的效果，如图 11-39 所示。

> **温馨提示：**单击【动画刷】按钮，为一个对象复制了动画效果后，将自动退出动画刷模式；双击【动画刷】按钮，则锁定了动画刷，可用于为多个对象复制动画效果，复制完成后按【Esc】键退出锁定即可。

图 11-38 复制动画

图 11-39 单击【从头开始】按钮

11.3.4 添加动作按钮

在演示文稿中,添加动作按钮可以提供多种功能,如导航到不同页面、显示多媒体内容、执行特定任务等。本例以添加返回目录页的按钮为例,介绍添加动作按钮的方法。

步骤 1:选择按钮工具。❶ 单击【插入】选项卡中的【形状】下拉按钮,❷ 在弹出的下拉菜单中选择【动作按钮:第一张】选项 ⌂,如图 11-40 所示。

步骤 2:选择【幻灯片...】选项。❶ 在需要添加按钮的位置拖动鼠标绘制按钮,自动打开【动作设置】对话框,❷ 在【鼠标单击】选项卡中的【超链接到】下拉列表中选择【幻灯片...】选项,如图 11-41 所示。

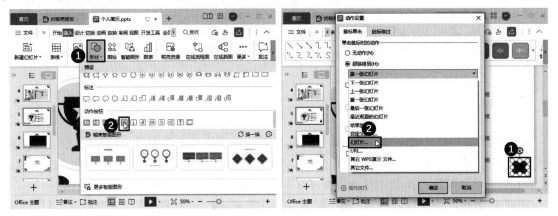

图 11-40 选择按钮工具 图 11-41 选择【幻灯片...】选项

步骤 3:选择幻灯片标题。打开【超链接到幻灯片】对话框,❶ 在【幻灯片标题】列表中选择【幻灯片 2】选项,❷ 单击【确定】按钮,如图 11-42 所示。

步骤 4:单击【确定】按钮。返回【动作设置】对话框,单击【确定】按钮,如图 11-41 所示。

步骤 5:设置按钮样式。返回幻灯片中,在【绘图工具】选项卡的【填充】和【轮廓】下拉列表中设置按钮的样式,如图 11-43 所示。

步骤 6:复制按钮。复制按钮,将其粘贴到其他需要动作按钮的位置,如图 11-44 所示。

步骤 7:查看按钮效果。按钮设置完成后,在播放幻灯片时,如果需要返回目录,直接单击该按钮,即可返回,如图 11-45 所示。

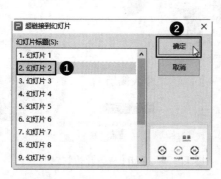

图 11-42　选择幻灯片标题

图 11-43　设置按钮样式

图 11-44　复制按钮

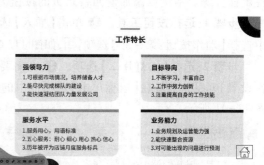

图 11-45　查看按钮效果

⋙ 11.3.5　打包演示文稿

打包演示文稿是将幻灯片和相关媒体资源一起保存到单个文件中的一种方法,以便在不同的设备上进行演示。通过打包演示文稿,可以确保所有的幻灯片、图片、音频和视频文件都被正确地包含在一个文件中,避免在演示时需要重新加载或查找相关媒体资源的麻烦。

步骤 1:选择【文件打包】选项。❶ 单击【文件】按钮,**❷** 在打开的下拉列表中选择【文件打包】选项,**❸** 在弹出的下一级子菜单中选择【将演示文档打包成文件夹】选项,如图 11-46 所示。

步骤 2:设置保存参数。 打开【演示文件打包】对话框,**❶** 分别设置文件夹名称和位置,**❷** 勾选【同时打包成一个压缩文件】复选框,**❸** 单击【确定】按钮,如图 11-47 所示。

步骤 3:单击【打开文件夹】按钮。 文件开始打包,打包完成后弹出【已完成打包】对话框,单击【打开文件夹】按钮,如图 11-48 所示。

步骤 4:查看打包文件。 在打开的文件夹中,可以查看到已经打包的演示文稿和素材文件,如图 11-49 所示。

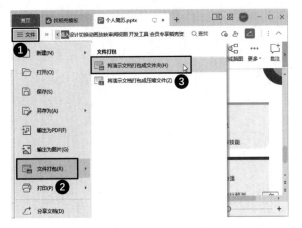

图 11-46 选择【文件打包】选项

图 11-47 设置保存参数

图 11-48 单击【打开文件夹】按钮

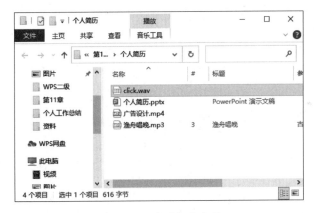

图 11-49 查看打包文件

郑重声明

高等教育出版社依法对本书享有专有出版权。任何未经许可的复制、销售行为均违反《中华人民共和国著作权法》，其行为人将承担相应的民事责任和行政责任；构成犯罪的，将被依法追究刑事责任。为了维护市场秩序，保护读者的合法权益，避免读者误用盗版书造成不良后果，我社将配合行政执法部门和司法机关对违法犯罪的单位和个人进行严厉打击。社会各界人士如发现上述侵权行为，希望及时举报，我社将奖励举报有功人员。

反盗版举报电话　（010）58581999　58582371

反盗版举报邮箱　dd@hep.com.cn

通信地址　北京市西城区德外大街4号　高等教育出版社法律事务部

邮政编码　100120

读者意见反馈

为收集对教材的意见建议，进一步完善教材编写并做好服务工作，读者可将对本教材的意见建议通过如下渠道反馈至我社。

咨询电话　400-810-0598

反馈邮箱　gjdzfwb@ pub.hep.cn

通信地址　北京市朝阳区惠新东街4号富盛大厦1座

高等教育出版社总编辑办公室

邮政编码　100029

防伪查询说明

用户购书后刮开封底防伪涂层，利用手机微信等软件扫描二维码，会跳转至防伪查询网页，获得所购图书详细信息。

防伪客服电话

（010）58582300